高等职业教育机电类专业系列教材

机械零件加工

主　编　陈　成　崔业军

副主编　王　亚　刘锡宏

参　编　曹志文　过建新　纪红兵

西安电子科技大学出版社

内 容 简 介

本书以小型压力机和小型注塑模两个具体项目的零件加工为实例,介绍了机床设备的组成、工作过程以及分类和特点,重点以普通机械加工中典型常用的普通车床、普通铣床、普通磨床,数控加工中典型常用的数控车床、数控铣床和电火花加工中的线切割机床、电火花成型机床为例,详细介绍了普通机械加工、数控加工和电火花加工及相关的知识、加工工艺、程序编制、机床基本操作和维护保养等内容。本书紧紧围绕普通机械加工、数控加工和电火花加工三类加工方式,注重专业基本理论知识和基本操作方法的阐述。

本书可作为高等职业院校和中等职业学校数控技术专业、机电一体化技术专业、模具设计与制造专业的教学用书,同时也可供专业培训机构进行职业技能培训和工厂企业培训技术工人使用,也可以作为广大自学者和工程技术人员的参考书。

图书在版编目(CIP)数据

机械零件加工/陈成,崔业军主编. —西安:西安电子科技大学出版社,2014.12(2021.10 重印)
ISBN 978 - 7 - 5606 - 3587 - 3

Ⅰ.①机…　Ⅱ.①陈…　②崔…　Ⅲ.①机械元件—加工—高等学校—教材　Ⅳ.① TH16

中国版本图书馆 CIP 数据核字(2014)第 300422 号

策划编辑　高　樱
责任编辑　马武装　高　樱
出版发行　西安电子科技大学出版社(西安市太白南路 2 号)
电　　话　(029)88202421　88201467　　　　邮　　编　710071
网　　址　www.xduph.com　　　　　　　　电子邮箱　xdupfxb001@163.com
经　　销　新华书店
印刷单位　咸阳华盛印务有限责任公司
版　　次　2014 年 12 月第 1 版　　2021 年 10 月第 2 次印刷
开　　本　787 毫米×1092 毫米　1/16　印张 14.25
字　　数　332 千字
印　　数　3001~4000 册
定　　价　39.00 元
ISBN 978 - 7 - 5606 - 3587 - 3/TH
XDUP 3879001-2
如有印装问题可调换

前　言

随着全球科技和经济的发展，产品的更新换代节奏加快，对高素质技能型人才的需求越来越多。结合当前职业教育盛行的"工学结合、理实一体化"的教学模式，本着以实践为主，理论为实践服务的指导思想，突出实践的主导地位。实践需要什么样的理论，理论教学就按需设置相应的课程及课时，并使用与之相适应教材，因此我们编写了本书。

本书特色是：借鉴德国先进的双元制人才培养教学模式，采用工学交替的教学改革方法，紧紧围绕课程教学内容，采取分组小班化的教学实施方法。第一部分为普通机械加工(含普通车床加工、普通铣床加工和普通磨床加工三个模块)、第二部分为数控机械加工(含数控车床加工和数控铣床(加工中心)加工两个模块)、第三部分为数控电火花加工(含数控电火花线切割加工和数控电火花成型加工两个模块)。

本书以任务和项目为驱动，以理实一体化教学为基点，紧紧围绕所需要完成的两个任务：

(1) 小型压力机的零件加工制作与装配(必修)。

(2) 小型注塑模的零件加工制作与装配（选修），每一个机构的零部件加工为一子项目。

本书按照典型机床、刀具及选用、5S 安全生产管理、机床的维护与保养、零件的加工工艺分析、数控程序编制的顺序依次展开编写，循序渐进，由简单到复杂，由单项能力操作训练到综合系统能力培养，贴近工厂、企业的实际生产过程，注重提高学生的实践应用能力，为培养市场需要的"零距离"上岗的应用型技能人才打下坚实基础。

本书由无锡科技职业学院陈成、崔业军老师担任主编，无锡科技职业学院王亚老师和博世汽车部件（苏州）有限公司学徒技术工人培训中心的刘锡宏培训师担任副主编，无锡技师学院曹志文、无锡科技职业学院过建新、江苏省海门中等专业学校纪红兵老师参加编写。

本书编写过程中得到了无锡科技职业学院数控教研室和实训中心同仁的大力支持，也得到了无锡技师学院、江苏省海门中等专业学校、博世汽车部件（苏州）有限公司和常州太平洋电力设备（集团）有限公司等企事业单位的大力支持，在此一并表示感谢。

　　由于编者水平有限，书中难免有不少缺点与错误，殷切期望广大读者提出批评和指正，以进一步提高本书质量。

编　者

2014 年 10 月

目　　录

第一篇　普通机械加工

第二篇　数控机械加工

第三篇　数控电火花加工

第一篇

普通机械加工

模块一　普通车床加工

任务目标 ✍

(1) 熟悉 CA6136/CA6140A 车床的工艺特点及应用范围；
(2) 掌握 CA6136/CA6140A 车床的结构及各部分的作用；
(3) 掌握 CA6136/CA6140A 车床的操作步骤及安全注意事项；
(4) 具备开启、停止、急停 CA6136/CA6140A 车床的实际操作能力；
(5) 熟悉车刀的材料、几何角度，车刀的刃磨与使用；
(6) 掌握切削用量的基本概念；
(7) 掌握内外三角螺纹的基本概念。

1.1　车刀介绍

1.1.1　常用车刀的种类和用途

车削加工时，需根据不同的车削要求，选用不同种类的车刀。常用车刀的种类及其用途见表 1-1。

表 1-1 常用车刀的种类及用途

车刀种类	车刀外形图	用 途	车削示意图
90°车刀 (偏刀)		车削工件的外圆、台阶和端面	
75°车刀		车削工件的外圆和端面	
45°车刀 (弯头车刀)		车削工件的外圆、端面和倒角	
切断刀		切断工件或在工件上车槽	
内孔车刀		车削工件的内孔	
圆头车刀		车削工件的圆弧面或成形面	
螺纹车刀		车削螺纹	

1.1.2　左车刀和右车刀

车刀按进给方向的不同，可分为左车刀和右车刀两种，具体见表 1-2。

表 1-2　左车刀和右车刀

车刀	右车刀	左车刀
45°车刀 (弯头车刀)	45°　45°	45°　45°
75°车刀	75°　8°	8°　75°
90°车刀 (偏刀)	90°　6°~8° 又称正偏刀	6°~8°　90°

说明：(1) 右车刀的主切削刃在刀柄左侧，由车床的右侧向左侧纵向进给。

　　　(2) 左车刀的主切削刃在刀柄右侧，由车床的左侧向右侧纵向进给。

　　左右手判别法：将平摊的右手手心向下放在刀柄的上面，指尖指向刀头方向，如果主切削刃和右手拇指在同一侧，则该车刀为右车刀。反之，则为左车刀。

1.1.3　车刀切削部分的基本定义

1. 车刀的组成部分

车刀由刀头(或刀片)和刀柄两部分组成。刀头担负切削工作，故又称切削部分；刀柄用来在刀架上装夹。

2. 车刀切削部分的结构要素

如图 1-1 所示，车刀切削部分主要由以下几个部分组成。

前刀面(A_γ)——切屑沿其流出的表面。

后刀面(A_α)——分主后刀面和副后刀面。与过渡表面相对的面称为主后刀面(A_α)；与已加工表面相对的面称为副后刀面(A_α')。

主切削刃(S)——前刀面和主后刀面相交形成的刀刃。

副切削刃(S')——前刀面和副后刀面相交形成的刀刃。

刀尖——主切削刃和副切削刃相接处的相当小的一部分刃口。

修光刃——副切削刃近刀尖处一小段平直的切削刃。

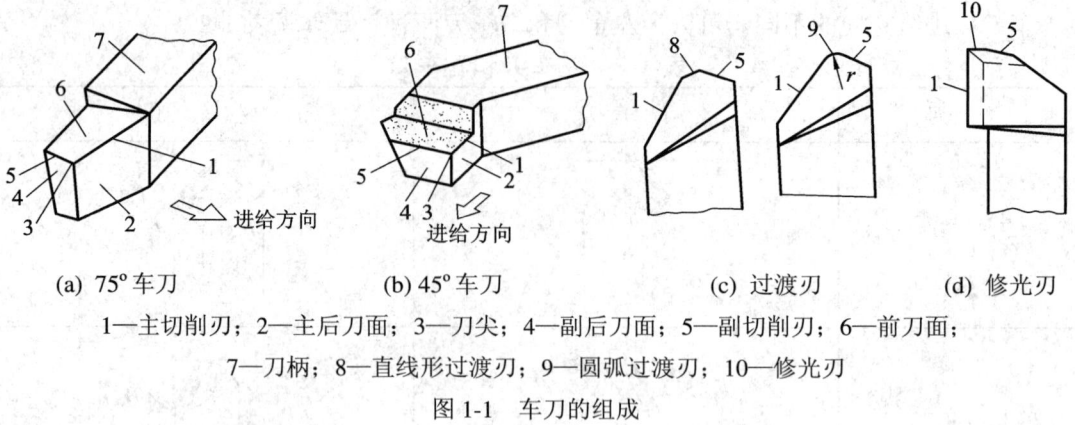

(a) 75°车刀   (b) 45°车刀   (c) 过渡刃   (d) 修光刃

1—主切削刃；2—主后刀面；3—刀尖；4—副后刀面；5—副切削刃；6—前刀面；

7—刀柄；8—直线形过渡刃；9—圆弧过渡刃；10—修光刃

图 1-1　车刀的组成

3. 刀具标注角度参考系

刀具几何角度是确定刀头几何形状与切削性能的重要参数，它是由刀具的前、后刀面和切削刃与假定参考坐标平面的夹角所构成的。

由于大多数加工表面都不是平面，而且主切削刃上每点的切削速度各不相同，所以要建立坐标平面。坐标平面用字母 P 和下角标组成复合符号标记。

根据 ISO 3002/1—1997 标准的推荐，选用目前生产中最常用的刀具标注角度参考系——正交平面参考系，如图 1-2 所示。

基面 P_r——过切削刃选定点平行刀具安装面(或轴线)的平面。

切削平面 P_s——过切削刃选定点与切削刃相切并垂直于基面的平面。

正交平面 P_o——过切削刃选定点同时垂直于切削平面和基面的平面。

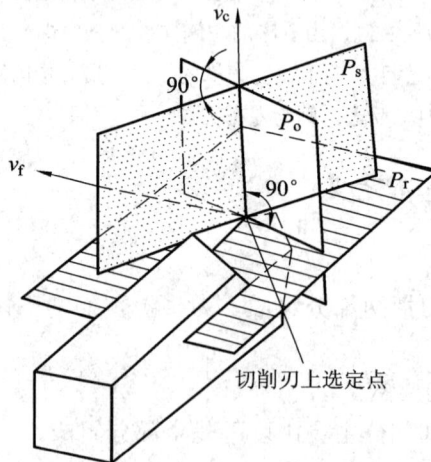

图 1-2　正交平面参考系

4. 刀具的标注角度及选用

刀具几何角度在正交平面参考系中确定，是在刀具工作图上标出的角度，故亦称为标注角度。车刀切削部分的几何角度及其主要作用和初步选择见表 1-3。

表 1-3　车刀切削部分的几何角度及其主要作用和初步选择

所在基准坐标平面	图　示	角度	定义	主要作用	初步选择
基面 P_r		主偏角 κ_r	主切削刃在基面上的投影与进给方向间的夹角。常用车刀的主偏角有 $45°$、$60°$、$75°$ 和 $90°$ 等	改变主切削刃的受力及导热能力，影响切屑的厚薄变化	(1) 选择主偏角应首先考虑工件的形状。如加工工件的台阶，必须选取 $\kappa_r \geqslant 90°$；加工中间切入的工件表面时，一般选用 $\kappa_r=45°\sim60°$。(2) 要根据工件的刚度和工件材料选择主偏角。工件的刚度好或工件的材料较硬，应选较小的主偏角；反之，应选较大的主偏角
		副偏角 κ_r'	副切削刃在基面上的投影与背离进给方向间的夹角	减少副切削刃与工件已加工表面间的摩擦。减小副偏角，可以减小工件的表面粗糙度；但是副偏角不能太小，否则会使背向力增大	(1) 副偏角一般采用 $\kappa_r'=6°\sim8°$。(2) 精车时，如果在副切削刃上刃磨修光刃，则取 $\kappa_r'=0°$。(3) 加工中间切入的工件表面时，副偏角应取 $\kappa_r'=45°\sim60°$
		刀尖角 ε_r	主、副切削刃在基面上的投影间的夹角	影响刀尖强度和散热性能	刀尖角可用下式计算：$\varepsilon_r=180°-(\kappa_r+\kappa_r')$

所在基准坐标平面	图示	角度	定义	主要作用	初步选择
主正交平面 P_o	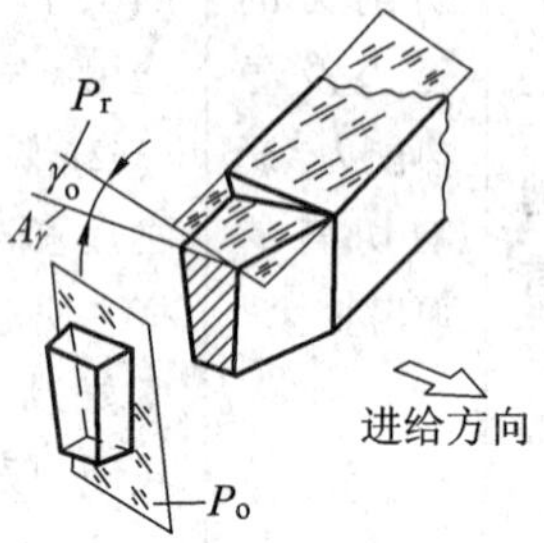	前角 γ_o	前刀面和基面间的夹角	影响刃口的锋利程度和强度，影响切削变形和切削力。前角增大能使车刀刃口锋利，减少切削变形，可使切削省力，并使切屑顺利排出。负前角能增加切削刃强度并使之耐冲击，见表1-4	前角的数值与工件材料、加工性质和刀具材料有关：(1) 车削塑性材料(如钢料)或工件材料较软时，可选择较大的前角；车削脆性材料(如灰铸铁)或工件材料较硬时，可选择小的前角。(2) 粗加工，尤其是车削有硬皮的铸、锻件时，应选取较小的前角；精加工时，应选取较大的前角。(3) 车刀材料的强度和韧性较差时(如硬质合金车刀)，前角应取小值；反之(如高速钢车刀)，可取较大值。车刀前角一般选择 $\gamma_o = -5° \sim 35°$。车削中碳钢(如45钢)工件，用高速钢车刀时选取 $\gamma_o = 20° \sim 25°$；用硬质合金车刀粗车时选取 $\gamma_o = 10° \sim 15°$，精车时选取 $\gamma_o = 13° \sim 18°$
	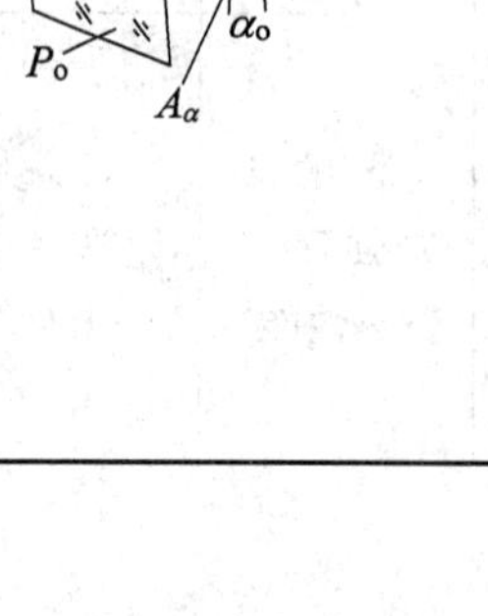	主后角 α_o	主后刀面和主切削平面的夹角	减少车刀主后刀面和工件过渡表面间的摩擦	(1) 粗加工时，应取较小的后角；精加工时，应取较大的后角。(2) 工件材料较硬时，后角宜取小值；工件材料较软时，则后角宜取大值。车刀后角一般选择 $\alpha_o = 4° \sim 12°$。车削中碳钢工件，用高速钢车刀时，粗车选取 $\alpha_o = 6° \sim 8°$，精车选取 $\alpha_o = 8° \sim 12°$；用硬质合金车刀时，粗车选取 $\alpha_o = 5° \sim 7°$，精车选取 $\alpha_o = 6° \sim 9°$
		楔角 β_o	前刀面和后刀面间的夹角	影响刀头截面的大小，从而影响刀头的强度	楔角可用下式计算：$\beta_o = 90° - (\gamma_o + \alpha_o)$

5. 车刀的部分角度正负值规定

在车刀切削部分的基本角度中，前角 γ_o、后角 α_o、刃倾角 λ_s 有正负值规定。其中车刀前角和后角分别有正值、零、负值 3 种，见表 1-4。

表 1-4　车刀前角和后角正负值的规定

角度值		$\gamma_o > 0°$	$\gamma_o = 0°$	$\gamma_o < 0°$
前角 γ_o	图示			
	正负值规定	前刀面 A_γ 与切削平面 P_s 间的夹角小于 90° 时	前刀面 A_γ 与切削平面 P_s 间的夹角等于 90° 时	前刀面 A_γ 与切削平面 P_s 间的夹角大于 90° 时
角度值		$\alpha_o > 0°$	$\alpha_o = 0°$	$\alpha_o < 0°$
后角 α_o	图示			
	正负值规定	后刀面 A_α 与基面 P_r 间的夹角小于 90° 时	后刀面 A_α 与基面 P_r 间的夹角等于 90° 时	后刀面 A_α 与基面 P_r 间的夹角大于 90° 时

刃倾角有正值、零、负值 3 种，其排屑情况、刀尖强度和冲击点接触车刀位置，见表 1-5。

表 1-5　刃倾角正负值的规定及使用情况

角度值	$\lambda_s > 0°$	$\lambda_s = 0°$	$\lambda_s < 0°$
正负值的规定	刀尖位于主切削刃 S 的最高点	主切削刃 S 和基面 P_r 平行	刀尖位于主切削刃 S 的最低点
切屑排出情况	车削时，切屑排向工件的待加工表面方向，切屑不易擦毛已加工表面，车出的工件表面粗糙度小	车削时，切屑基本上沿垂直于主切削刃方向排出	车削时，切屑排向工件的已加工表面方向，容易划伤已加工表面

续表

角度值	$\lambda_s > 0°$	$\lambda_s = 0°$	$\lambda_s < 0°$
刀尖强度和冲击点先接触车刀的位置	刀尖 S	刀尖 S	刀尖 S
	刀尖强度较差，尤其是在车削不圆整的工件受冲击时，冲击点先接触刀尖，刀尖易损坏	刀尖强度一般，冲击点同时接触刀尖和切削刃	刀尖强度好，在车削有冲击的工件时，冲击点先接触远离刀尖的切削刃处，从而保护了刀尖
适用场合	精车时，λ_s 应取正值，$0° < \lambda_s < 8°$	工件圆整、余量均匀的一般车削时，应取 $\lambda_s = 0°$	断续车削时，为了增加刀头强度，取负值 $\lambda_s = -15° \sim -5°$

1.1.4　常用车刀材料

1. 车刀切削部分应具备的基本性能

车刀切削部分在很高的切削温度下工作，经受强烈的摩擦，并承受很大的切削力和冲击，所以车刀切削部分的材料必须具备较高的硬度、较高的耐磨性、足够的强度和韧性、较高的耐热性、较好的导热性，以及良好的工艺性和经济性。

2. 车刀切削部分常用的材料

目前，车刀切削部分常用的材料有高速钢和硬质合金两大类。

(1) 高速钢。高速钢是含钨、钼、铬、钒等合金元素较多的工具钢。高速钢刀具制造简单，刃磨方便，容易通过刃磨得到锋利的刃口；而且韧性较好，常用于承受冲击力较大的场合。特别适用于制造各种结构复杂的成型刀具和孔加工刀具，如成型车刀、螺纹刀具、钻头和铰刀等。但是，高速钢的耐热性较差，因此不能用于高速切削。高速钢的类别、常用牌号、性质及应用见表 1-6。

表 1-6　高速钢的类别、常用牌号、性质及应用

类别	常用牌号	性　　质	应　用
钨系	W18Cr4V (18-4-1)	性能稳定，刃磨及热处理工艺控制较方便	金属钨的价格较高，以后使用逐渐减少
钨钼系	W6Mo5Cr4V2 (6-5-4-2)	最初是国外为解决缺钨而研制取代 W18Cr4V 的高速钢(以 1%的钼取代 2%的钨)，其高温塑性与韧度都超过 W18Cr4V，而其切削性能却大致相同	主要用于制造热轧工具，如麻花钻等
	W9Mo3Cr4V (9-3-4-1)	根据我国资源的实际情况而研制的刀具材料，其强度和韧性均比 W6Mo5Cr4V2 好，高温塑性和切削性能良好	使用将逐渐增多

（2）硬质合金。硬质合金是目前应用最广泛的一种车刀材料。硬度、耐磨性和耐热性均高于高速钢。切削钢时，切削速度可达约 220 m/min。其缺点是韧性较差，承受不了大的冲击力。硬质合金的分类、用途、性能、代号以及与旧牌号的对照见表 1-7。

表 1-7　硬质合金的分类、用途、性能、代号以及与旧牌号的对照

类别	用　途	被加工材料	常用代号	性　能		适用于的加工阶段	相当于旧牌号
				耐磨性	韧性		
K 类钨钴类	适用于加工铸铁、有色金属等脆性材料或冲击力较大的场合。在切削难加工材料或振动较大(如断续切削塑性金属)的特殊情况时也较合适	适于加工短切屑的黑色金属、有色金属及非金属材料	K01	↑	↓	精加工	YG3
			K10			半精加工	YG6
			K20			粗加工	YG8
P 类钨钛钴类	适用于加工钢或其他韧性较大的塑性金属，不宜加工脆性金属	适用于加工长切屑的黑色金属	P01	↑	↓	精加工	YT30
			P10			半精加工	YT15
			P30			粗加工	YT5
M 类钨钛钽(铌)钴类	既可加工铸铁、有色金属，又可加工碳素钢、合金钢，故又称通用合金。主要用于加工高温合金、高锰钢、不锈钢以及可锻铸铁、球墨铸铁、合金铸铁等难加工材料	适用于加工长切屑或短切屑的黑色金属和有色金属	M10	↑	↓	精加工、半精加工	YW1
			M20			半精加工、粗加工	YW2

1.2　金属材料

1.2.1　金属材料性能的基本概念

为了在生产中更好地了解和合理选用金属材料，确定金属材料的加工方法，读者应熟悉和掌握金属材料的性能、牌号含义及适用场合。

1. 金属材料的物理性能

（1）密度：物体的质量和其体积的比值称为密度，其表示符号为 ρ，单位是 g/cm^3。表 1-8 所示为常用金属材料的密度。

（2）熔点：物体在加热过程中，开始由固体熔化为液体的温度称为熔点。用摄氏温度(℃)表示。表 1-9 所示为常用金属材料的熔点。

(3) 导电性：金属材料传导电流的能力称为导电性。银的导电性最好，铜和铝次之。

(4) 导热性：金属传导热量的能力称为导热性。纯金属导热性最好，合金稍差。

(5) 热膨胀性：金属材料在加热时，体积增大的性质称为热膨胀性。

表 1-8　常用金属材料的密度

材 料 名 称	密度(g/cm^3)	材 料 名 称	密度(g/cm^3)
铁	7.85	铅	11.3
铜	8.89	锡	7.3
铝	2.7	灰铸铁	6.8～7.4
镁	1.7	白口铁	7.2～7.5
锌	7.19	青铜	7.5～8.9
镍	8.9	黄铜	8.5～8.85

表 1-9　常用金属材料的熔点

材 料 名 称	熔点/℃	材 料 名 称	熔点/℃
纯铁	1538	铬	1765
铜	1083	钒	1900
铝	658	锰	1230
钛	1668	镁	627
镍	1455	青铜	865～900

2．金属材料的力学性能

金属材料的力学性能，是指金属材料在载荷(外力)作用下所反映出来的形变的性能。由于受力不同，因此产生的变形也不同，一般有拉伸、压缩、扭转、剪切和弯曲五种。

常用力学性能有弹性、塑性、强度、硬度和韧性。

(1) 弹性：金属在受外力作用时发生变形，外力取消后其变形逐渐消失的性质称为弹性。

(2) 塑性：金属材料在外载荷作用下产生断裂前所能承受最大变形的能力称为塑性。在断裂之前材料的塑性变形愈大，表示塑性愈好；反之则表示塑性愈差。(衡量塑性的指标有伸长率和断面收缩率，通过试样测定)

(3) 强度：金属材料在外载荷作用下抵抗塑性变形和断裂的能力称为强度。强度可分为屈服强度、抗拉强度、抗弯强度和抗剪强度等。

(4) 硬度：金属材料抵抗比它更硬的物体压入其表面的能力，即抵抗局部塑性变形的能力。一般硬度越高，耐磨性越好，强度也比较高。

企业中常用硬度有布氏硬度(HB)和洛氏硬度(HR)两种。根据测量方式的不同布氏硬度 HB 分为 HBS 和 HBW，洛氏硬度 HR 分为 HRA、HRB 和 HRC。

(5) 冲击韧性：金属材料抵抗冲击载荷而不破坏的能力称为冲击韧性。

3．金属材料的切削加工性

金属材料的切削加工性是指材料被切削加工的难易程度。衡量标准通常有切削时的生产率、刀具耐用度、获得规定加工精度和表面粗糙度的难易程度等。

(1) 塑性和韧性：材料的塑性和韧性越大，加工变形和硬化就越大，就容易与刀具表面产生冷焊现象，易发生黏结磨损，不易断屑，切削加工性差。

(2) 硬度和强度：材料的硬度和强度越高，切削力就越大，导致切削温度升高，刀具磨损加快，因此，切削加工性越差。但硬度太低，切削加工性也不好，如纯铁、纯铝等硬度虽低，但塑性很大，切削易发生粘刀，不易保证加工质量。

(3) 导热系数：工件材料的导热系数越大，由切屑带走的和工件本身传导的热量就多，有利于降低切削温度，加工性好。

(4) 线膨胀系数：材料的线膨胀系数越大，加工时热胀冷缩引起工件尺寸变化大，难以控制加工精度，加工性差。

1.2.2 常用碳素钢

含碳量小于 2.11% 的铁碳合金称为碳素钢。碳素钢中除铁(Fe)、碳(C)外，还有硅(Si)、锰(Mn)等有益元素和硫(S)、磷(P)等有害元素。

1. 碳素钢的分类

(1) 按含碳量分：低碳钢(含碳量≤0.25%)、中碳钢(含碳量 0.25%~0.6%)、高碳钢(含碳量＞0.6%)。

(2) 按质量分类：普通碳素钢(含硫、磷量较高)、优质碳素钢(含硫、磷量较低)、高级优质碳素钢(含硫、磷量很低)。

(3) 按用途分类：碳素结构钢(一般属于低碳钢和中碳钢，按质量又分为普通碳素结构钢和优质碳素结构钢)、碳素工具钢(高碳钢)。

2. 碳素钢的牌号与用途

(1) 碳素结构钢：碳素结构钢中 Q195、Q215A、Q215B、Q235A、Q235B 常用于制造受力不大的零件，如螺钉、螺母、垫圈等以及焊接件，冲压件和桥梁建筑等结构件；Q255A、Q255B、Q275 用于制造承受中等负荷的零件，如一般小轴、销子、连杆、农机零件等。

(2) 优质碳素结构钢：优质碳素结构钢是严格按化学成分和力学性能制造的，质量比碳素结构钢高。钢号用两位数字表示，它表示钢平均含碳量的万分之几。如钢号"45"表示钢中平均含碳量为 0.45%。

含锰量较高的优质碳素结构钢还应将锰元素在钢号后面标出，如 15Mn、30Mn。优质碳素结构钢的用途见表 1-10。

表 1-10　优质碳素结构钢的用途

钢　号	应 用 举 例
08、08F、10、10F、15、20、25	制造冲压件、焊接件、紧固件和渗碳零件，如螺栓、铆钉、垫圈等低负荷零件
30、35、40、45、50、55	制造负荷较大的零件，如连杆、曲轴、主轴、活塞销、表面淬火齿轮、凸轮等
60、65、70、75	制造轧辊、弹簧、钢丝绳、偏心轮等高强度、耐磨或弹性零件

3．钢的热处理方法

钢的热处理是钢在固态下通过加热、保温和冷却的方法，来改变钢的内部组织，从而获得所需性能的一种工艺方法。

(1) 退火：将钢加热到临界温度以上并在此温度保温一段时间(一般是 710～750℃)，然后缓慢冷却的过程称为退火。退火的目的是细化晶粒、均匀组织、降低硬度，改善钢件的机械性能，便于切削加工。

(2) 正火：将钢加热到临界温度以上，并保温一段时间，然后在空气中冷却的过程称为正火。

正火的目的与退火基本相同，但正火的速度比退火快，钢的强度和硬度较退火高，得到组织细化，减少内应力，改善切削性能。

(3) 淬火：将钢件加热到临界温度以上，保温一段时间，然后在水或油中快速冷却的过程称为淬火。淬火的目的是提高钢件的强度和硬度。

(4) 回火：将淬火钢件再加热到临界温度以下，保温一段时间，然后以一定的方式(空气中或油中)冷却的过程称为回火。回火的目的是消除淬火后的脆性和内应力，调整钢件的强度和硬度，提高塑性和冲击韧性。

(5) 调质：钢件淬火后高温回火称为调质。调质的目的是获得很高的韧性和足够的强度，使钢件具有良好的综合机械性能。

(6) 时效：时效处理分自然时效和人工时效两种。

自然时效：将工件粗加工后，在露天停放一个时期，以消除其内应力。

人工时效：将工件在低温回火后，精加工之前，加热到 100～160℃并保温 10～40 小时，缓慢冷却。

(7) 化学处理：将工件置于化学介质中加热保温，改变钢表层的化学成分和组织，从而改变其表层性能的热处理方法。化学处理有渗碳、渗氮和液体碳氮共渗等。

(8) 渗碳：渗碳是将工件放入含碳的介质中，并加热到 900～950℃高温下保温，使钢件表面含碳量提高的工艺过程。

1.3　装夹方式介绍

1.3.1　车削轴类工件的装夹

车削时，工件必须在车床夹具中定位并夹紧，工件装夹得是否正确可靠，将直接影响加工质量和生产效率，应十分重视。

车削台阶类轴时，可采用以下几种装夹方法：

1．用三爪自定心卡盘装夹

三爪自定心卡盘装夹工件方便、省时，但夹紧力较小，适用于装夹外形规则的中小型轴类工件。由于三爪自定心卡盘的三个卡爪是同步运动的，能自动定心，工件装夹后一般不需要找正。但是，利用三爪自定心卡盘装夹较长的轴类工件时，工件离卡盘较远处的旋转轴线不一定与车床主轴的旋转轴线重合，这时就需要找正。当三爪自定心卡盘由于使用时间较长而导致精度下降，且工件的加工精度要求较高时，也需要对工件进行找正。找正的要求是使工件的回转中心与车床主轴的旋转轴线重合。在粗加工阶段可用目测或用划线方法找正工件毛坯表面。

2. 一夹一顶装夹

装夹时将工件的一端用三爪自定心卡盘夹紧，而另一端用后顶尖支顶的装夹方法称为一夹一顶装夹，如图 1-3 所示。为了防止由于进给切削力的作用而使工件轴向位移，可以在主轴前端锥孔内安装一个限位支撑(见图 1-3(a))，也可利用工件的台阶限位(见图 1-3(b))。用这种方法装夹较安全可靠，能承受较大的进给切削力，因此应用很广泛。

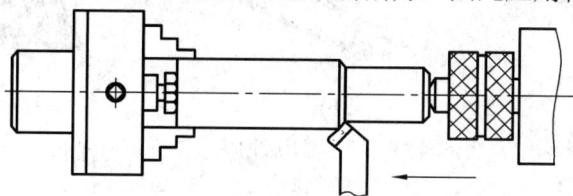

(a) 限位支撑

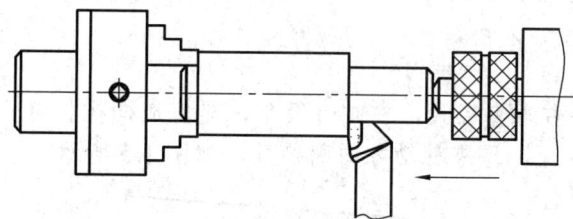

(b) 利用工件的台阶限位

图 1-3   一夹一顶装夹

一夹一顶装夹的注意事项：

(1) 后顶尖的中心线应与车床主轴轴线重合，否则车出的工件会产生锥度。

(2) 在不影响车刀切削的前提下，尾座套筒应尽量伸出短些，以增加刚度，减小振动。

(3) 中心孔的形状应正确，表面粗糙度要小。装入顶尖前，应清除中心孔内的切屑或异物。

(4) 当后顶尖用固定顶尖时，由于中心孔与顶尖间为滑动摩擦，故应在中心孔内加入润滑脂，以防温度过高而"烧坏"顶尖或中心孔。

(5) 顶尖与中心孔的配合必须松紧合适。如果后顶尖顶得太紧，细长工件会弯曲变形。对于固定顶尖，会增加摩擦；对于回转顶尖，容易损坏顶尖内的滚动轴承。如果后顶尖顶的太松，工件则不能准确地定心，对加工精度有一定影响，并且车削时易产生振动，甚至会使工件飞出而发生事故。

☞知识链接

1. 后顶尖

后顶尖有固定顶尖和回转顶尖两种。固定顶尖的结构如图 1-4(a)、(b)所示，其特点是刚度好，定心准确。但顶尖与工件中心孔间为滑动摩擦，容易产生过多热量而将中心孔或顶尖"烧坏",尤其是普通固定顶尖(见图 1-4(a))更容易出现这类问题。因此,固定顶尖只适用于低速加工精度要求较高的工件。目前,多使用镶硬质合金的固定顶尖(见图 1-4(b))。

回转顶尖如图 1-4(c)所示,它可使顶尖与中心孔之间的滑动摩擦变成顶尖内部轴承的滚动摩擦,故能够在很高的转速下正常工作,克服了固定顶尖的缺点,因此应用非常广泛。但是,由于回转顶尖存在一定的装配累积误差,且滚动轴承磨损后会使顶尖产生径向圆跳动,从而降低了定心精度。

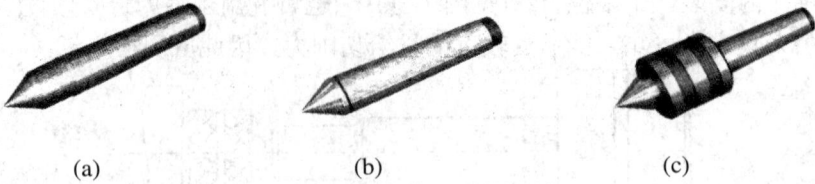

(a)　　　　　　　　(b)　　　　　　　　(c)

图 1-4　后顶尖

2. 工件锥度的调整

车削轴类工件时,一般应在粗加工阶段校正好车床的锥度,以保证工件形状精度的要求。校正前应先切削整段外圆至一定尺寸,测量两端直径,通过调整尾座的横向偏移量来校正工件的锥度。

调整的方法:

(1) 如果车出工件右端直径大,左端直径小,尾座应向操作者方向移动;若车出工件右端直径小,左端直径大,尾座移动方向则相反,如图 1-5 所示。

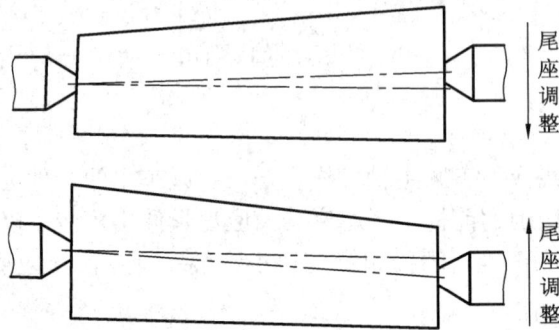

图 1-5　尾座的调整

(2) 为节省锥度的调整时间,也可先将工件中间车凹,如图 1-6 所示(车凹部分外径不能小于图样要求)。然后车削两端外圆,测量找正即可。

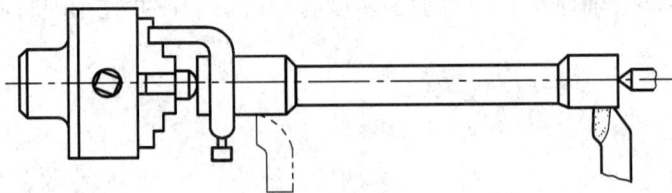

图 1-6　车削两端找正工件

1.3.2 钻中心孔

要用一夹一顶装夹工件，必须先在工件一端或两端的端面上加工出合适的中心孔。

1. 中心孔和中心钻的类型

国家标准 GB/T 145—2001 规定中心孔有 A 型(不带护锥)、B 型(带护锥)、C 型(带护锥和螺纹)和 R 型(弧形)四种，其类型、结构和用途等内容见表 1-11。

表 1-11 中心孔类型、用途、结构及作用

类型	A 型		B 型	C 型	R 型
结构图					
结构说明		由圆锥孔和圆柱孔两部分组成	在 A 型中心孔的端部再加工一个 120° 的圆锥面，用以保护 60° 锥面不致碰毛，并使工件端面容易加工	在 B 型中心孔的 60° 锥孔后面加工一短圆柱孔(保证攻制螺纹时不碰毛 60° 锥孔)，后面还用丝锥攻制成内螺纹	形状与 A 型中心孔相似，只是将 A 型中心孔的 60° 圆锥面改成圆弧面，这样使其与顶尖的配合变成线接触
结构及作用	圆锥孔	圆锥孔的圆锥角一般为 60°，重型工件用 75° 或 90°，它与顶尖锥面配合，起定心作用并承受工件重力和切削力，因此圆锥孔的表面质量要求较高			线接触的圆弧面在轴类工件装夹时，能自动纠正少量的位置偏差
	圆柱孔	中心孔的基本尺寸为圆柱孔的直径 D，它是选取中心钻的依据 圆柱孔可储存润滑脂，并能防止顶尖头部触及工件，保证顶尖锥面和中心孔锥面配合贴切，以达到正确定心 圆柱孔直径 $d \leqslant \phi 6.3$ mm 的中心孔常用高速钢制成的中心钻直接钻出，$d > \phi 6.3$ mm 的中心孔常用锪孔或车孔等方法加工			
适用于	精度要求一般的工件		精度要求较高或工序较多的工件	当需要把其他零件轴向固定在轴上时	轻型和高精度轴类工件
使用的中心钻					

2. 钻中心孔的方法

(1) 校正尾座中心。启动车床，使主轴带动工件回转。移动尾座，使中心钻接近工件端面，观察中心钻头部是否与工件回转中心一致，校正并紧固尾座。

(2) 切削用量的选择和钻削。由于中心钻直径小，钻削时应取较高的转速(一般为 900～1120 r/min)，进给量应小而均匀(一般为 0.05～0.2 mm/r)。手摇尾座手轮时切勿用力过猛，当中心钻钻入工件后应及时加注切削液冷却润滑；钻削结束时，中心钻在孔中应稍作停留，然后退出，以修光中心孔，提高中心孔的形状精度和表面质量。

(3) 钻中心孔时的质量分析。由于中心钻的直径较小，钻中心孔时，极易产生各种废品。具体见表 1-12。

表 1-12　钻中心孔时容易出现的问题以及产生原因

问题类别	产 生 原 因
中心钻折断	1. 中心钻未对准工件回转中心 2. 工件端面未车平或中心处留有凸头，使中心钻偏斜，不能准确定心而折断 3. 切削用量选择不合适，转速太低，进给量过大 4. 磨钝后的中心钻强行钻入工件也易折断 5. 没有充分浇注切削液或没有及时清除切屑，也易导致切屑堵塞而折断中心钻
中心孔钻偏或钻得不圆	1. 工件弯曲未矫正，使中心孔与外圆产生偏差 2. 夹紧力不足，钻中心孔时工件移位，造成中心孔不圆 3. 工件伸出太长，回转时在离心力的作用下，易造成中心孔不圆
工件装夹时顶尖不能与中心孔的锥孔贴合	中心孔钻得太深
装夹时顶尖尖端与中心孔底部接触	中心钻修磨后圆柱部分长度过短

1.4　切削运动与切削要素介绍

1.4.1　切削运动和工件表面

1. 切削运动

切削时，刀具与工件的相对运动称为切削运动。切削运动分主运动和进给运动。

(1) 主运动：直接切除工件上多余的金属层，使之转变为切屑的运动。如图 1-7 所示，车削时工件的旋转运动是主运动。

(2) 进给运动：使新的金属层不断的投入切削运动。如车削时，刀具的运动(移动)是进给运动。

2.切削时工件上形成的表面

(1) 待加工表面：工件上将被切去金属层的表面。

(2) 已加工表面：工件上已被切去金属层的表面。

(3) 过渡表面：刀具主切削刃正在切削的表面，即已加工表面和待加工表面的连接面。

车床切削运动和工件上形成的表面，如图 1-7 所示。

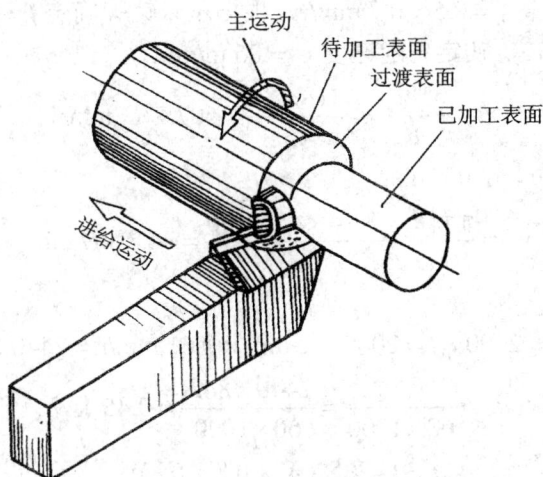

图 1-7　车削运动和工件的表面

1.4.2　切削要素

切削要素是衡量切削运动大小的参数。

切削用量又称切削三要素，即切削深度(a_p)、进给量(f)和切削速度(v)。切削用量选择方法，首先选择尽量大的切削深度，其次选择尽量大的进给量，最后选择尽量大的切削速度。

(1) 切削深度(a_p)：待加工表面与已加工表面之间的垂直距离。

$$a_p = \frac{D - d}{2}$$

式中：a_p——切削深度，又称背吃刀量，mm；

　　　D——待加工表面直径，mm；

　　　d——已加工表面直径，mm。

(2) 进给量(f)：刀具在进给方向上相对于工件的位移量，即刀具相对于工件的相对位移。如切削时进给量为主轴旋转一周，刀具沿进给方向移动的距离。单位 mm/r。

(3) 切削速度(v_c)：刀具主切削刃上的某一点相对于工件待加工表面在主运动方向的瞬时速度(主运动的线速度)，单位 m/min。

$$v_c = \frac{\pi dn}{1000}, \qquad n = \frac{318 v_c}{D}$$

式中，v_c——切削速度，m/min；

　　　d——加工表面直径，mm；

　　　n——车床主轴转速，r/min。

【例 1-1】 在 CA6140 型车床上,车削毛坯尺寸为 $\phi45$ mm × 118 mm 的调质 45 钢,要求车削后达到 $\phi41$ mmh11,$Ra3.2$ μm,试选择粗车时的切削用量。

解 背吃刀量

$$a_\text{p} = \frac{d_\text{w} - d_\text{m}}{2} = \frac{45 - 41}{2} = 2 \text{ mm}$$

进给量 查表 1-14 得 $f = 0.5 \sim 0.7$ mm/r,根据车床铭牌确定 $f = 0.61$ mm/r。

切削速度 查表 1-13,初定切削速度 $v_\text{c} = 86$ m/min

$$n = \frac{318v_\text{c}}{d} = \frac{318 \times 86}{45} = 607.7 \text{ r/min}$$

根据车床铭牌确定 $n = 600$ r/min。

$$v_c = \frac{\pi d_w n}{1000} = \frac{3.14 \times 45 \times 600}{1000} = 84.8 \text{ m/min}$$

校验车床功率

$$F_\text{c} = 2000a_\text{p}f = 2000 \times 2 \text{ mm} \times 0.61 \text{ mm/r} = 2440 \text{ N}$$

$$P_\text{c} = \frac{F_\text{c}v_\text{c}}{60 \times 1000} = \frac{2440 \times 84.8}{60 \times 1000} = 3.45 \text{ kW}$$

$$P_\text{E}\eta = 7.5 \text{ kW} \times 0.8 = 6 \text{ kW}$$

因为 $P_\text{c} \leqslant P_\text{E}\eta$,所以确定的背吃刀量、进给量、切削速度可用。

表 1-13　外圆车刀的切削速度

工件材料	刀具材料	背吃刀量 a_p/mm			
		0.13～0.38	0.38～2.4	2.4～4.7	4.7～9.5
		进给量 f/(mm/r)			
		0.05～0.13	0.13～0.38	0.38～0.76	0.76～1.3
		切削速度 v_c/(m/min)			
低碳钢	高速钢 硬质合金	215～365	70～90 165～215	40～60 120～165	20～40 90～120
中碳钢	高速钢 硬质合金	130～165	45～60 100～130	30～40 75～100	15～20 55～75
不锈钢	高速钢 硬质合金	115～150	30～45 90～115	25～30 75～90	15～20 55～75
灰铸铁	高速钢 硬质合金	135～185	35～45 105～135	25～35 75～105	20～25 60～75
黄铜及青铜	高速钢 硬质合金	215～245	85～105 185～215	70～85 150～185	45～70 120～150
铝合金	高速钢 硬质合金	105～150 215～300	70～105 135～215	45～70 90～135	30～45 60～90

表 1-14 硬质合金车刀、高速钢车刀粗车外圆和端面时的进给量

加工材料	车刀刀柄尺寸 $B \times H$	工件直径	背吃刀量 a_p/mm			
			<3	>3~	>5~8	>8~12
			进给量 f (mm/r)			
碳素结构钢和合金结构钢	16×18	20	0.3~0.4			
		40	0.4~0.5	0.3~0.4		
		60	0.5~0.7	0.4~0.5	0.3~0.4	
		100	0.6~0.9	0.5~0.7	0.4~0.5	0.3~0.4
		400	0.8~1.2	0.6~0.9	0.5~0.7	0.4~0.5
	20×20 25×25	20	0.3~0.4			
		40	0.4~0.5	0.3~0.4		
		60	0.5~0.7	0.4~0.5	0.3~0.4	
		80	0.6~0.9	0.5~0.7	0.4~0.5	0.3~0.4
		100	0.8~1.2	0.6~0.9	0.5~0.7	0.4~0.5
		400	1.2~1.4	0.8~1.2	0.6~0.9	0.5~0.7
铸铁和铜合金	16×18	40	0.4~0.5			
		60	0.6~0.8	0.4~0.5	0.4~0.6	
		100	0.8~1.2	0.7~1.0	0.6~0.8	0.5~0.7
		400	1.2~1.4	1.0~1.2	0.8~1.0	0.6~0.8
	25×25	40	0.4~0.5			
		60	0.6~0.9	0.4~0.5	0.4~0.7	
		100	0.9~1.3	0.8~1.2	0.7~1.0	0.5~0.8
		400	1.2~1.8	1.2~1.6	1.0~1.3	0.9~1.1

注：① 加工断续表面及加工有冲击时，表内的进给量应乘系数 $K = 0.75 \sim 0.85$。

② 加工耐热钢及其合金时，不采用大于 1.0 mm/r 的进给量。

③ 加工淬硬钢，当材料硬度为 44~56 HRC 时，表内进给量应乘系数 $K = 0.8$；当材料硬度为 57~62 HRC 时，表内进给量应乘系数 $K = 0.5$；

表格内的数据为在机床、刀具、环境等良好情况下的理论数据，因此在实际操作中要把所选择好的数据乘系数 K。

背吃刀量 a_p/mm——$K = 0.7$

进给量 f/(mm/r)——$K = 0.6$

切削速度 v_c/(m/min)——$K = 0.8$

1.4.3 粗车切削用量的合理选择

(1) 粗车端面时的背吃刀量 a_p 可根据毛坯余量合理确定，一般 a_p 取 1~4 mm。进给量 f 可取 0.4~0.5 mm/r。

(2) 粗车外圆时的背吃刀量 a_p 也要根据工件的加工余量合理确定，可取 3~5 mm，进给量 f 取 0.3 mm/r、0.4 mm/r。

(3) 粗车时的切削速度 v_c 一般取 75~100 m/min。

1.5 切削液的选择及切屑的形成

1.5.1 合理选择切削液

1. 切削液的作用

(1) 冷却作用。切削液能吸收并带走切削区大量的热量，改善散热条件，降低工件和刀具的温度。

(2) 润滑作用。切削液能在切屑与刀具的微小间隙中形成一层很薄的吸附膜，减小摩擦因数，减小刀具、切屑、工件之间的摩擦。

(3) 清洗作用。能清除黏附在工件和刀具上的细碎切屑，防止划伤工件已加工表面，减小刀具磨损。

(4) 防锈作用。在切削液中加入防锈剂后，能在金属表面形成保护膜，使机床、刀具和工件不受周围介质腐蚀。

2. 切削液的种类

(1) 乳化液。乳化液是用乳化油稀释而成，主要起冷却作用。这类切削液比热容大、黏度小、流动性好、可吸收大量的热量。乳化液中常加入极压添加剂和防锈添加剂，提高润滑和防锈性能。

(2) 切削油。切削油的主要成分是矿物油，少数采用动物油和植物油，主要起润滑作用。这类切削液比热容较小、黏度较大、流动性差。矿物油中加入极压添加剂和防锈添加剂，可提高润滑和防锈性能。动物油和植物油的润滑效果比矿物油好，但易变质，应尽量少用或不用。

3. 切削液的选用

应根据加工性质、工件材料、刀具材料和工艺要求等具体情况合理选用切削液。

(1) 根据加工性质。粗加工时，选用以冷却为主的乳化液；精加工时，选用润滑性能好的极压切削油或高浓度的极压乳化液。

(2) 根据工件材料。钢件粗加工一般用乳化液，精加工用极压切削油；切削铸铁、铜及铝等材料时，一般不用切削液；切削有色金属和铜合金时，不宜采用含硫的切削液；切削镁合金时，不用切削液。在加工硬度高、强度好、导热性差的特种材料和细长工件时，可用冷却为主的切削液。

(3) 根据刀具材料。高速钢刀具粗加工时，用极压乳化液；硬质合金刀具一般不用切削液。

1.5.2 切屑的形成及形状

1. 切屑的形成

切屑是在金属切削过程中，通过刀具切除工件上多余的金属层而形成的。切屑的形成实质上是切削层在刀具的挤压作用下产生弹性变形、塑性变形、剪切滑移，最终形成切屑。

2. 切屑的形状

(1) 带状切屑。切削塑性材料，选择较高切削速度和较小深度时易产生内表面光滑，外表面毛茸状连绵不断的带状切屑。如加工碳素钢、合金钢、铜和铝合金等，如图 1-8(a)所示。

(2) 挤裂切屑。切削塑性材料，选择较低切削速度和较大深度时易生成内表面有裂纹，外表面呈齿状的挤裂切屑，如图 1-8(b)所示。

(3) 单元切屑，在挤裂切屑生成过程中，如果切屑破裂成形似梯形块状，称为单元切屑。单元切屑又称粒状切屑，如图 1-8(c)所示。

(4) 崩碎切屑。在切削铸铁、黄铜等脆性材料时，切削层未变形已经崩碎，成不规则粒状切屑，如图 1-8(d)所示。

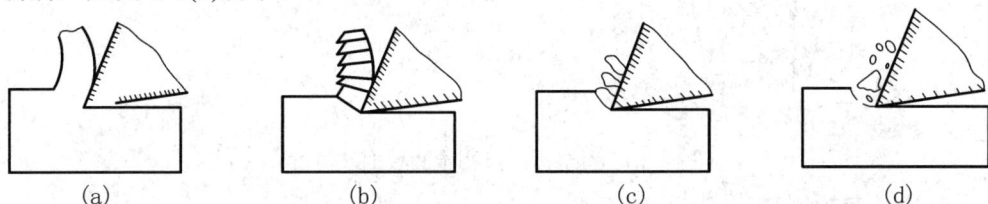

(a)	(b)	(c)	(d)

图 1-8　切屑的各种形状

1.6　尺寸的控制

1.6.1　台阶长度的确定

确定台阶长度的常用方法有两种：一种是刻线痕法，另一种是床鞍刻度盘控制法。因为两种方法都有一定的误差，所以刻线痕和床鞍刻度值都应该比所需要长度略短 0.5～1 mm，留出精车的余量。图 1-9 所示为刻线痕法控制长度。

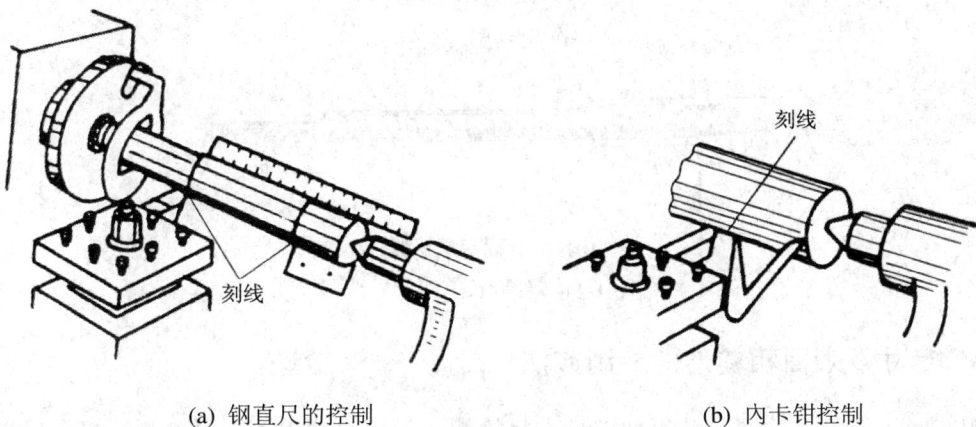

(a) 钢直尺的控制	(b) 内卡钳控制

图 1-9　台阶长度的刻线方法

1.6.2　粗车时工件的测量

1．回转面的测量

粗车时，一般用游标卡尺来测量工件的外径，如图 1-10 所示。

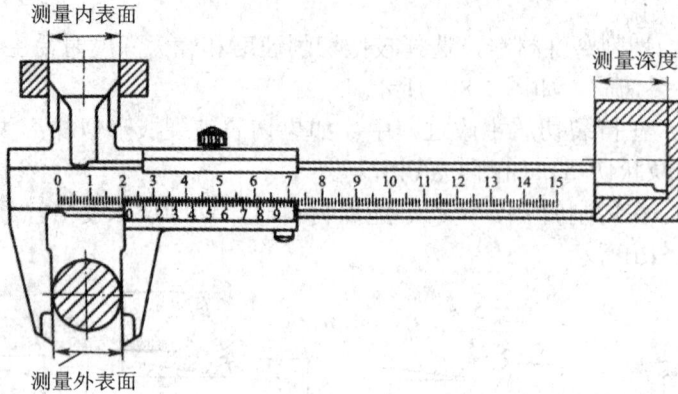

图 1-10　用游标卡尺测量回转面和深度

2．台阶长度的测量

粗车时，台阶的长度可以用钢直尺(见图 1-11(a))、游标卡尺(见图 1-11(b))或游标深度尺进行测量。

用钢直尺测量台阶长度较为方便，钢直尺刻线值(两刻线之间的距离)分为 1 mm 和 0.5 mm 两种。测量时，由于刻线值以下的读数不能准确读出，用目测估读，因此只能用于粗加工或精度要求不高的工件的测量。

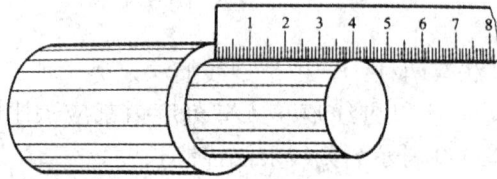

(a) 用钢直尺测量

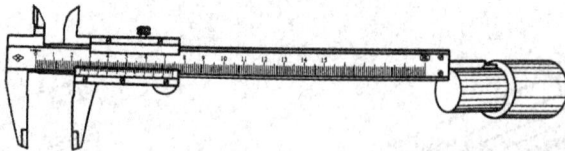

(b) 用游标卡尺测量

图 1-11　台阶长度测量方法

1.6.3　尺寸及表面粗糙度的控制方法

粗车时，台阶、外圆尺寸可用游标卡尺检测，长度尺寸用深度尺检测，表面粗糙度利用表面粗糙度样板对比检查。

1．准备工作

(1) 毛坯：材料为 45 钢，尺寸为 $\phi25$ mm × 90 mm 的棒料。

(2) 设备：CA6140 型车床。

(3) 工艺装配：三爪自定心卡盘、钻夹头、B2/6.3 mm 中心钻、后顶尖、45° 车刀、90° 车刀、钢直尺、0.02 mm/(0～150)mm 的游标卡尺。

2．车削步骤

(1) 检查毛坯，毛坯尺寸 $\phi25$ mm × 90 mm。

(2) 在方刀架上装夹 45° 车刀和 90° 车刀，并将 45° 车刀刀尖对准工件中心。

(3) 装夹毛坯，毛坯伸出三爪自定心卡盘约 35 mm，利用划针找正。其步骤如下：

① 用卡盘轻轻夹住毛坯，将划线盘放置在适当位置，划针尖端触向工件悬伸端外圆柱表面，如图 1-12 所示。

图 1-12　用划针找正轴类工件

② 将主轴箱变速手柄置于空挡，用手轻拨卡盘使其缓慢转动，观察划针尖与毛坯表面接触情况，并用铜锤轻击工件悬伸端，直至在全圆周上划针与毛坯外圆表面间隙均匀一致，找正结束。

③ 找正后，夹紧工件。

(4) 车断面 A，钻中心孔，粗车台阶。其步骤如下：

① 用 45° 车刀车断面 A，取 $a_p = 1$ mm，进给量 $f = 0.4$ mm/r，车床主轴转速为 500 r/min。

② 用钻夹头扳手逆时针旋转钻夹头外套，使钻夹头的三爪张开如图 1-13(a) 所示。

③ 将中心钻插入钻夹头的三爪之间，然后用钻夹头扳手顺时针方向转动钻夹头外套，通过三爪夹紧中心钻如图 1-13(b) 所示。

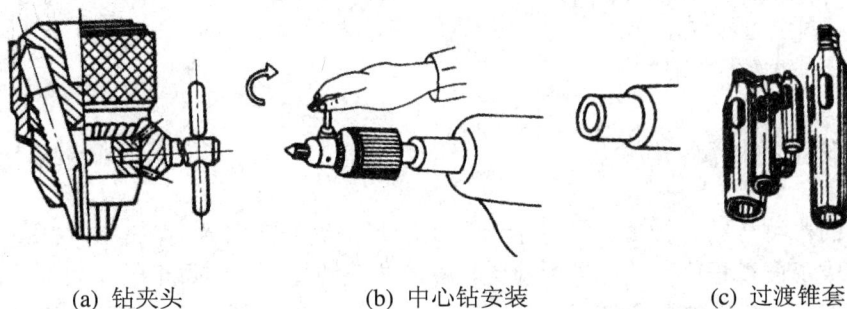

(a) 钻夹头　　　　(b) 中心钻安装　　　　(c) 过渡锥套

图 1-13　用钻夹头装夹中心钻

④ 将钻夹头装入尾座锥孔中。擦净钻夹头柄部和尾座锥孔，用左手握住钻夹头外套部位，沿尾座套筒轴线方向将钻夹头锥柄部用力插入尾座套筒锥孔中。

⑤ 若钻夹头柄部与车床尾座锥孔大小不吻合，可增加一个合适的过渡锥套(见图1-13(c))后再插入。

⑥ 钻中心孔 B2/6.3 mm，调整车床主轴转速为 1120 r/min，缓慢均匀地转动尾座手轮钻中心孔。

(5) 将 90° 车刀调整到工作位置，粗车外圆ϕ14 mm × 75 mm，a_p 取 2 mm，进给量 f 可取 0.25 mm/r，车床主轴转速为 1200 r/min。具体操作步骤见指导老师操作示范。

1.7　车 成 形 面

有些机器零件表面的轴向剖面呈曲线，如摇手柄、圆球手柄等。具有这些特征的表面叫成形面。在车加工这些成形面时，应根据工件的表面特征、精度要求和批量大小采用不同的加工方法。这里仅介绍普通车床上常用的双手控制法。

1.7.1　基本原理

操作时用左、右手分别控制大滑板与中滑板，或控制中滑板与小滑板作合成运动，使车刀刀尖运动轨迹与零件表面曲线重合，以达到车成形面的目的。

为减轻劳动强度，也可以采取大滑板作纵向机动进给(通常由左至右反向进给)，中滑板由内向外手动进给或是中滑板由内向外横向进给，大滑板由左向右手动进给方法车成形面。

1.7.2　车刀轨迹分析

以车刀车削成形球面来说，计算球状部分长度 L 的公式如下：

$$L = \frac{D}{2} + \frac{1}{2}\sqrt{D^2 - d^2} = \frac{1}{2}\left(D + \sqrt{D^2 - d^2}\right)$$

式中：L——球状部分长度 mm；

D——圆球直径 mm；

d——柄部直径 mm。

1.7.3　成形面的检测

成形面的检测一般有样板、游标卡尺和千分尺检测等方法。

在车削成形面过程中，使用样板检验，应该边车边检测，即每车削一次都要停下主轴，测量、观察工件与样板的重合情况，对不符合要求处再次车削，反复多次，直至符合要求。对有尺寸精度要求，要用游标卡尺或千分尺测量。

1.8 5S 安全生产管理

1.8.1 "5S"概念

"5S"是一种现场管理方式,包括整理(SEIRI)、整顿(SEITON)、清扫(SEISO)、清洁(SETKETSU)、素养(SHITSUKE)五个项目。

(1) 整理(SEIRI)是对实训室的物品、工具进行选择,区别哪些是需要的,哪些是不需要的。也就是对各个实训室"减负"行动,将不需要的物品处理掉,既能节约有限空间,又能保持环境的美观。这项工作既是5S的基础,也是关键,这一步做得好不好,直接关系到5S活动的成效。

(2) 整顿(SEITON)是对实训室进行合理规划,将设备按整齐、美观、实用的原则摆放,保持通道畅通。将各类工具、物品根据其对工作的重要性和使用频次,按一定规则摆放整齐,加以正确、醒目的标志,使之一目了然,方便使用。这一环节的目的是消除杂乱无章的现象,减少临时行为。

(3) 清扫(SEISO)是定期打扫工作场所。在每次实训结束后,要求学生必须将自己的工作台面清理干净,并按事先制定的标准检查效果,以达到检查设备、工具数量的同时,也能够提高实训环境卫生的目的。

(4) 清洁(SETKETSU)指保持整个实训场所的环境、设备、人员清洁,养成持久、有效的清洁习惯。此处所指的清洁也包括做事方式不拖沓、考虑问题周密,不留隐患等。

(5) 素养(SHITSUKE)是对参加实训学生的行为和素质的要求,要求学生注重形象,行为规范、统一按照实训要求着装、举止得体、谈吐文明、遵守纪律,有强烈的时间观念,克服自由散漫和不文明行为,养成良好的习惯。

1.8.2 普通车床5S安全生产管理规程

(1) 工作前按规定穿戴好防护用品,扎好袖口,不准围围巾,女工应戴好工作帽。高速切削或切削铸铁、铝、铜工件时,必须戴防护眼镜。接触旋转工件及旋转部位时,不得戴手套作业,在夹装工件过程中允许戴手套作业。

(2) 操作者应熟悉所操作机床的工作原理、结构和性能,并经考核取得资质证后,方可上岗操作。严禁无证者单独操作。

(3) 检查机床的防护、保险、信号装置,机械传动部分。电器部分要有可靠的防护装置,是否齐全有效。严禁超规格、超负荷、超转速、超温度使用机床。

(4) 工件、夹具和刀具必须装夹牢固。

(5) 机床开动前,检查各手柄位置是否正确。按润滑表加注润滑油,并要观察周围动态。机床开动后,要站在安全位置上,以避开机床运动部位和铁屑飞溅。

(6) 机床开动后,应低速运转3~5分钟,确认各部位正常后方可工作,在冬季操作车床时一定要保温、检查管线是否冻裂,不得在运转部位传递或取拿物品。

(7) 调整机床转速、行程、装夹工件和刀具以及测量工件、擦拭机床时，要等机床停稳后才能进行。

(8) 机床导轨面上、工作台上禁止摆放工具或其他物品。

(9) 不得用手直接清除铁屑，要用专门工具清扫，如刷子或钩子。

(10) 凡两人或两人以上在同一台机床工作时，必须指定一人为机长，统一指挥，防止事故发生。

(11) 机床发生异常时，如异响、冒烟、震动、臭味等，应立即停车，请有关人员检查处理。

(12) 不得在机床运转时离开岗位，确因需要离岗时，必须停车，切断电源。

(13) 应正确使用量具、工具，严格执行通用工具技术安全操作规程。

(14) 卡盘扳手、刀架及螺丝配合应合适，不得在扳手口上加垫使用，在扳手上加套管使用后，应立即取下。

(15) 使用的各种胎具、卡盘、量具不得随意乱放，用完后要放在工具箱内，经常使用的要放在专用的木盘上。

(16) 划针盘使用后，应将划针竖直，头部朝下，放在适当位置。

(17) 卡紧工件找正时，不得使劲敲击，以免震坏床头，或卡盘松动而使工件掉下造成事故。

(18) 使用顶夹顶重型工件时，不得超过全长的二分之一。

(19) 车刀必须牢固安装在刀架上，刀头不得伸出过长。刀垫要整齐，不得用锯条、破布、棉纱等作为垫用材料。

(20) 进刀前，刀架顶尖、中心架、跟刀架等各部位的定位螺钉都要拧紧。

(21) 使用砂布抛光时，不得将砂布缠在工件上用手握紧进行抛光，必须把砂布安放在适当木板或锉刀上方可抛光。

(22) 车孔时，不得用锉刀倒角。严禁工件转动时将手伸进孔内。不得将头部靠近转动的卡盘或胎具，观察孔内的切削情况。

(23) 机床在运转时，严禁用手拿着板牙、丝锥加工螺纹，必须使用专用的夹具。

(24) 机车转动时用锉刀进行打磨时，锉刀必须安装把柄。操作者两腿要前后站立，右手在前，左手在后，用力均匀。

(25) 车床高速旋转时，严禁用倒车挡刹车，更不得用手制止卡盘旋转。

(26) 加工偏心工件时，必须加平衡块，紧固牢靠，刹车不要过猛，转速不能过快。

(27) 切断大料时应留有足够余量，卸下后砸断；小料切断时不得用手去接。

(28) 加工细长料时，要用顶尖、跟刀架或中心架。工件从主轴内孔向后伸出的长度超过 300 mm 时应有托架支撑，必要时设防护栏杆。

(29) 停车时，应先退刀，后停车。

(30) 工作结束后，停止机床运转，将使用的各种工具有序的放在工具箱内，将毛坯、半成品、成品分别堆放整齐。

(31) 严禁用脚操作电源开关和手柄。

(32) 下班时对未加工完的重、长、大型工件应加好支撑，以免引起工件和主轴变形。

(33) 工作区附近的铁屑、余料等要及时清理，以免堆积造成人员伤害。

1.9 车削类零件的车削工艺与加工实践

任务一：螺杆的车削工艺与加工实践(项目一零件)

加工图 1-14 所示螺杆，制订加工工艺并实践。

(1) 螺杆的车削加工工艺过程如表 1-15 所示。

(2) 螺杆零件的车削加工。车床操作加工以老师示范为准。

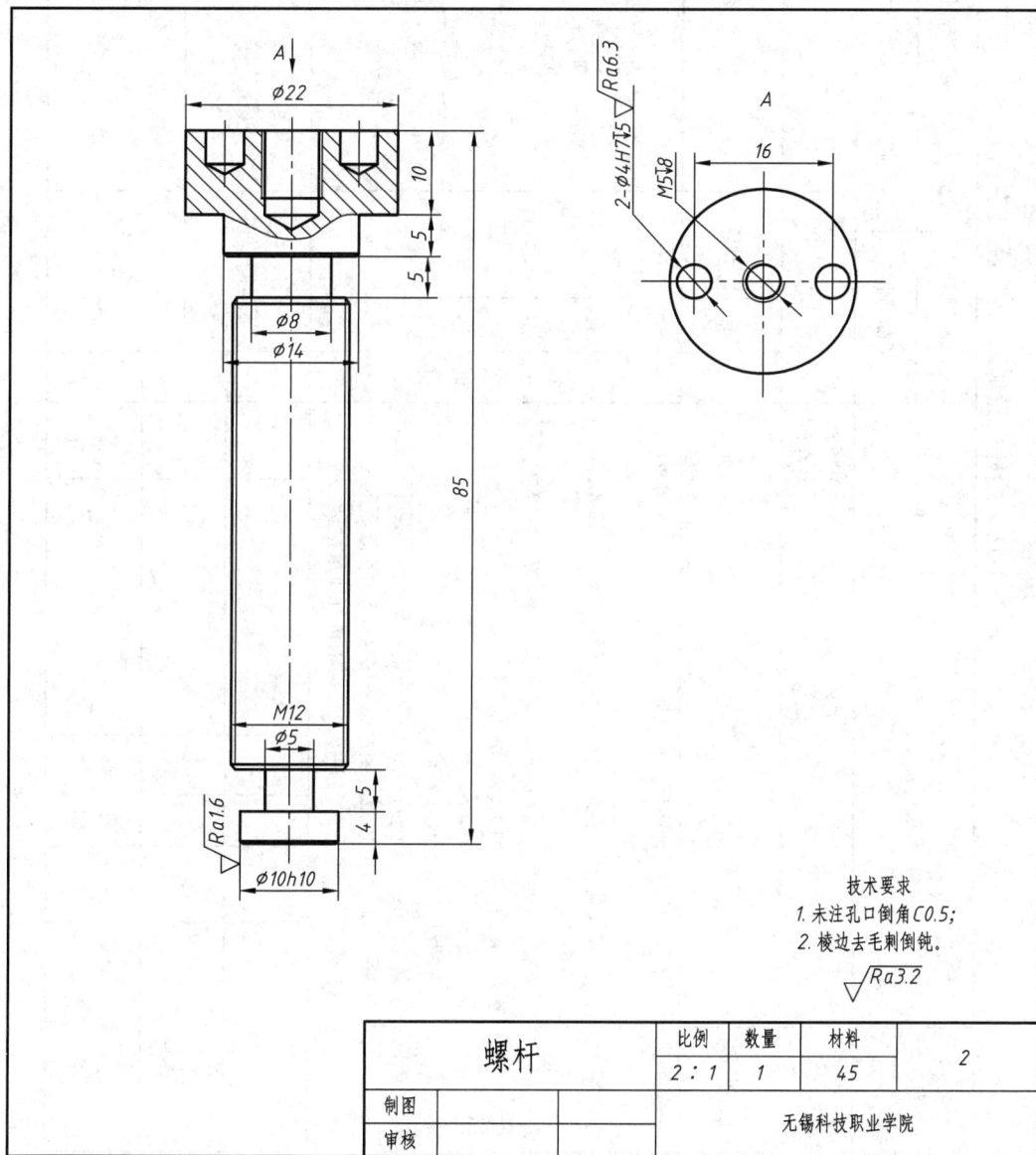

图 1-14 螺杆

表 1-15　螺杆机械加工工艺过程卡片

机械加工工艺过程卡片		产品型号	φ24×90	零部件图号	1	共　页	
		产品名称		零部件名称	螺杆	第　页	

材料牌号	45 钢	毛坯种类	棒材	毛坯外形尺寸	φ24×90	每毛坯件数		每台件数	1	备注	

工序号	工序名称	工序内容	车间	工段	设备	工艺装备	工时（准终 / 单件）
1	平端面	取毛坯，确认合格后夹持毛坯，露出 15 mm，车端面，钻中心孔。	普车实训室	车	CA6141	莫氏 4 号钻夹头、中心钻、90° 车外圆刀、中心钻	
2	车大端	（三爪卡盘）调头装夹，保证总长 85，车外圆 φ22×15，钻中心孔。		车	CA6141	莫氏 4 号顶尖、35° 精车外圆刀	
3	车小端	夹外圆 φ22×6，一夹一顶，车外圆 φ14×75，M12 加工至 φ12$_{-0.2}^{-0.1}$×70、φ10h10×9，倒角去毛刺。		车	CA6141		
4	切槽	切槽 φ8×5、φ5×5。		车	CA6141	割槽刀	
5	车螺纹	车螺纹 M12 至尺寸要求。		车	CA6141	莫氏 4 号顶尖、60° 外螺纹车刀	
6	端面加工	划线，中心钻定位；钻 φ4H7 的底孔 φ3.9 后，铰孔至 4H7 要求。孔深；钻 φ4.2 孔深 12，倒角加油改丝 M5，有效深度 8。去除锐边棱角毛刺，并按工艺要求进行质量检查。		钻	台钻	中心钻、φ3.9 钻头、φ4.2 钻头、φ4H7 铰刀、丝攻 M5	
7							

					编制（日期）	审核（日期）	会签（日期）

标记	处记	更改文件号	签字	日期	标记	处记	更改文件号	签字	日期

任务二：转动手轮的车削工艺与加工实践(项目一零件)

加工图 1-15 所示转动手轮零件，制订加工工艺及实践。

(1) 转动手轮的车削加工工艺过程如表 1-16 所示。

(2) 转动手轮零件的车削加工。车床操作加工以老师示范为准。

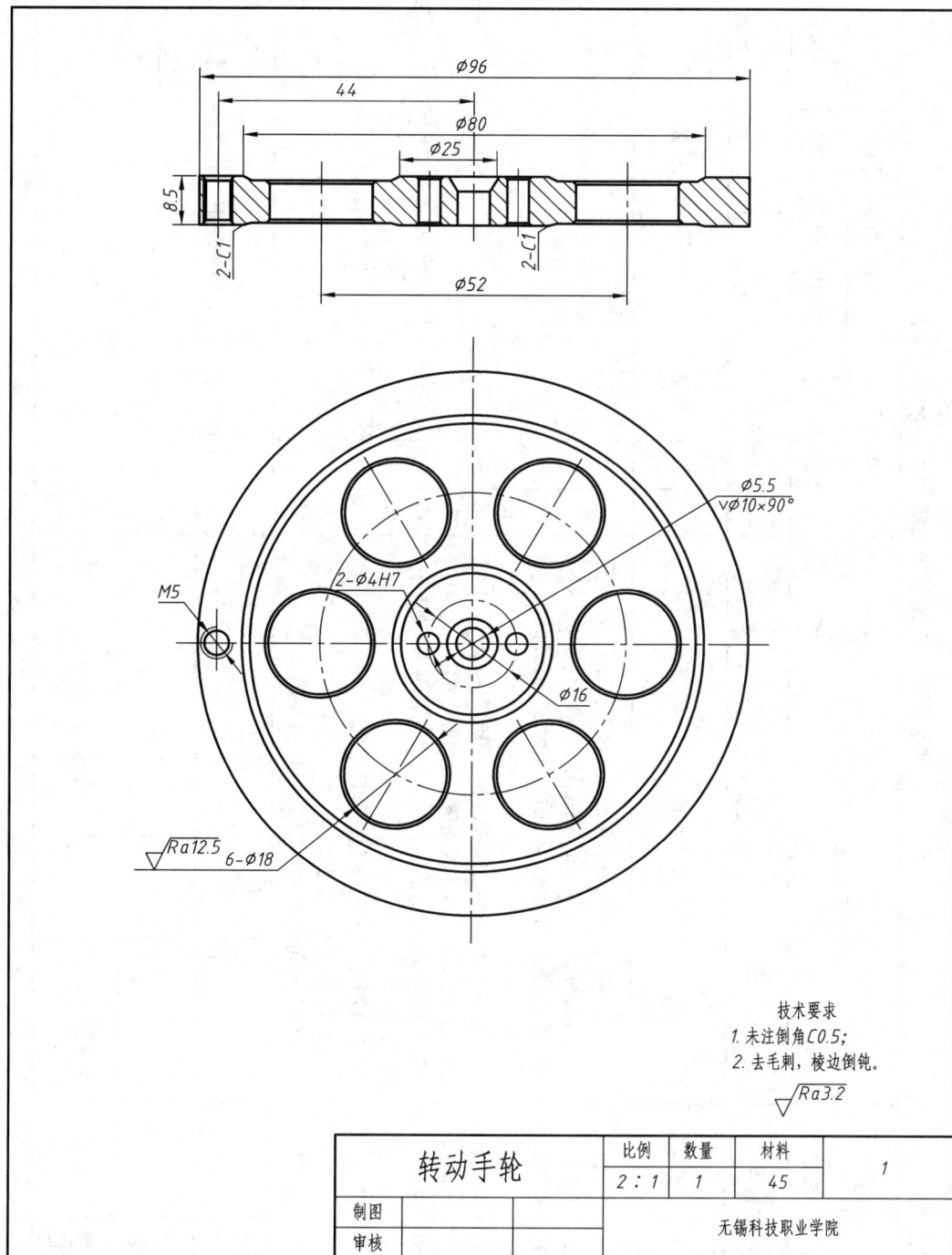

图 1-15　转动手轮

表 1-16　转动手轮机械加工工艺过程卡片

机械加工工艺过程卡片		产品型号		零(部)件图号		共 页
		产品名称 φ100×12		零(部)件名称 转动手轮		第 页

材料牌号 45 钢	毛坯种类 棒材	毛坯外形尺寸	每毛坯件数	每台件数 1	备注

工序号	工序名称	工序内容	车间	工段	设备	工艺装备	工时(准终)	工时(单件)
1	平端面	取毛坯,确认合格后夹持毛坯,露出 3~5 mm,车端面。	普车实训室	车	CA6141	45° 车外圆刀		
2	车外圆	车外圆φ96,长度 9 mm,钻孔φ5.5,锪 90° φ10 孔口。				90° 车外圆刀、φ5.5 钻头、90° 锪钻		
3	车端面槽	用 45° 刀加工φ80×φ25×1 的端面槽,外圆倒角 C0.5,孔口倒角 C1。				45° 车外圆刀		
4	车总长及端面槽	掉头装夹,车端面保证厚度 8.5,车端面φ80×φ25×1 的端面槽,孔口倒角 C1。刀加工φ80×φ25×1 的端面槽,孔口倒角 C1。		车		45° 车外圆刀		
5	钻孔	钻 6-φ18,2-φ4-H7 的底孔φ3.9(件 2 配做)及 M5 的底孔φ4.3。		钻	台钻	麻花钻φ18、φ3.9、φ4.3		
6	铰孔	与件 2 配做,铰孔 2-φ4-H7 至尺寸要求。				φ 4-H7 铰刀		
7	攻螺纹	攻螺纹 M5 至尺寸要求。				丝攻 M5		
8	去毛刺	去除锐边棱角毛刺,并按工艺要求进行质量检查。						

			编制(日期)	审核(日期)	会签(日期)

标记	处记	更改文件号	签字	日期	标记	处记	更改文件号	签字	日期

任务三: 立柱的车削工艺与加工实践(项目一零件)

加工图 1-16 所示立柱零件，制订加工工艺及实践。

(1) 立柱的车削加工工艺过程如表 1-17 所示。

(2) 立柱零件的车削加工。车床操作加工以老师示范为准。

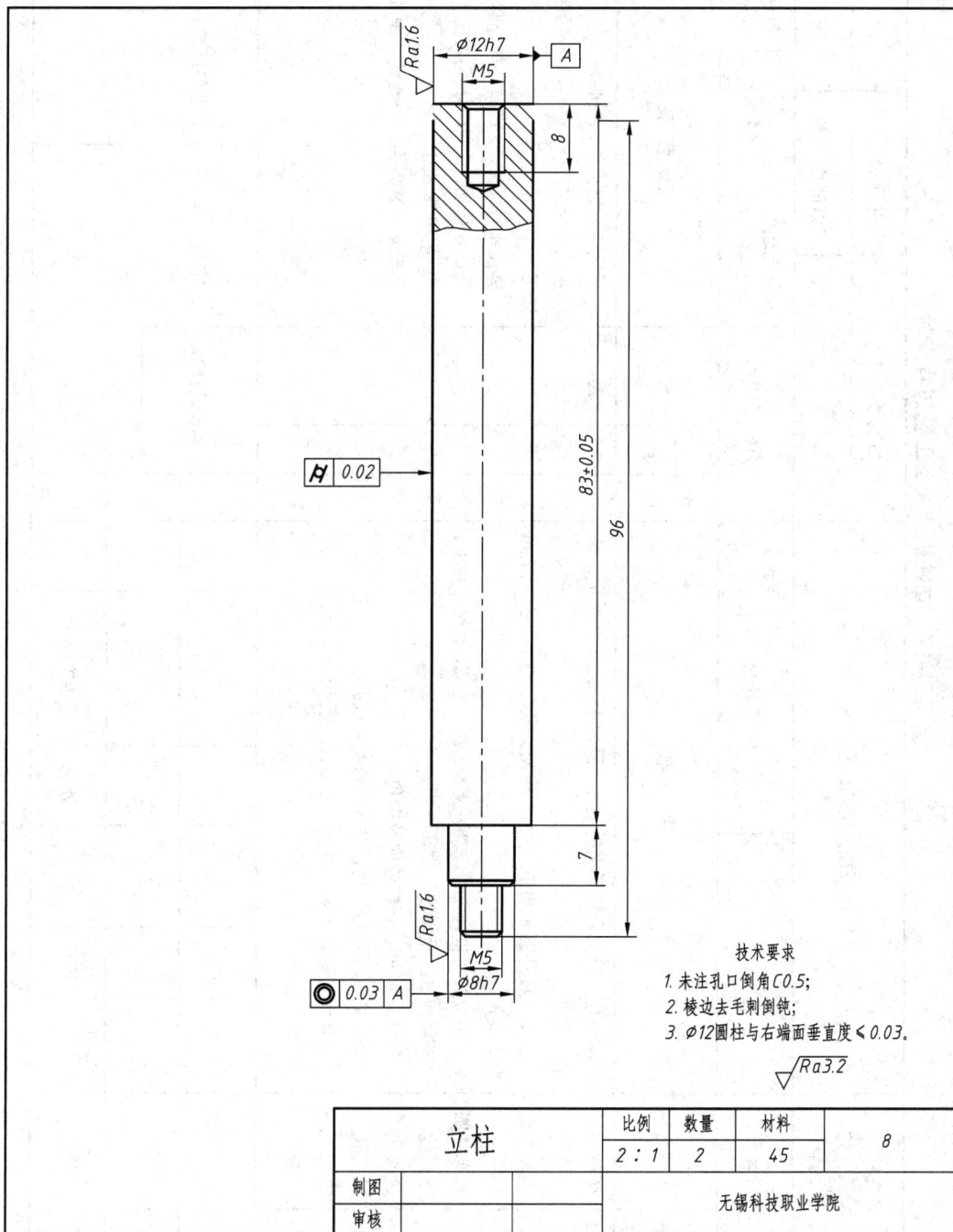

技术要求

1. 未注孔口倒角C0.5;

2. 棱边去毛刺倒钝;

3. Ø12圆柱与右端面垂直度≤0.03。

$\sqrt{Ra3.2}$

立柱	比例	数量	材料	8
	2:1	2	45	
制图		无锡科技职业学院		
审核				

图 1-16 立柱

表 1-17　立柱机械加工工艺过程卡片

机械加工工艺过程卡片		产品型号		零部件图号		共　页	
		产品名称	φ16×110	零部件名称	立柱	第　页	
材料牌号	45钢	毛坯种类	棒材	毛坯外形尺寸		每毛坯件数　1	每台件数　1	备注

工序号	工序名称	工序内容	车间	工段	设备	工艺装备	工时(准终/单件)
1	切断面	取毛坯，确认合格后夹持毛坯，露出 15 mm，车端面，钻中心孔。	普车实训室	车	CA6141	莫氏 4 号钻夹头、中心钻	
2	粗车外圆	粗车立柱外圆 φ12h7、φ8h7 及 M5 螺纹外圆，留 0.1 mm 精车余量。				莫氏 4 号顶针(一夹一顶)、90° 粗车外圆刀	
3	精车外圆	精车立柱外圆 φ12h7、φ8h7 及 M5 螺纹外圆，至尺寸要求。				莫氏 4 号顶针、35° 精车外圆刀	
4	车螺纹	车螺纹 M5 至精度要求。				莫氏 4 号顶针、60° 外螺纹车刀	
5	调头加工	保证总长 96，切削端面及倒角。				90° 粗车外圆刀	
6	钻底孔	钻中心孔，孔口倒角，钻 M5 内螺纹底孔。				莫氏 4 号钻夹头、中心钻、φ4.3 钻头	
7	去除毛刺检查	去除锐边棱角毛刺，并按工艺要求进行质量检查。					
					编制(日期)	审核(日期)	会签(日期)
标记	处记	更改文件号	签字	日期	标记　处记　更改文件号　签字　日期		

任务四：手柄的车削工艺与加工实践(项目一零件)

加工图 1-17 所示手柄零件，制订加工工艺及实践。

(1) 手柄的车削加工工艺过程如表 1-18 所示。

(2) 手柄零件的车削加工。车床操作加工以老师示范为准。

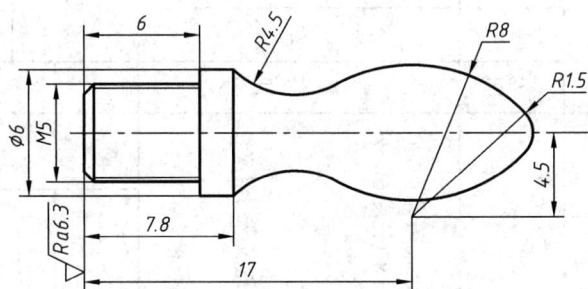

技术要求

1. 未注倒角C0.5；

2. 圆弧面成型后表面应光滑。

$\sqrt{Ra3.2}$

手柄		比例	数量	材料	13
		4 : 1	1	45	
制图			无锡科技职业学院		
审核					

图 1-17　手柄

表 1-18　手柄机械加工工艺过程卡片

机械加工工艺过程卡片		产品型号		零(部)件图号		共　页	
		产品名称		零(部)件名称　手柄		第　页	
材料牌号	毛坯种类	毛坯外形尺寸	每毛坯件数	每台件数		备注	
45 钢	棒材	$\phi 8 \times 100$	1	1			
工序号	工序名称	工序内容	车间	工段	设备	工艺装备	工时(准终/单件)
1	切断面	取毛坯，确认合格后夹持毛坯，露出 15 mm，车端面。	普车实训室	车	CA6141	45° 粗车外圆刀	
2	车外圆	车外圆 $\phi 6$(长度 10)，车 M5 螺纹外圆至 $\phi 4.85$(长度 6)，外圆倒角 C0.5。				90° 粗车外圆刀	
3	割槽	割槽 $\phi 4 \times 1$。				割槽刀	
4	车螺纹	车螺纹 M5。				60° 外螺纹车刀	
5	调头加工	车仿形面圆弧 R1.5、R8、R4.5 至尺寸要求(装夹用铜皮包裹 M5 螺纹，夹紧力不宜过大)。				60° 外圆刀或数控用 35° 精车外圆刀	
6	去除毛刺	去除锐边棱角毛刺，并按工艺要求进行质量检查。					
				编制(日期)	审核(日期)	会签(日期)	
标记	处记	更改文件号	签字	日期			
标记	处记	更改文件号	签字	日期			

任务五：导柱的车削工艺与加工实践(项目二零件)

图 1-18 所示导柱零件的车削加工工艺制订及加工实践由学生自主练习。

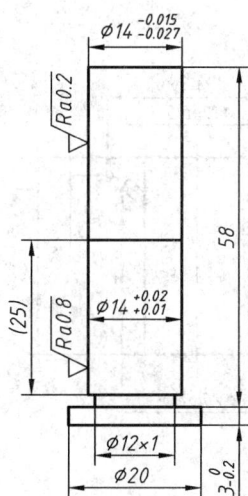

图 1-18 导柱

任务六：导套的车削工艺与加工实践(项目二零件)

图 1-19 所示导套零件的车削工艺的制订与加工实践由学生自主练习。

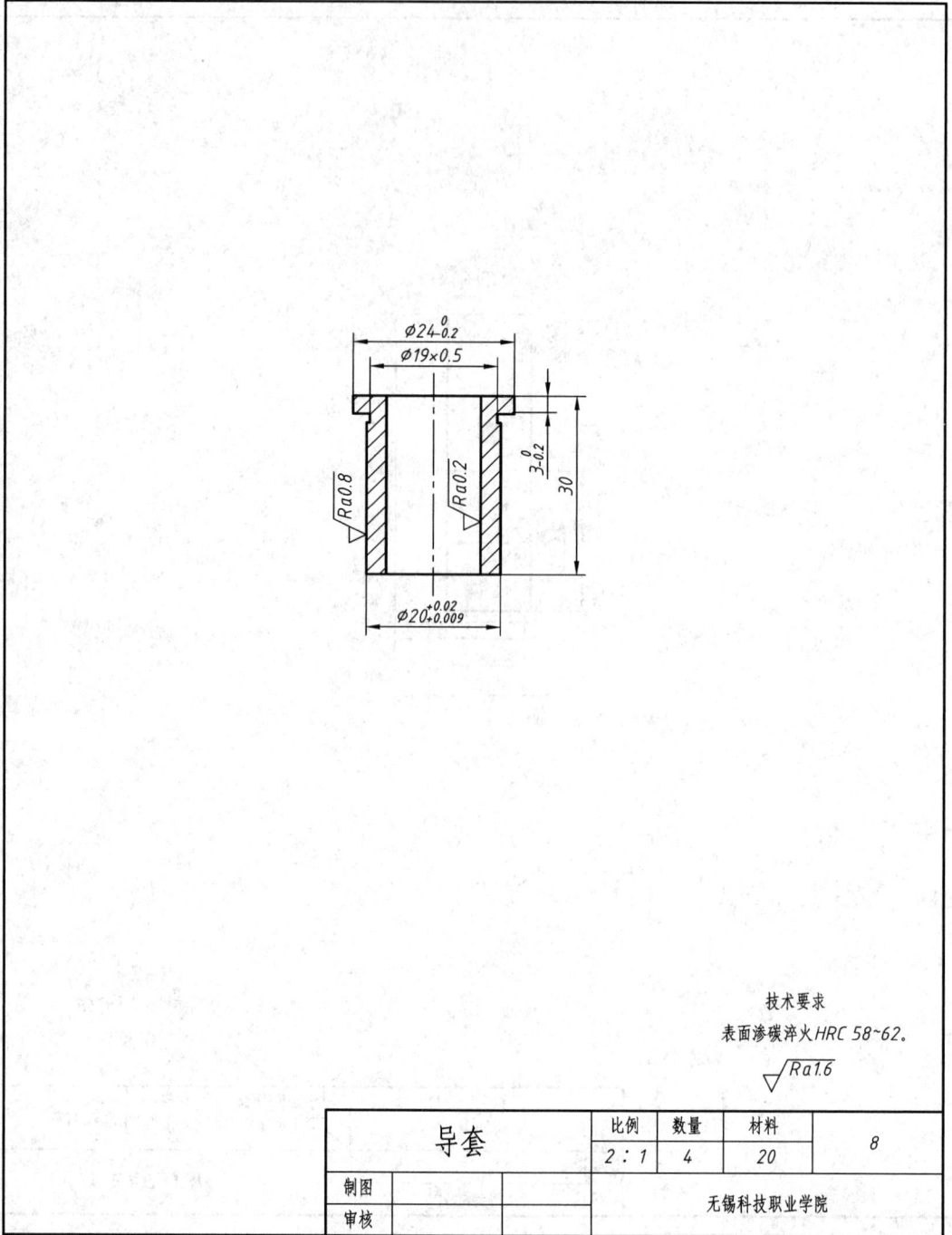

技术要求
表面渗碳淬火 HRC 58~62。
$\sqrt{Ra1.6}$

导套		比例	数量	材料	8
		2：1	4	20	
制图				无锡科技职业学院	
审核					

图 1-19　导套

任务七：上压模的车削工艺与加工实践(项目一零件)

图 1-20 所示上压模的车削工艺的制订与加工实践由学生自主练习。

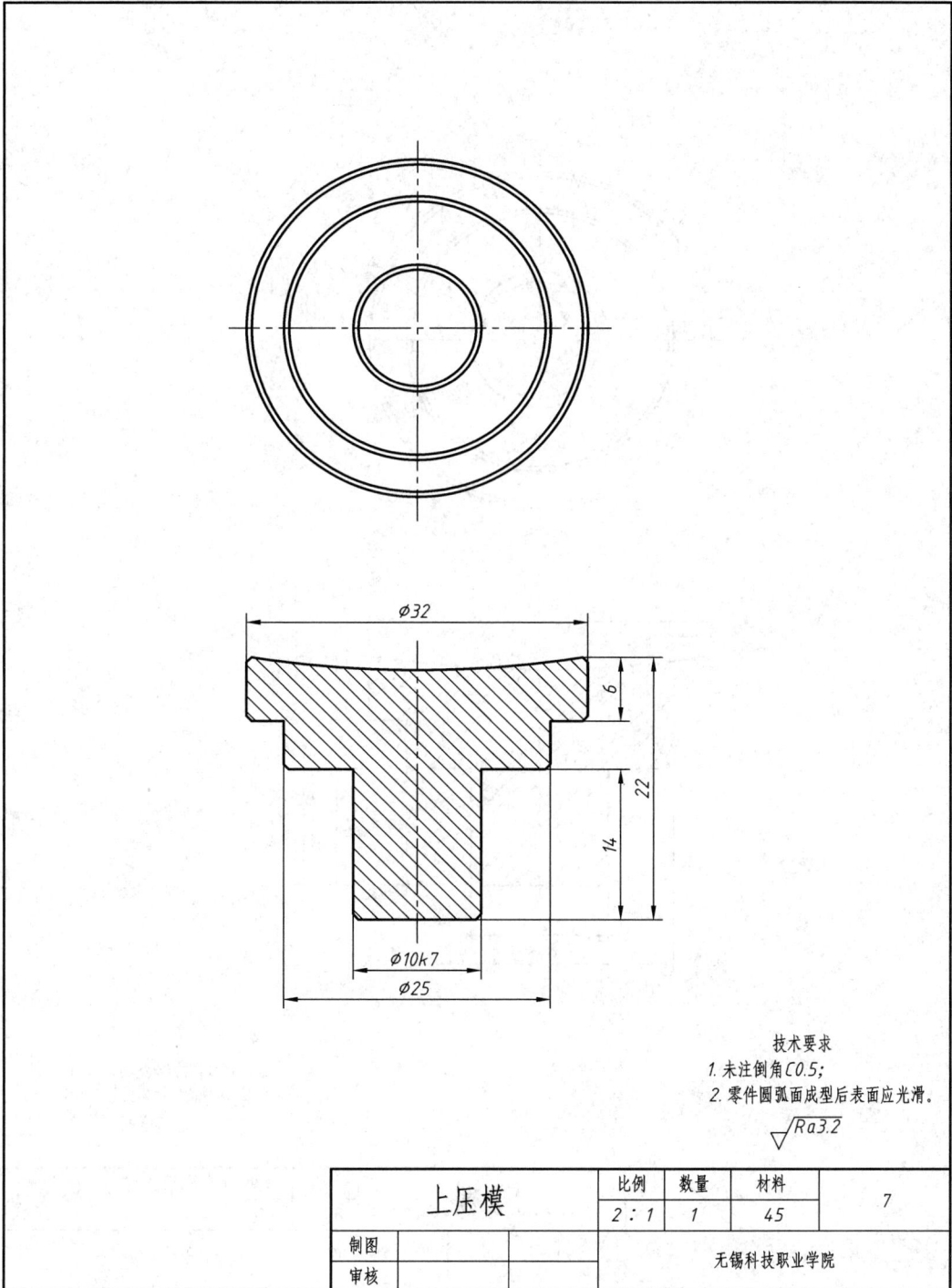

技术要求
1. 未注倒角C0.5;
2. 零件圆弧面成型后表面应光滑。

$\sqrt{Ra3.2}$

上压模	比例	数量	材料	7
	2:1	1	45	
制图				
审核			无锡科技职业学院	

图 1-20 上压模

任务八：下压模的车削工艺与加工实践(项目一零件)

图 1-21 所示下压模零件的车削工艺的制订与加工实践由学生自主练习。

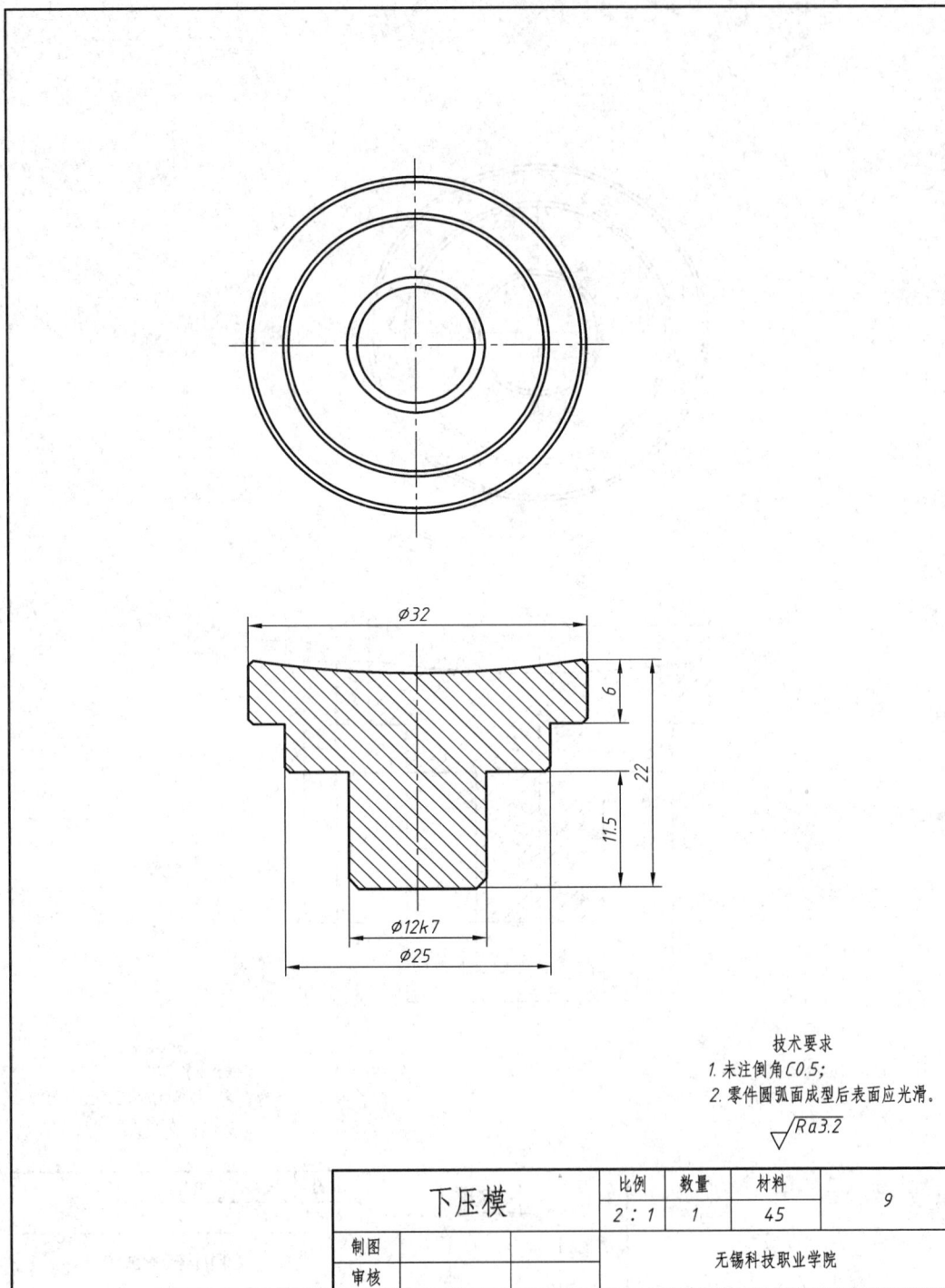

技术要求
1. 未注倒角C0.5；
2. 零件圆弧面成型后表面应光滑。

$\sqrt{Ra3.2}$

下压模		比例	数量	材料	9
		2：1	1	45	
制图				无锡科技职业学院	
审核					

图 1-21　下压模

模块二　普通铣床加工

任务目标 ✍

(1) 熟悉普通铣床的工艺特点及应用范围；

(2) 掌握 X6132 铣床的结构及各部分的作用；

(3) 掌握普通铣床的操作步骤及安全注意事项；

(4) 具备开启、停止、急停普通铣床的实际操作能力；

(5) 熟悉铣刀的材料、几何角度与铣刀的使用；

(6) 熟悉基本铣削类零件的加工方法。

2.1　铣床概述及安全操作

2.1.1　X6132 型铣床

铣床生产效率高，加工广泛，是目前机械制造业采用的工作母机之一。铣床的实际应用虽只有 100 多年的历史，但因其具有很大的适用性，故发展较快。铣床的种类很多，下面以 X6132 型卧式万能铣床为例(如图 2-1 所示)，介绍其性能、传动系统和结构。

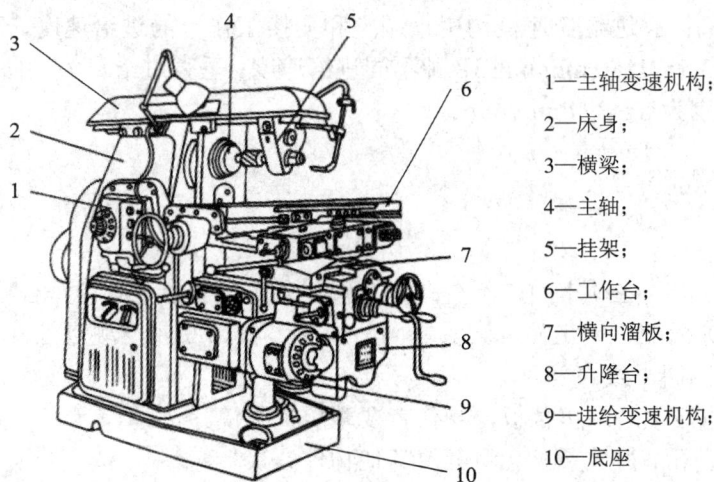

1—主轴变速机构；

2—床身；

3—横梁；

4—主轴；

5—挂架；

6—工作台；

7—横向溜板；

8—升降台；

9—进给变速机构；

10—底座

图 2-1　X6132 型卧式万能铣床

1．铣床的性能

X6132 型铣床加工范围广，对产品的适应性很强。中小型平面、各种沟槽、特形表面、齿轮、螺旋槽和小型箱体上的孔等，都能加工。为了缩短铣床辅助时间和便于操作，铣床设有下列装置：

(1) 操作时机床工作台的进给手柄所指的方向，就是工作台进给运动的方向，以免操作时产生错误。

(2) 机床的前面和左侧，各有一组按钮和手柄的复试操纵装置，便于操作者在不同位置上操作。

(3) 采用速度预选机构来改变主轴转速和工作台的进给速度，使操作简便明了。

(4) 工作台纵向丝杆上有双螺母间隙调整装置，故既可逆铣又能进行顺铣。

(5) 采用转速控制继电器(或电磁离合器)来进行制动，能迅速使主轴停止旋转。

(6) 工作台有快速进给运动，用按钮操作，方便省时。

2．铣床的主要部件及作用

铣床主要部件如图 2-1 所示。

(1) 主轴变速机构。主轴变速机构安装在床身内，用来调整和变换主转速，可使主轴获得 30～1500 r/min 的 18 种不同转速。

(2) 床身。床身是机床的主体，用来安装和连接机床的其他部件。

(3) 横梁。横梁可沿床身顶部燕尾形导轨移动，并可按需要调节其伸出长度，其上可安装挂架。

(4) 主轴。主轴是一前端带锥孔的空心轴，锥孔的锥度为 7：24，用来安装铣刀刀杆和铣刀。

(5) 挂架。挂架用来支撑刀杆的外端，增强刀杆的刚性。

(6) 工作台。工作台用来安装需要的铣床夹具和工件，带动工件实现纵向进给运动。

(7) 横向溜板。横向溜板用来带动工作台实现横向进给运动。横向溜板与工作台之间设有回转盘，可使工作台在水平面内作±45° 范围内的转动。

(8) 升降台。升降台用来支撑横向溜板和工作台，带动工作台上、下移动。

(9) 进给变速机构。进给变速机构用来调整和变换工作台的进给速度，可使工作台在纵向、横向获得 23.5～1180 mm/min 18 种不同进给速度。垂直进给量为横向、纵向进给量的 1/3，其变速范围为 8～394 mm/min。

2.1.2　铣床操作规程

铣床操作规程如下：

(1) 装夹工件时工具必须牢固，不得有松动现象，所用的扳手必须符合标准规格。

(2) 在机床上进行上、下工件，刀具紧固、调整，机床变速及测量工件等工作必须停车，两人工作时应协调一致。

(3) 高速切削时必须装防护挡板，操作者要戴防护眼镜。

(4) 工作台上、下不得放置工、量具及其他物件。

(5) 切削中，头、手不得接近铣削面，取卸工件时，必须移开刀具后进行。

(6) 严禁用手摸或用棉纱擦拭正在转动的刀具和机床的传动部位，清除铁屑时，只允许用毛刷，禁止用嘴或压缩空气吹。

(7) 拆装立铣刀时，台面须垫木板，禁止用手托刀盘。

(8) 装平铣刀，使用扳手拧紧螺母时，要注意扳手开口选用适当，用力不可过猛，防止滑倒。

(9) 对刀时必须慢速进刀；刀接近工件时，需用手摇进刀，不准快速进刀，正在走刀时，不准停车；铣深槽时要停车退刀；快速进刀时，防止手柄伤人。

(10) 吃刀不能过猛，自动走刀必须拉脱工作台上的手轮，不准突然改变进刀速度，使用限位挡块应预先调整固定好。

2.2　铣刀的选用及安装

2.2.1　铣刀切削部分的材料

常用的铣刀切削部分的材料有两大类。一类是高速钢，用于制造形状复杂的低速切削用铣刀，通用高速钢牌号有 W18Cr4V、W6Mo5Cr4V2，特殊用途高速钢牌号有 W6Mo5Cr4V2A1、W6Mo5Cr4V5SiNbA1 等。另一类是硬质合金，多用于制造高速切削用铣刀，常用硬质合金有钨钛钴(YT)类，用于切削一般钢材；钨钴(YG) 类，用于切削铸铁、有色金属及其合金；硬质合金类铣刀，用于切削高强度钢、耐热钢、不锈钢，其牌号有 YW1、YW2 等。

2.2.2　铣刀和铣刀杆的种类及用途

1. 铣刀分类(按用途)

(1) 铣削平面用铣刀。这类铣刀主要有圆柱铣刀和面铣刀，如图 2-2(a)、(b)所示。

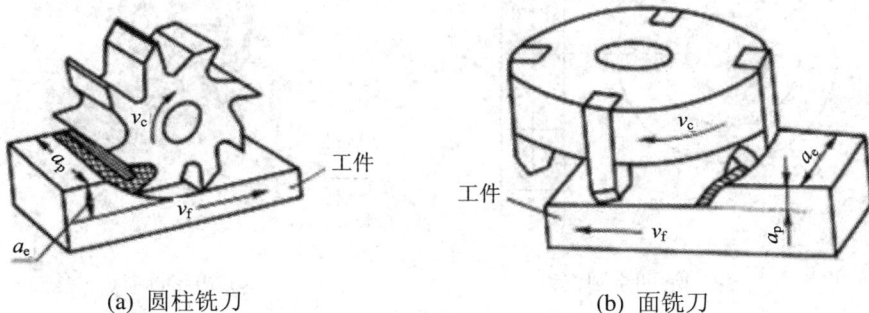

(a) 圆柱铣刀　　　　　　　　　　　(b) 面铣刀

图 2-2　平面用铣刀

(2) 铣削沟槽用铣刀。这类铣刀主要有三面刃铣刀、立铣刀、键槽铣刀、盘形槽铣刀、锯片铣刀等，如图 2-3 所示。

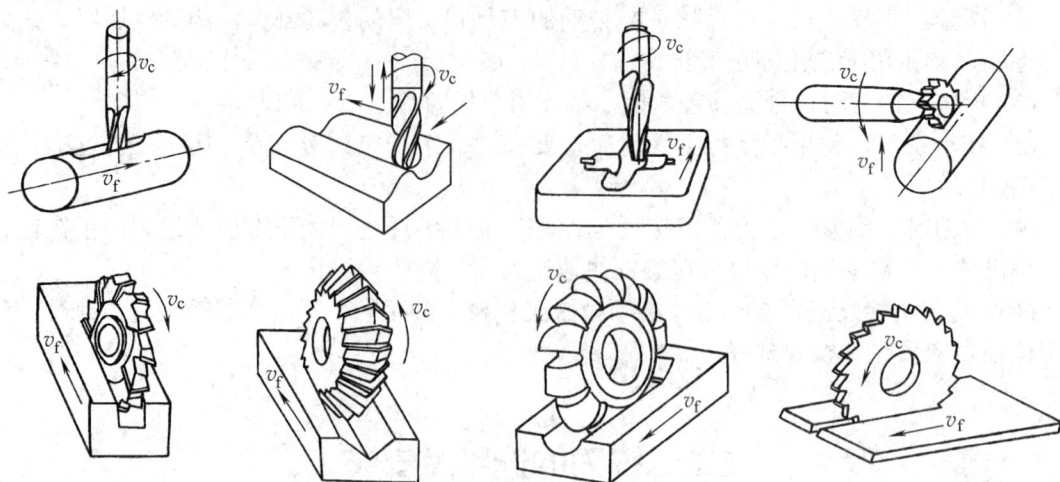

图 2-3　沟槽用铣刀

　　(3) 铣削特形面用铣刀。这类铣刀主要有凸、凹半圆铣刀、特形铣刀，齿轮铣刀等，如图 2-4 所示。

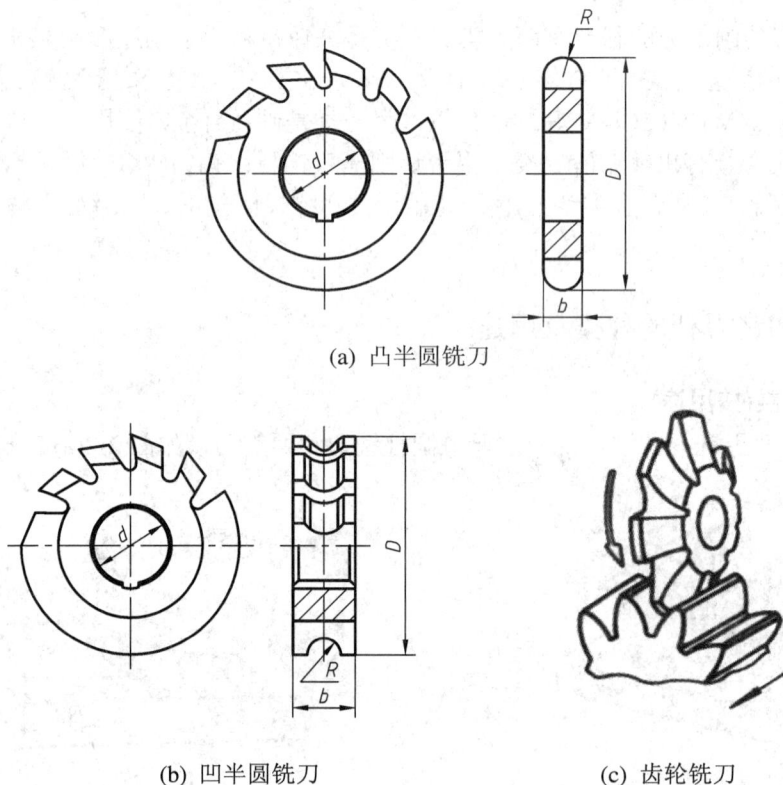

(a) 凸半圆铣刀

(b) 凹半圆铣刀　　　　　　　　　(c) 齿轮铣刀

图 2-4　特形面用铣刀

　　(4) 铣削特形沟槽用铣刀。这类铣刀主要有 T 形槽铣刀、燕尾槽铣刀、半圆键槽铣刀、角度铣刀等，如图 2-5 所示。

(a) 角度铣刀　　　　　　　　　　　　　　(b) 成型铣刀

(c) T形槽铣刀

(d) 燕尾槽铣刀　　　　　　　　　　(e) 指状铣刀

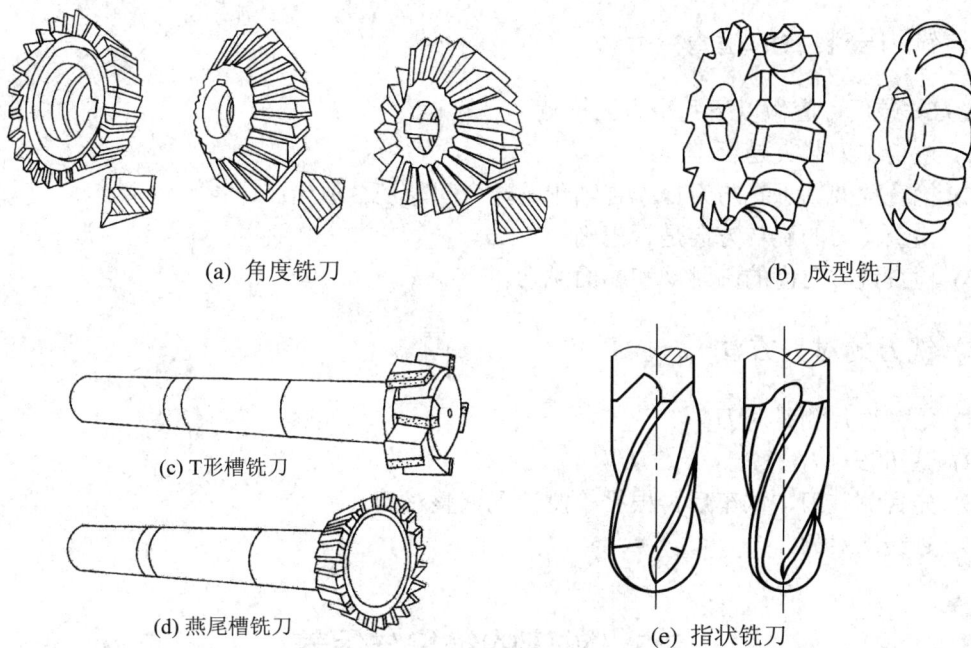

图 2-5　特形沟槽用铣刀

2．铣刀刀杆

(1) 卧式铣床用的刀杆，用于安装圆柱形带孔铣刀和圆盘铣刀，如图 2-6 所示。

(2) 夹头，用于安装直柄刀具。

(3) 快速装卸式刀杆。

图 2-6　卧式铣床用的刀杆

2.2.3　铣刀的安装

1．带孔铣刀的安装

带孔铣刀的安装方式按其结构不同有以下两种：

(1) 安装圆柱铣刀的步骤：选择安装刀杆，紧固拉紧螺钉，并装上垫圈、铣刀、旋紧螺母，然后调整紧固悬梁、支架，最后紧固刀杆螺母，调支架支持轴承。

(2) 安装面铣刀的具体步骤与安装圆柱铣刀基本相同，只是刀杆轴端没有轴颈，外螺纹改成内螺纹，用螺钉来紧固铣刀。

2．带柄铣刀的安装

(1) 安装直柄铣刀是通过钻夹头或弹簧夹头套筒进行的。

(2) 安装锥柄铣刀是通过过渡套筒进行的。

2.2.4　铣刀安装后的检查

铣刀安装后，应做以下几个方面检查：
(1) 检查铣刀装夹是否牢固；
(2) 检查挂架轴承孔与刀杆配合轴颈的配合间隙是否适当；
(3) 检查铣刀的旋转方向是否正确；
(4) 检查铣刀刀齿的圆跳动和端面跳动。

2.2.5　铣刀的对刀方法

(1) 用钢直尺测量对刀。
(2) 试切法对刀。
(3) 先目测装刀，试车后再根据检测情况调整对刀。
(4) 划线法对刀。

2.3　铣床的维护与保养

2.3.1　铣床维护与保养的作用

为了保证铣床的正常运转，减少磨损，延长使用寿命，应对铣床的所有摩擦部位进行润滑，并注意日常的维护保养。图 2-7 为 X6132 型铣床的维护与保养部位图。

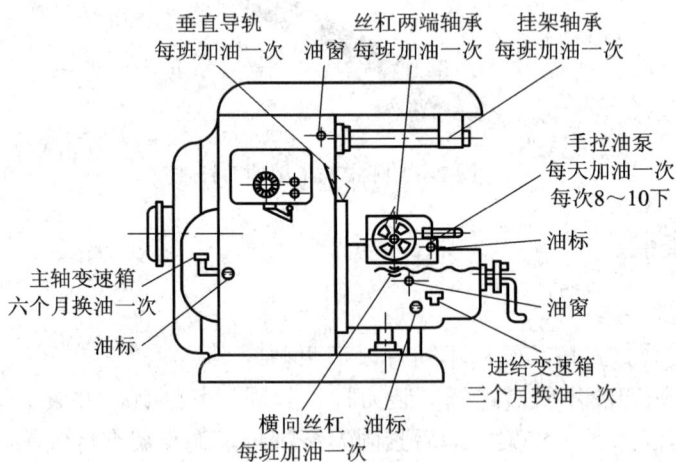

图 2-7　X6132 型铣床维护与保养部位图

2.3.2　铣床润滑方式及维护与保养

X6132 型铣床的主轴变速箱、进给变速箱采用自动润滑，机床开动后可由流油指示器

(油标)显示润滑情况。工作台纵向丝杆和螺母、导轨面、横向溜板导轨等采用手拉油泵注油润滑。其他如工作台纵向丝杆两端轴承、垂直导轨、挂架轴承等采用油枪注油润滑，具体情况见图2-7。

(1) 每班工作后应擦净车床导轨面、工作台、外表面，要求无油污、无铁屑，并浇油润滑，使铣床外表面清洁和场地整齐。

(2) 每周要求对铣床导轨面、工作台及转动部位进行清洁、润滑，保持油眼畅通，油标油窗清晰，清洗护床油毛毡，并保持铣床外表清洁和场地整齐等。

2.4　5S 安全生产管理

普通铣床 5S 安全生产管理规程如下：

(1) 5S 安全生产是工厂管理的一项十分重要的内容，它直接影响产品质量的好坏及设备和工、夹、量具的使用寿命，所以从开始学习基本操作技能时，就要重视培养安全生产的良好习惯，操作者在操作时必须做到。

(2) 开启铣床前，应检查铣床各部分机构是否完好，各传动手柄、变速手柄位置是否正确，以防启动时因突然撞击而损坏机床，启动后等铣床运转正常后才能工作。

(3) 工作中需要变速时，必须先停车。变换进给箱手柄位置要在低速时进行。

(4) 不允许在工作台面上及床身导轨上敲击或校直工件，床面上不准放置工具或工件。

(5) 装夹较重的工件时，应该用木板保护床面。

(6) 刀具磨损后，要及时更换。用磨钝的刀具继续切削，会增加铣床负荷，甚至损坏铣床。

(7) 铣削铸铁工件，导轨上润滑油要擦去，工件上的型砂杂质要清除干净，以免磨坏床面导轨。

(8) 使用切削液时，要在车床导轨上涂上润滑油。冷却泵中的切削液应定期调换。

(9) 下班前，应清除铣床上及其周围的切屑及切削液，擦净后按规定在加油部位加上润滑油。

(10) 下班后将各传动手柄放到空挡位置，关闭电源。

(11) 每件工具应放在固定位置，不可随便乱放。

(12) 爱护量具，经常保持清洁，用后擦净、涂油，放入盒内并及时归还工具室。

(13) 工作时所使用的工、夹、量具以及工件，应尽可能靠近和集中在操作者的周围。布置物件时右手拿的放在右面，左手拿的放在左面，常用的放得近些，不常用的放得远些。物件放置应有固定的位置，使用后要放回原处。

(14) 工具箱的布置要分类，并保持清洁、整齐，要求小心使用的物体放置稳妥，重的东西放下面，轻的放上面。

(15) 图样、操作卡片应放在便于阅读的部位，并注意保持清洁和完整。

(16) 工作位置周围应经常保持整齐清洁。

2.5　铣削类零件的铣削工艺与加工实践

任务一：底板的铣削工艺与加工实践(项目一零件)

加工图 2-8 所示底板零件。

(1) 底板的铣削加工工艺过程见表 2-1。

(2) 底板零件的铣削加工。铣床操作加工由老师示范。

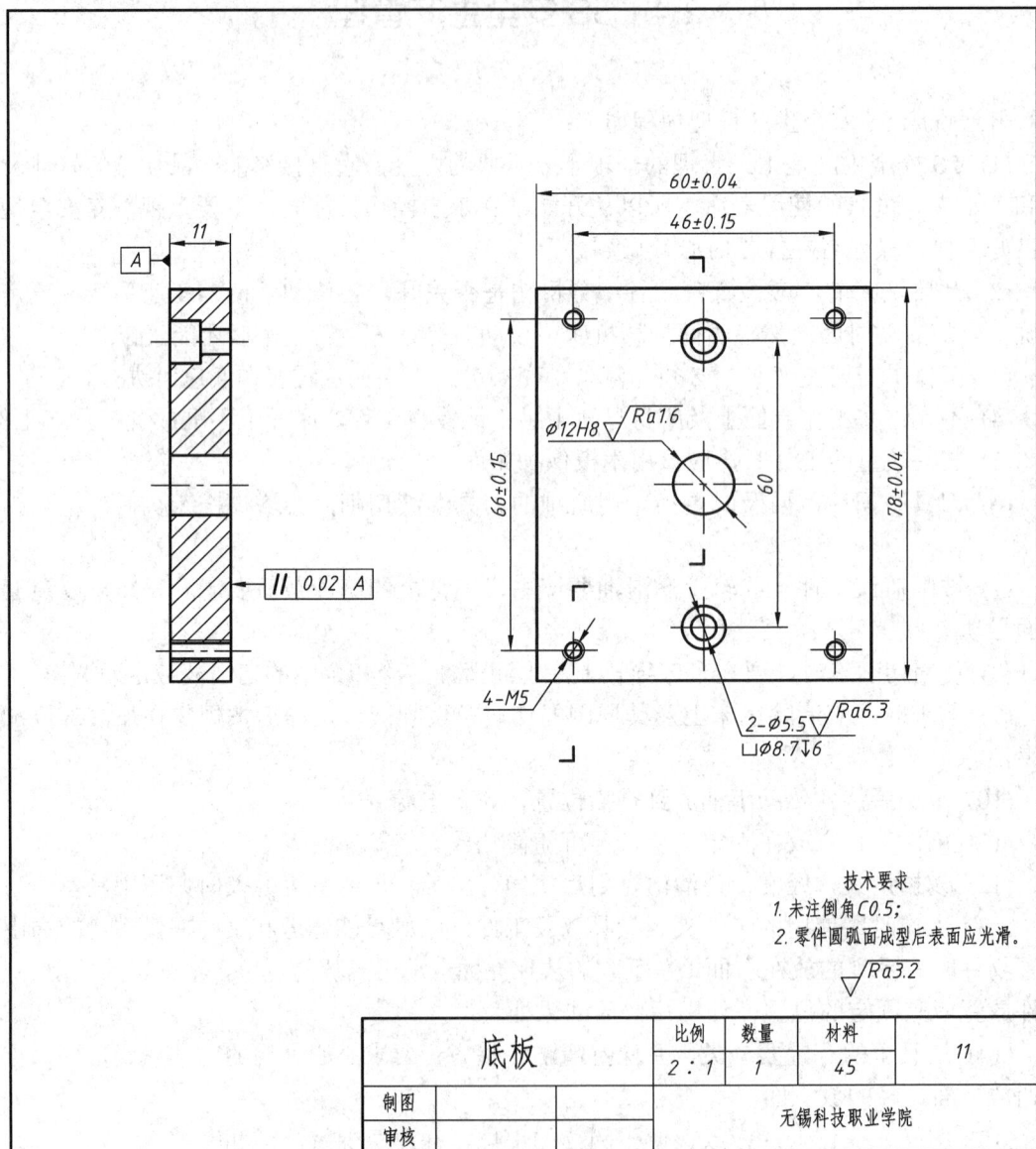

技术要求

1. 未注倒角 C0.5;
2. 零件圆弧面成型后表面应光滑。

$\sqrt{Ra3.2}$

底板	比例	数量	材料	11
	2:1	1	45	
制图			无锡科技职业学院	
审核				

图 2-8　底板

表2-1　底板机械加工工艺过程卡片

机械加工工艺过程卡片		产品型号		零部件图号			共　页
		产品名称	$80 \times 65 \times 14$	零部件名称	底板		第　页
材料牌号	45 钢	毛坯种类	板材	毛坯外形尺寸			备注
		压力机		每毛坯件数	1	每台件数　1	
工序号	工序名称	工序内容	车间	工段	设备	工艺装备	工时（准终/单件）
1	铣大平面	取毛坯，确认合格后夹持毛坯，露出机用钳口 5 mm，平面铣出即可；去除边角毛刺翻面装夹，铣 78×60 面，继续铣 78×60 另一面，高度至 11。	普铣	铣	XA6325	φ100 端铣刀	
2	铣中平面	装夹工件，露出机用钳口 10 mm，铣 78×11 面，平面铣出即可；去除边角毛刺翻面装夹，继续铣 78×11 另一面，高度至 60。					
3	铣小平面	装夹工件，露出机用钳口 20 mm，铣 60×11 面，平面铣出即可；去除边角毛刺翻面装夹，继续铣 60×11 另一面，高度至 78。					
4	钳工	划线，钻孔，钻沉孔，倒角，攻丝。	实训室	钻	台钻	划线针、样冲、φ4.3 钻头、φ5.5 钻头、φ8.7 沉孔钻、φ12H8 铰刀、φ16 倒角钻	
5	去除毛刺	去除铣边角棱角毛刺，并按工艺要求进行质量检查。					
					编制（日期）	审核（日期）	会签（日期）
标记	处记	更改文件号	签字	日期			
标记	处记	更改文件号	签字	日期			

任务二：固定定位块的铣削工艺与加工实践(项目一零件)

加工图 2-9 所示固定定位块。

(1) 固定定位块的铣削加工工艺过程见表 2-2。

(2) 固定定位块零件的铣削加工。铣床操作加工由老师示范。

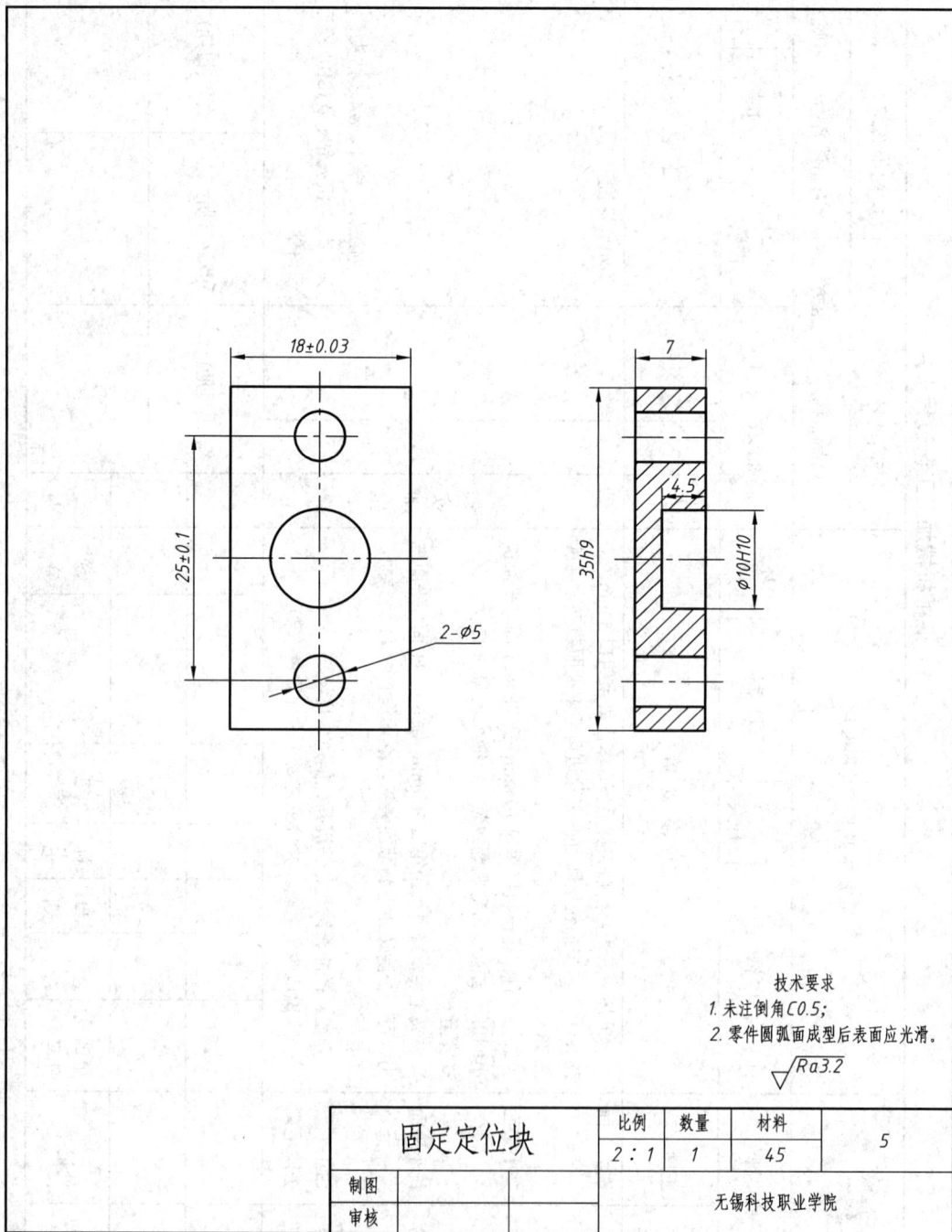

技术要求
1. 未注倒角C0.5；
2. 零件圆弧面成型后表面应光滑。
$\sqrt{Ra3.2}$

固定定位块	比例	数量	材料	5
	2 : 1	1	45	
制图				
审核		无锡科技职业学院		

图 2-9　固定定位块

表2-2 固定定位块机械加工工艺过程卡片

机械加工工艺过程卡片		产品型号		零(部)件图号		共 页
		产品名称		零(部)件名称		第 页
材料牌号 45钢	毛坯种类 板材	毛坯外形尺寸 40×20×8	每毛坯件数 1	每台件数 1	备注	

工序号	工序名称	工序内容	车间	工段	设备	工艺装备	准终 工时	单件 工时
1	铣大平面	取毛坯，确认合格后夹持毛坯，露出机用钳口5 mm，平面铣出即可；去除边角毛刺翻面装夹，继续铣35×18另一面，高度至7。		铣	XA6325	$\phi60$端铣刀		
2	铣中平面	装夹工件用机用钳口5 mm，露出机用钳口5 mm，平面铣出即可；去除边角毛刺翻面装夹，继续铣35×7另一面，高度至18。	普铣实训室					
3	铣小平面	装夹工件，露出机用钳口5 mm，平面铣出即可；去除边角毛刺翻面装夹，继续铣18×7另一面，高度至35。						
4	钳工	划线、样冲、钻孔、钻沉孔、倒角、攻丝。		钻	台钻	划线针、样冲、$\phi5$钻头、$\phi8$钻头、$\phi10$立铣刀		
5	去除毛刺	去除铣边棱角毛刺，并按工艺要求进行质量检查。						
				编制(日期)	审核(日期)	会签(日期)		
标记	处记	更改文件号	签字	日期	标记	处记	更改文件号	签字	日期

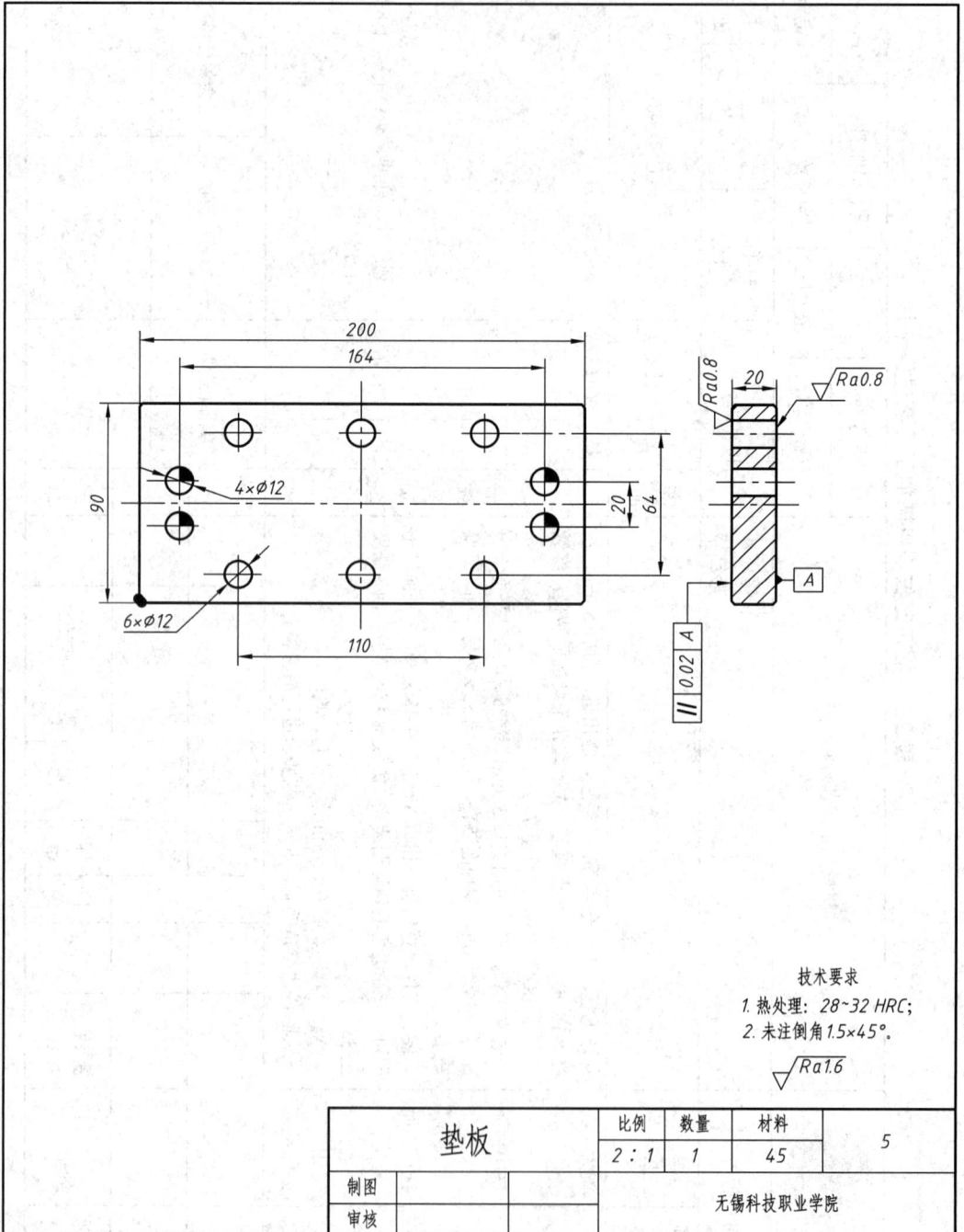

任务三：垫板的铣削工艺与加工实践(项目二零件)

加工图 2-10 所示垫板零件。

(1) 垫板的铣削加工工艺过程见表 2-3。

(2) 垫板零件的铣削加工。铣床操作加工由老师示范。

图 2-10 垫板

表2-3　垫板机械加工工艺过程卡片

机械加工工艺过程卡片		产品型号		零(部)件图号		共　页
		产品名称		零(部)件名称　垫板		第　页
材料牌号	毛坯种类	毛坯外形尺寸	每毛坯件数	每台件数		备注
45钢	板材	210×100×30	1	1		

工序号	工序名称	工序内容	车间	工段	设备	工艺装备	工时 准终	工时 单件
1	铣大平面	取毛坯，确认合格后夹持毛坯，露出机用钳口5 mm，铣200×90面，平面铣出即可；去除边角毛刺翻面装夹，铣200×90另一面，继续铣200×90面，高度至20.5。		铣	XA6325	φ125端铣刀		
2	铣中平面	装夹工件，露出机用钳口30 mm，铣200×20面，平面铣出即可；去除边角毛刺翻面装夹，继续铣200×20另一面，高度至90.5。	普铣实训室	铣				
3	铣小平面	装夹工件，露出机用钳口90 mm，铣90×20面，平面铣出即可；去除边角毛刺翻面装夹，继续铣90×20另一面，高度至200.5。		铣				
4	磨削	磨削200×90面，200×20面，90×20面，正反六面全部磨削，保证图纸尺寸要求。		磨		平面磨+机用钳口		
5	钳工 去除毛刺	划线、样冲、钻孔、钻沉孔、倒角、攻丝；去除锐边棱角毛刺，并按工艺要求进行质量检查。		钻	台钻	划线针、样冲、φ6钻头、φ10钻头、φ12钻头		

			编制(日期)	审核(日期)	审核(日期)	会签(日期)

标记	处记	更改文件号	签字	日期	标记	处记	更改文件号	签字	日期

任务四: 垫块的铣削工艺与加工实践(项目二零件)

加工图 2-11 所示垫块零件。

(1) 垫块的铣削加工工艺过程见表 2-4。

(2) 垫块零件的铣削加工。铣床操作加工由老师示范。

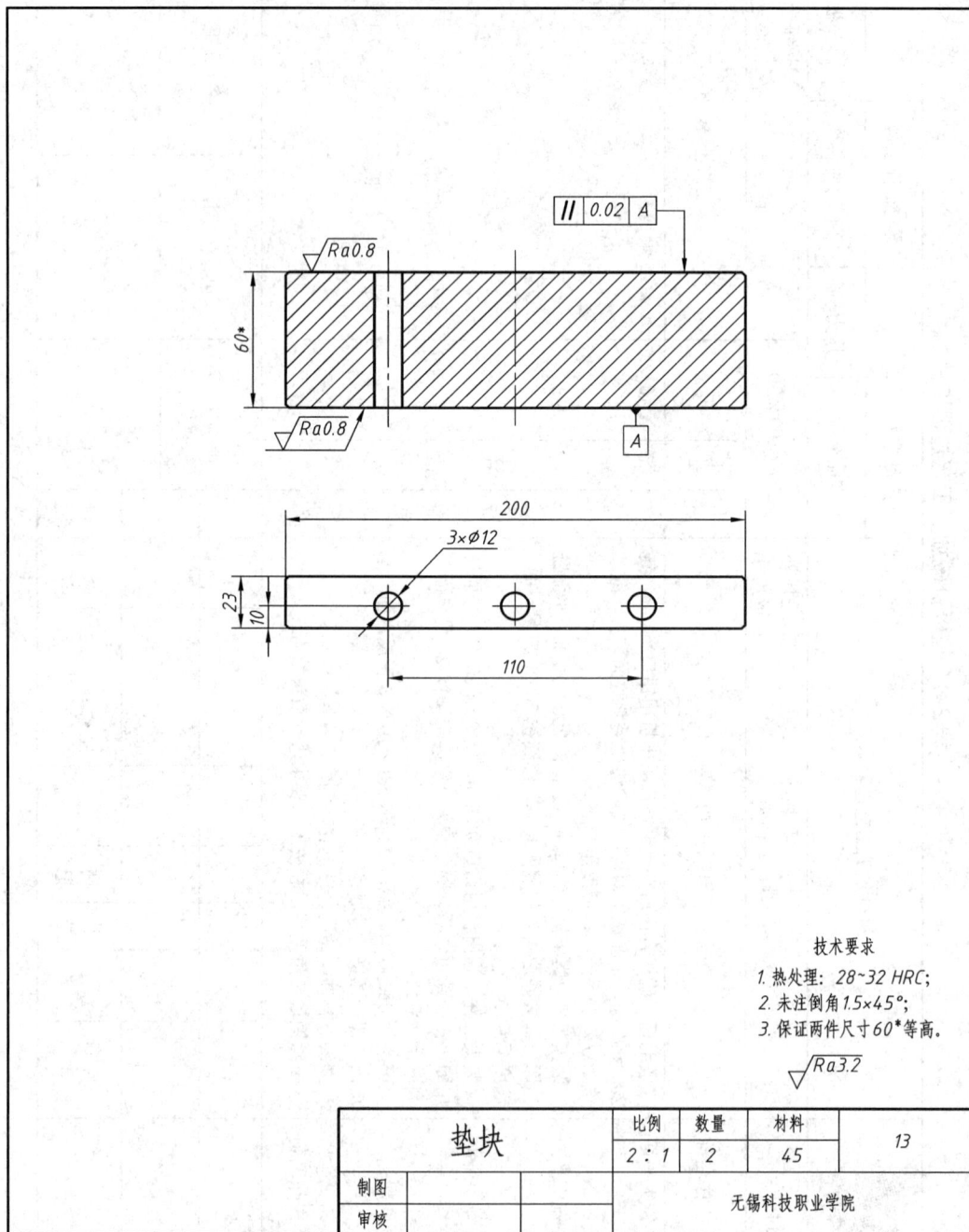

图 2-11 垫块

表 2-4　垫块机械加工工艺过程卡片

机械加工工艺过程卡片	产品型号		零(部)件图号		共　页
	产品名称		零(部)件名称		第　页
材料牌号：45钢	毛坯种类：板材	毛坯外形尺寸：210×60×30	每毛坯件数：1	每台件数：2	备注

工序号	工序名称	工序内容	车间	工段	设备	工艺装备	工时(准终/单件)
1	铣大平面	取毛坯，确认合格后夹持毛坯，露出机用钳口 5 mm，平面铣出即可；去除边角毛刺翻面装夹，继续铣 200×60 另一面，高度至 23.5。	普铣实训室	铣	XA6325	φ125 端铣刀	
2	铣中平面	装夹工件，露出机用钳口 15 mm，铣 200×23 面，平面铣出即可；去除边角毛刺翻面装夹，继续铣 200×23 另一面，高度至 60.5。		铣			
3	铣小平面	装夹工件，露出机用钳口 90 mm，铣 60×23 面，平面铣出即可；去除边角毛刺翻面装夹，继续铣 60×23 另一面，高度至 200.5。		铣			
4	磨削	磨削 200×60 面、200×23 面、60×23 面，正反六面全部磨削，保证图纸尺寸要求。		磨	平面磨	平面磨+机用钳口	
5	钳工序 去除毛刺	划线、样冲、钻孔、钻沉孔、倒角、攻丝；去除锐边棱角毛刺，并按工艺要求进行质量检查。		钻	台钻	划线针、样冲、φ6钻头、φ10钻头、φ12钻头	

编制(日期)　审核(日期)　会签(日期)

标记	处数	更改文件号	签字	日期	标记	处数	更改文件号	签字	日期

任务五：顶板的铣削工艺与加工实践(项目二零件)

图 2-12 所示顶板零件的铣削工艺与加工实践由学生自主练习。

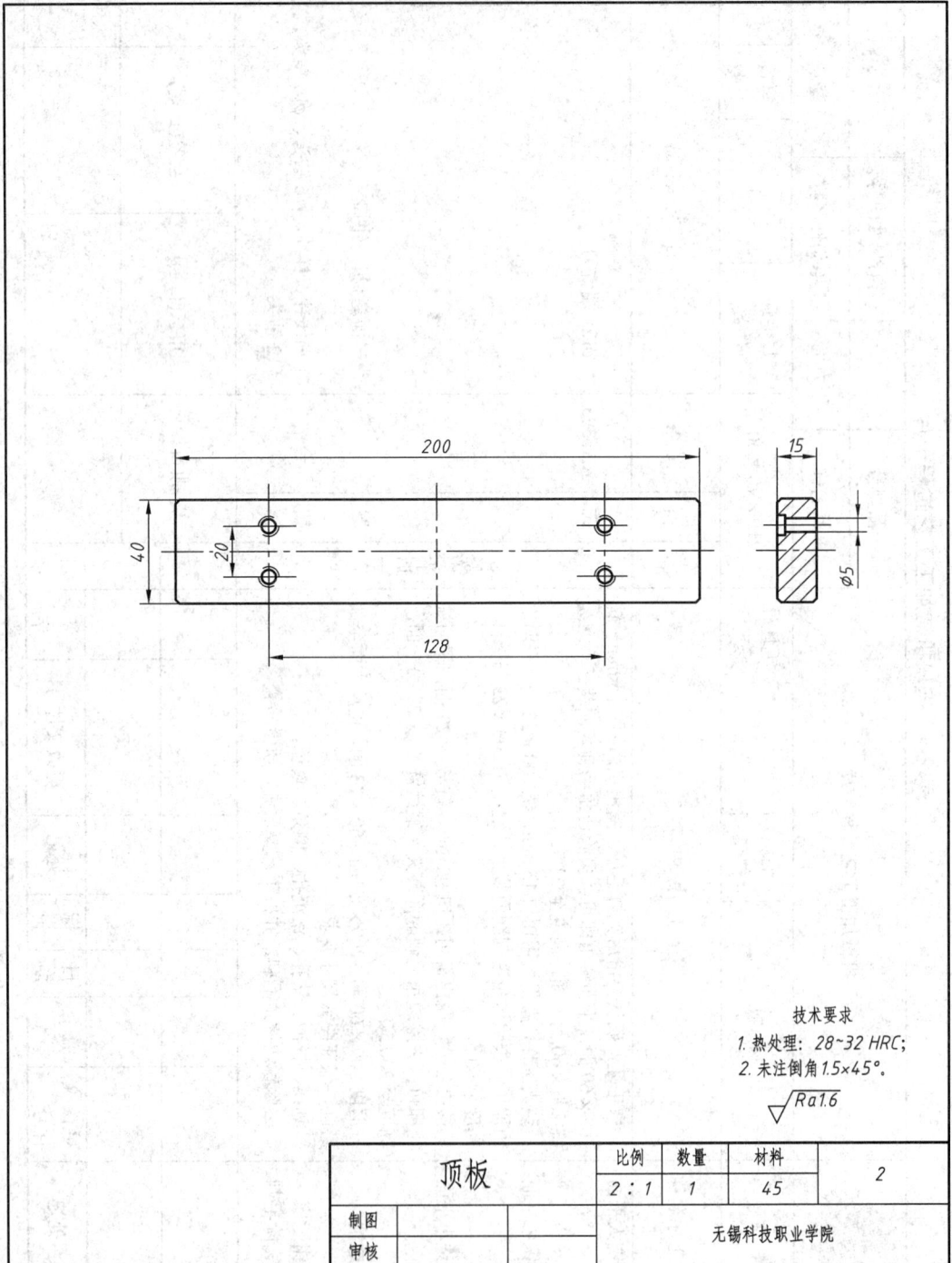

技术要求
1. 热处理：28~32 HRC；
2. 未注倒角1.5×45°。

√Ra1.6

顶板	比例	数量	材料	2
	2：1	1	45	
制图			无锡科技职业学院	
审核				

图 2-12　顶板

任务六：定模套板的铣削工艺与加工实践(项目二零件)

加工图 2-13 所示定模套板零件的铣削工艺与加工实践由学生自主练习。

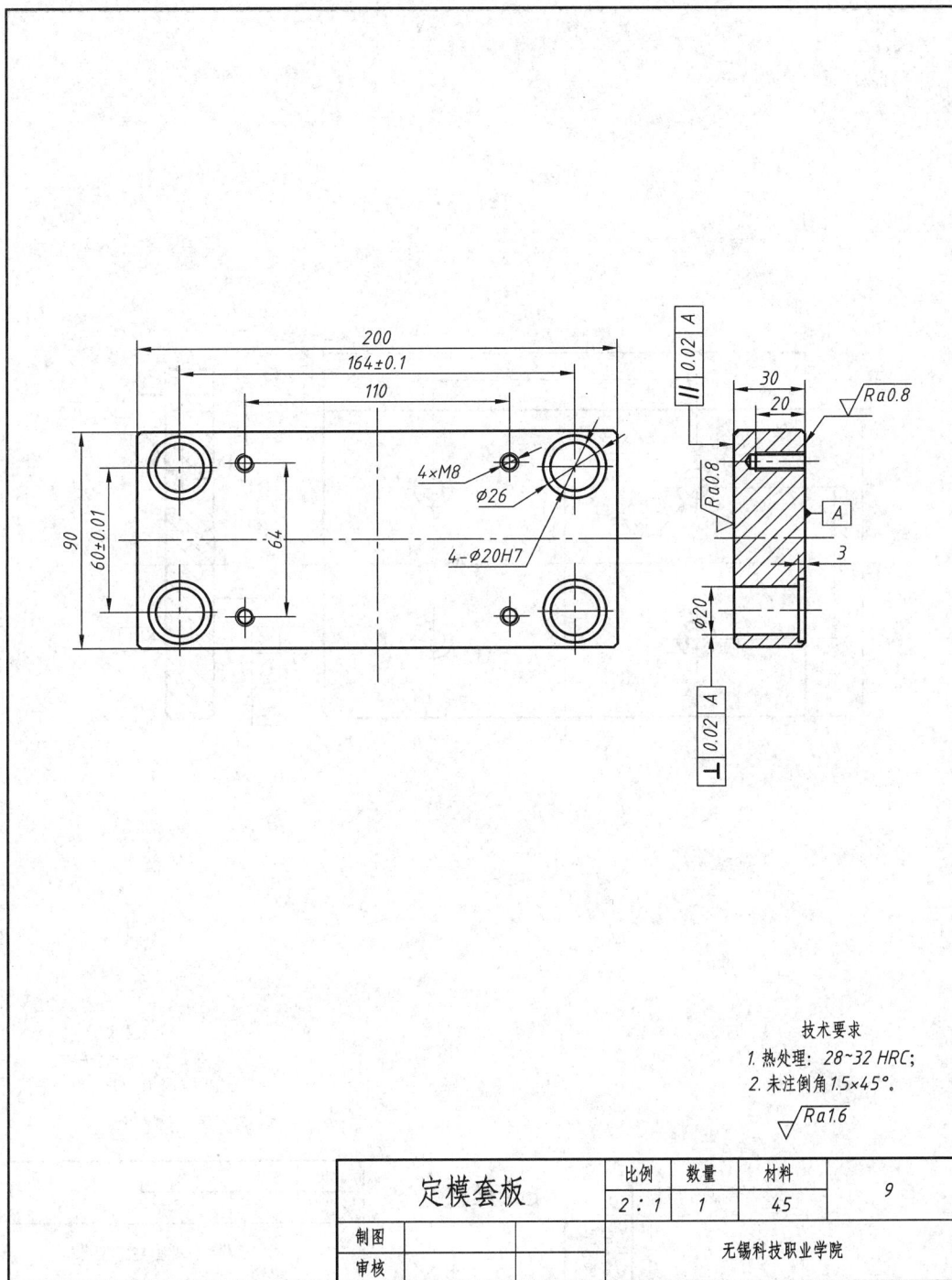

技术要求
1. 热处理：28~32 HRC；
2. 未注倒角1.5×45°。

定模套板	比例	数量	材料	9
	2：1	1	45	
制图		无锡科技职业学院		
审核				

图 2-13　定模套板

任务七：定模座板的铣削工艺与加工实践(项目二零件)

图 2-14 所示定模座板的铣削工艺与加工实践由学生自主练习。

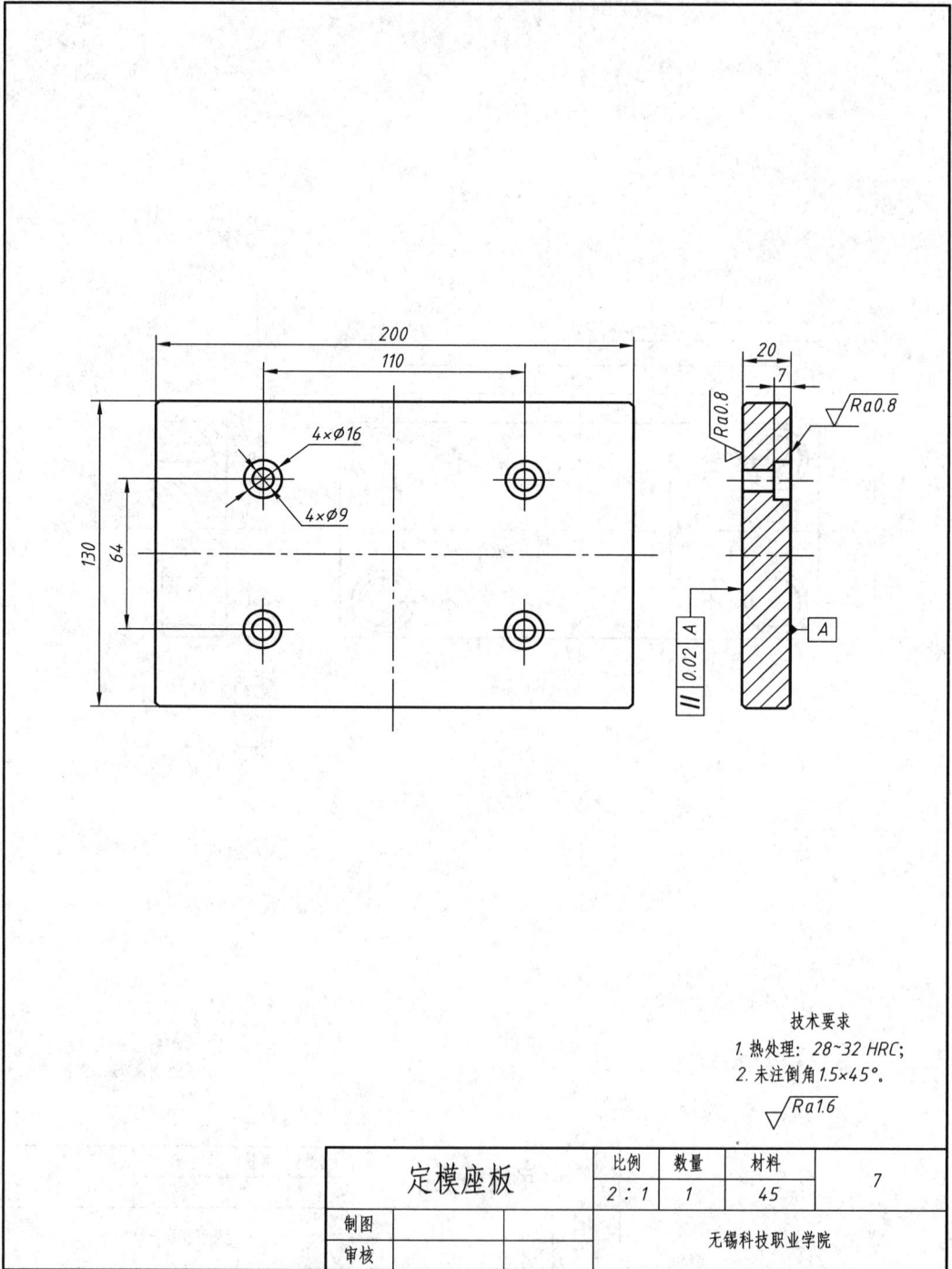

技术要求
1. 热处理：28~32 HRC；
2. 未注倒角 1.5×45°。

$\sqrt{Ra1.6}$

定模座板		比例	数量	材料	7
		2：1	1	45	
制图				无锡科技职业学院	
审核					

图 2-14　定模座板

任务八：动模套板的铣削工艺与加工实践(项目二零件)

图 2-15 所示动模套板的铣削工艺与加工实践由学生自主练习。

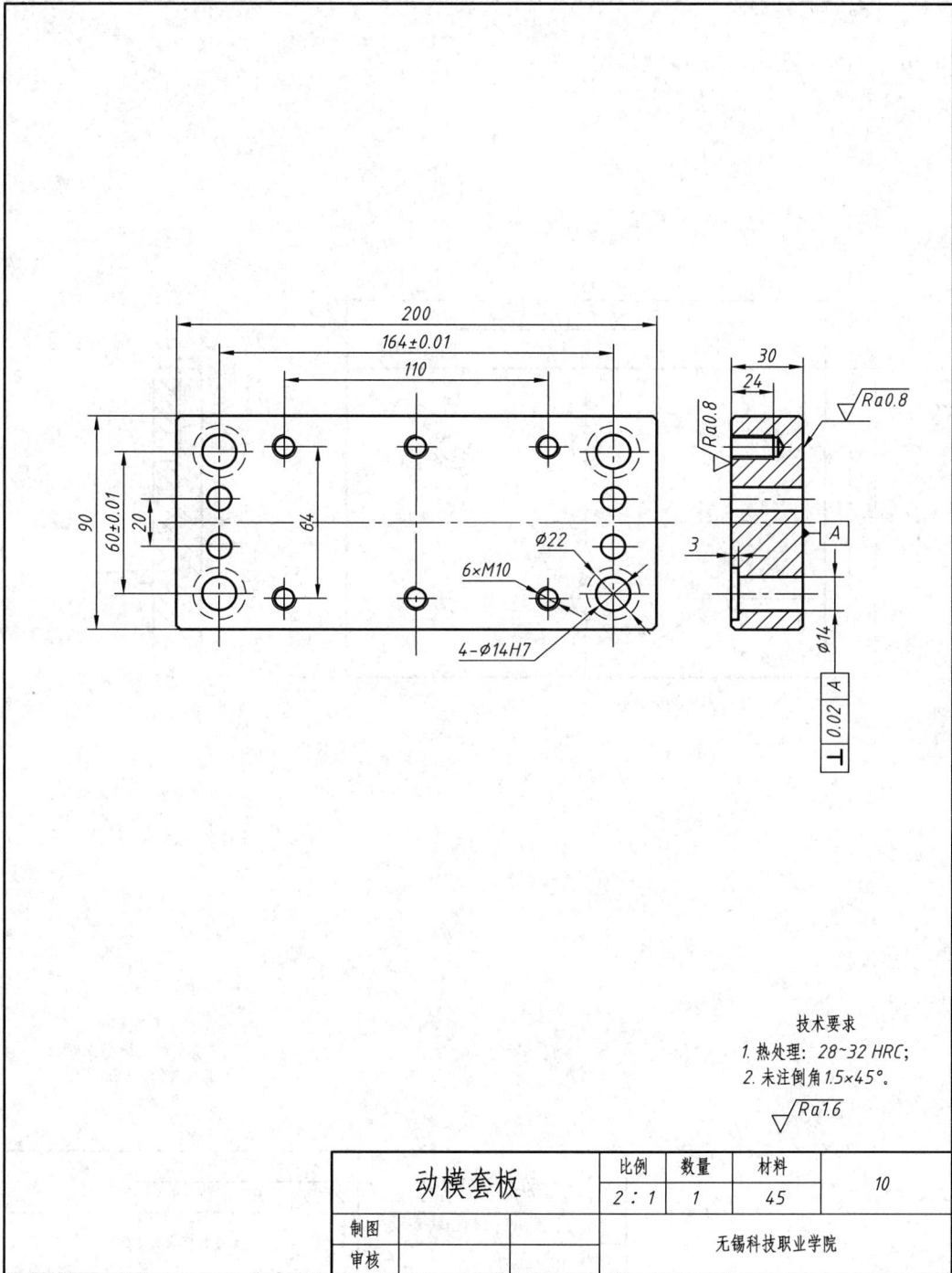

图 2-15　动模套板

任务九：动模座板的铣削工艺与加工实践(项目二零件)

图 2-16 所示动模座板零件的铣削工艺与加工实践由学生自主练习。

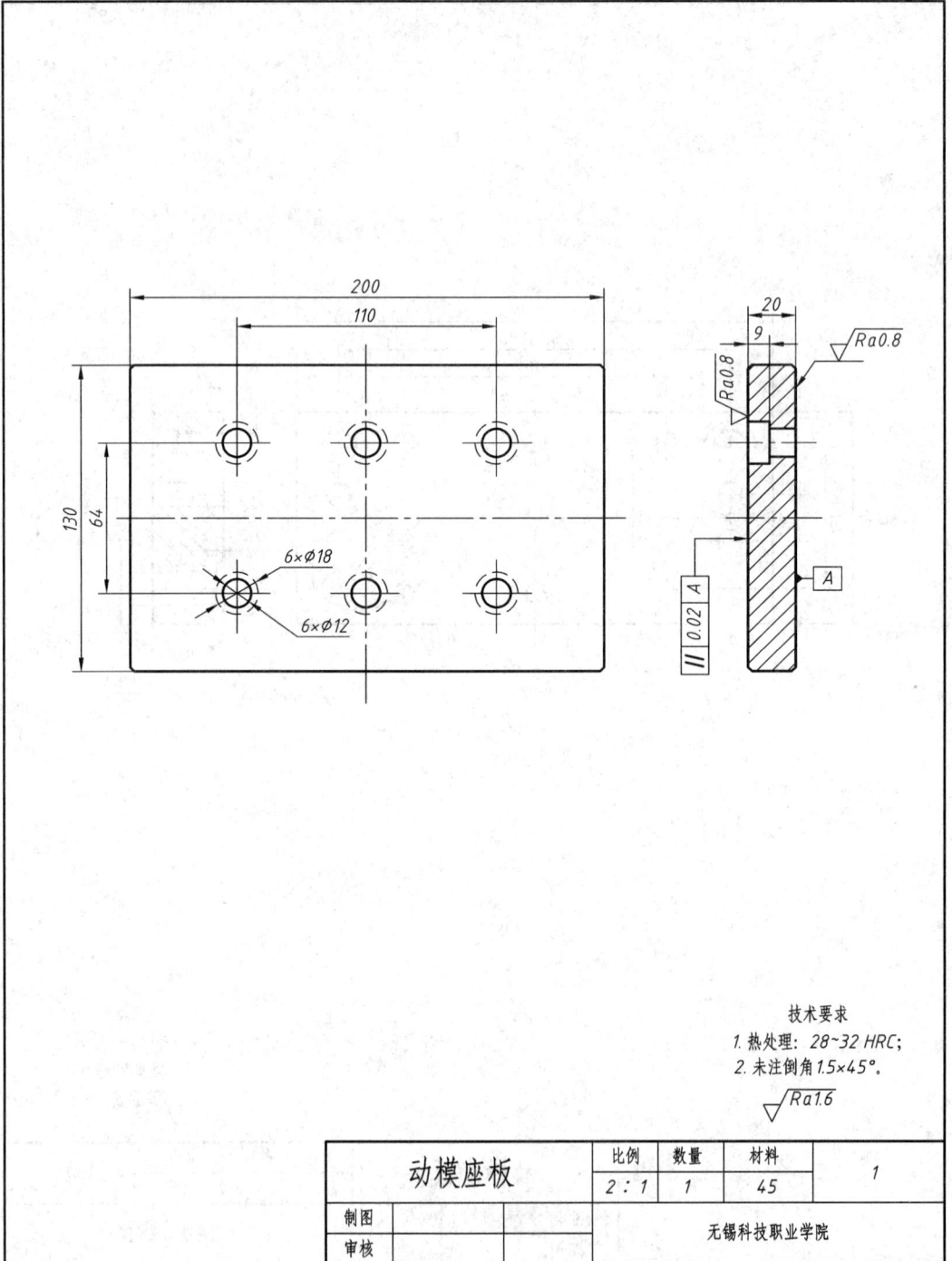

技术要求
1. 热处理：28~32 HRC;
2. 未注倒角1.5×45°。

√ Ra1.6

动模座板		比例	数量	材料	1
		2：1	1	45	
制图				无锡科技职业学院	
审核					

图 2-16　动模座板

任务十：推杆固定板的铣削工艺与加工实践(项目二零件)

图 2-17 所示推杆固定板零件的铣削工艺与加工实践由学生自主练习。

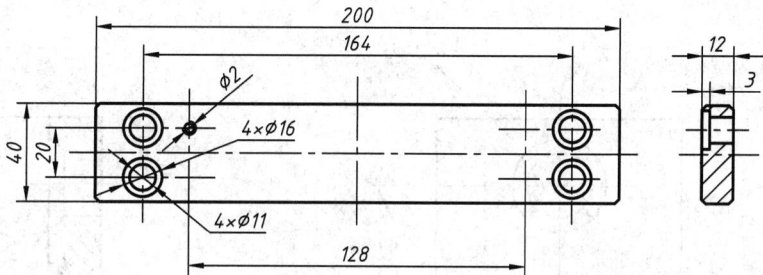

技术要求
1. 热处理：28~32 HRC；
2. 未注倒角1.5×45°。

$\sqrt{Ra1.6}$

推杆固定板	比例	数量	材料	3
	2：1	1	45	
制图			无锡科技职业学院	
审核				

图 2-17　推杆固定板

任务十一：开口结合块的铣削工艺与加工实践(项目一零件)

图 2-18 所示开口结合块零件的铣削工艺与加工实践由学生自主练习。

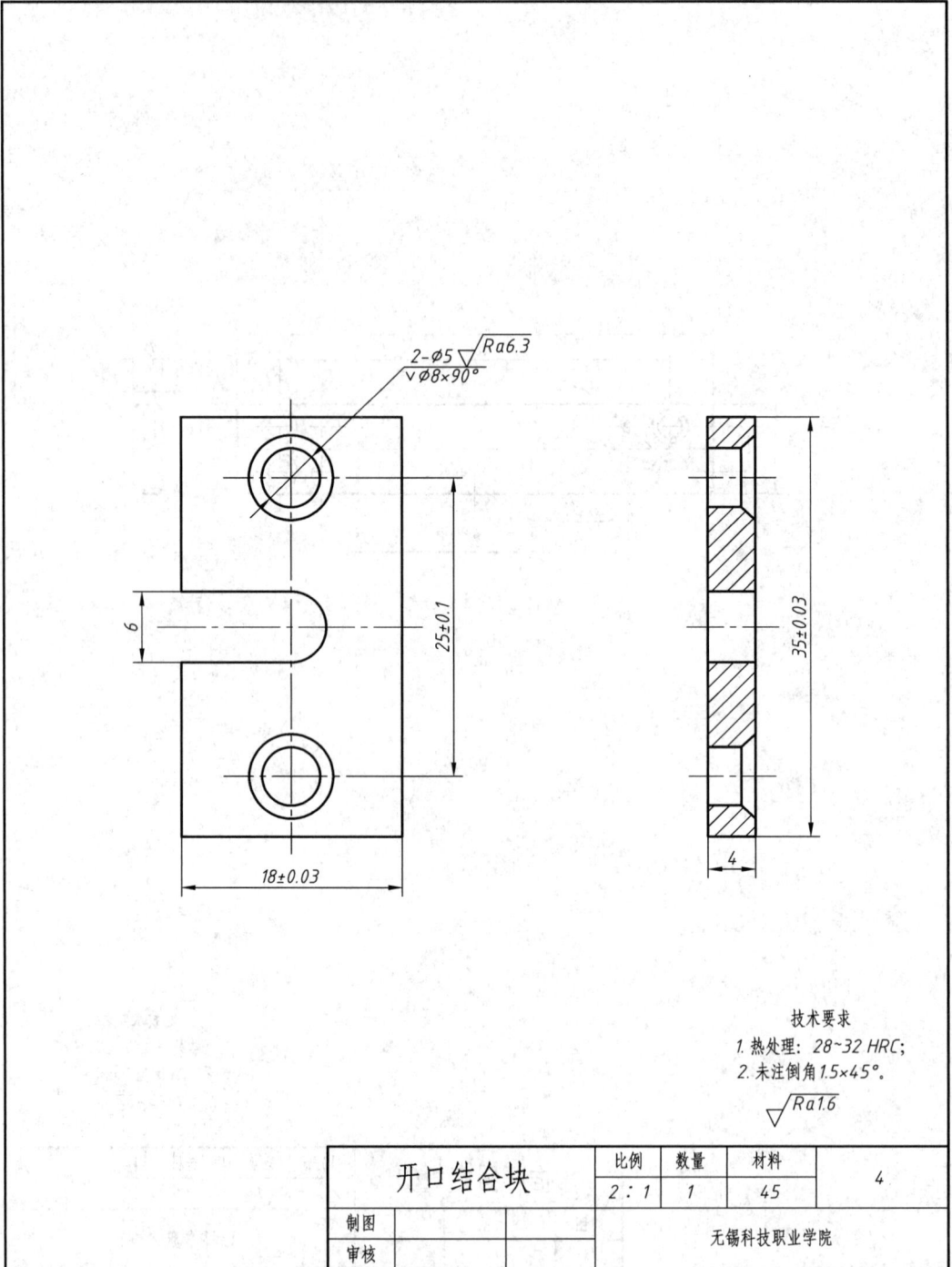

图 2-18　开口结合块

任务十二：移动横梁的铣削工艺与加工实践(项目一零件)

图 2-19 所示移动横梁零件的铣削工艺与加工实践由学生自主练习。

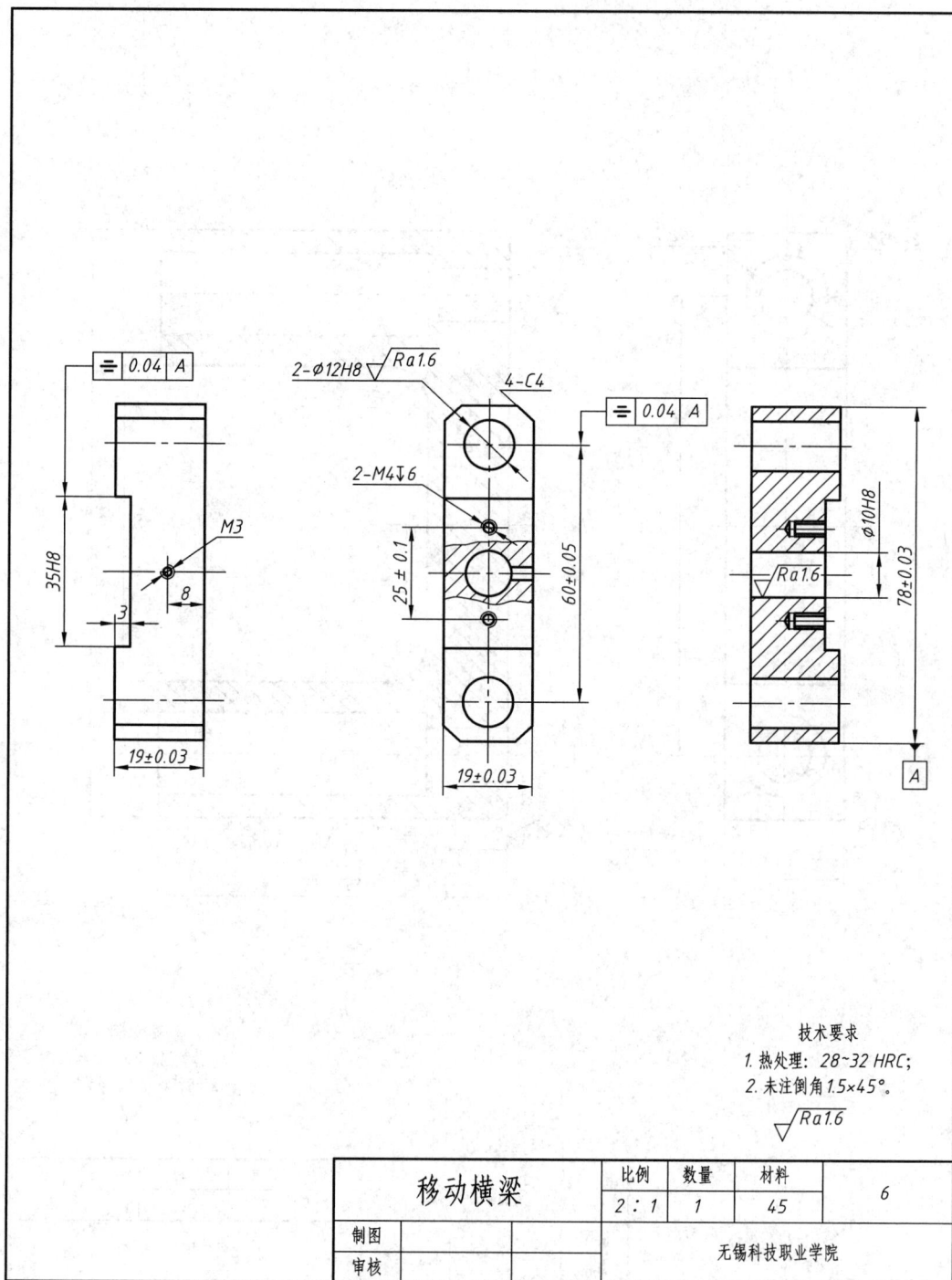

图 2-19　移动横梁

任务十三：支撑脚的铣削工艺与加工实践(项目一零件)

图 2-20 所示支撑脚零件的铣削工艺与加工实践由学生自主完成。

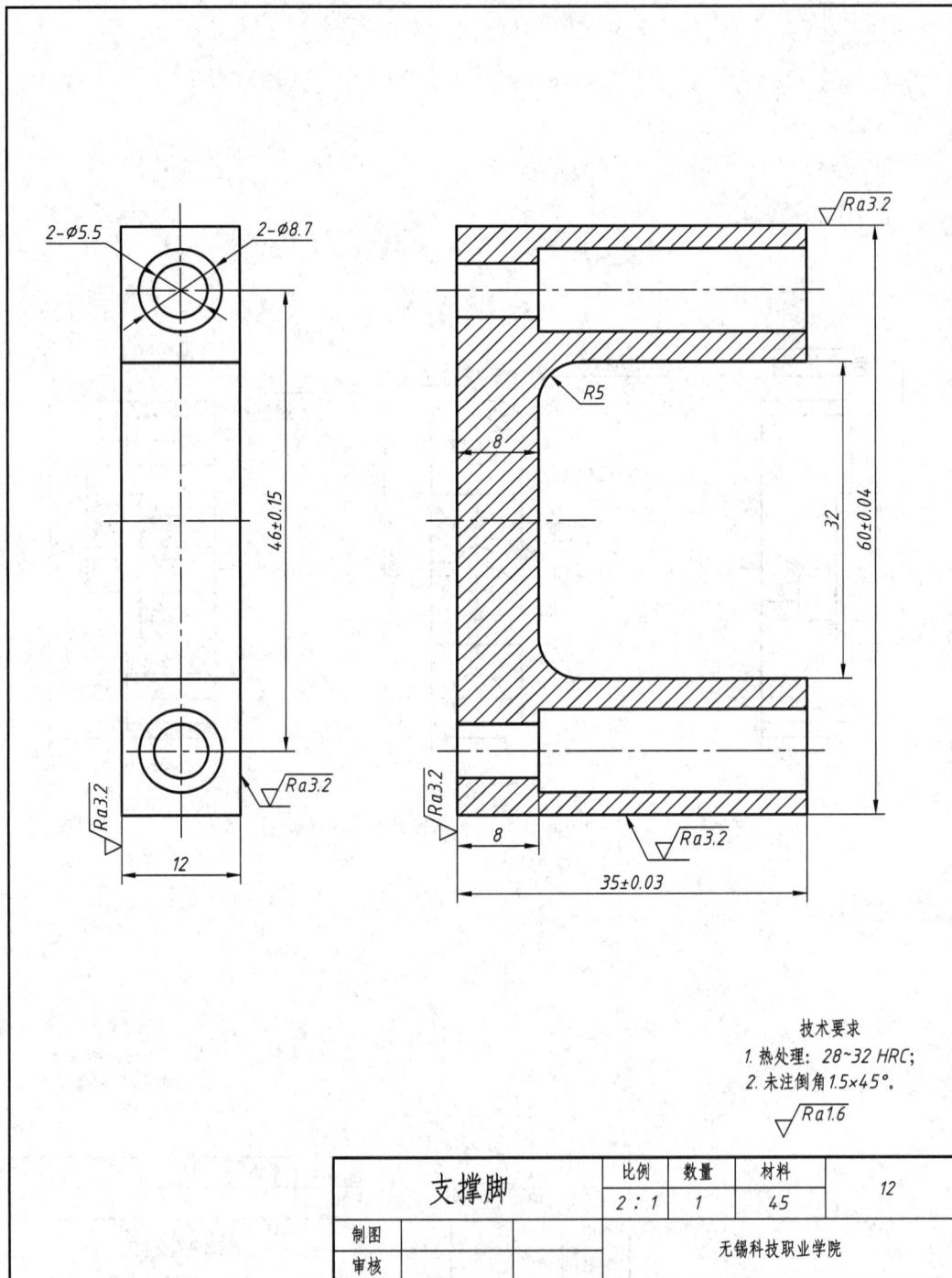

图 2-20　支撑脚

任务十四：上支撑横梁的铣削工艺与加工实践(项目一零件)

图 2-21 所示上支撑梁的铣削工艺与加工实践由学生自主完成。

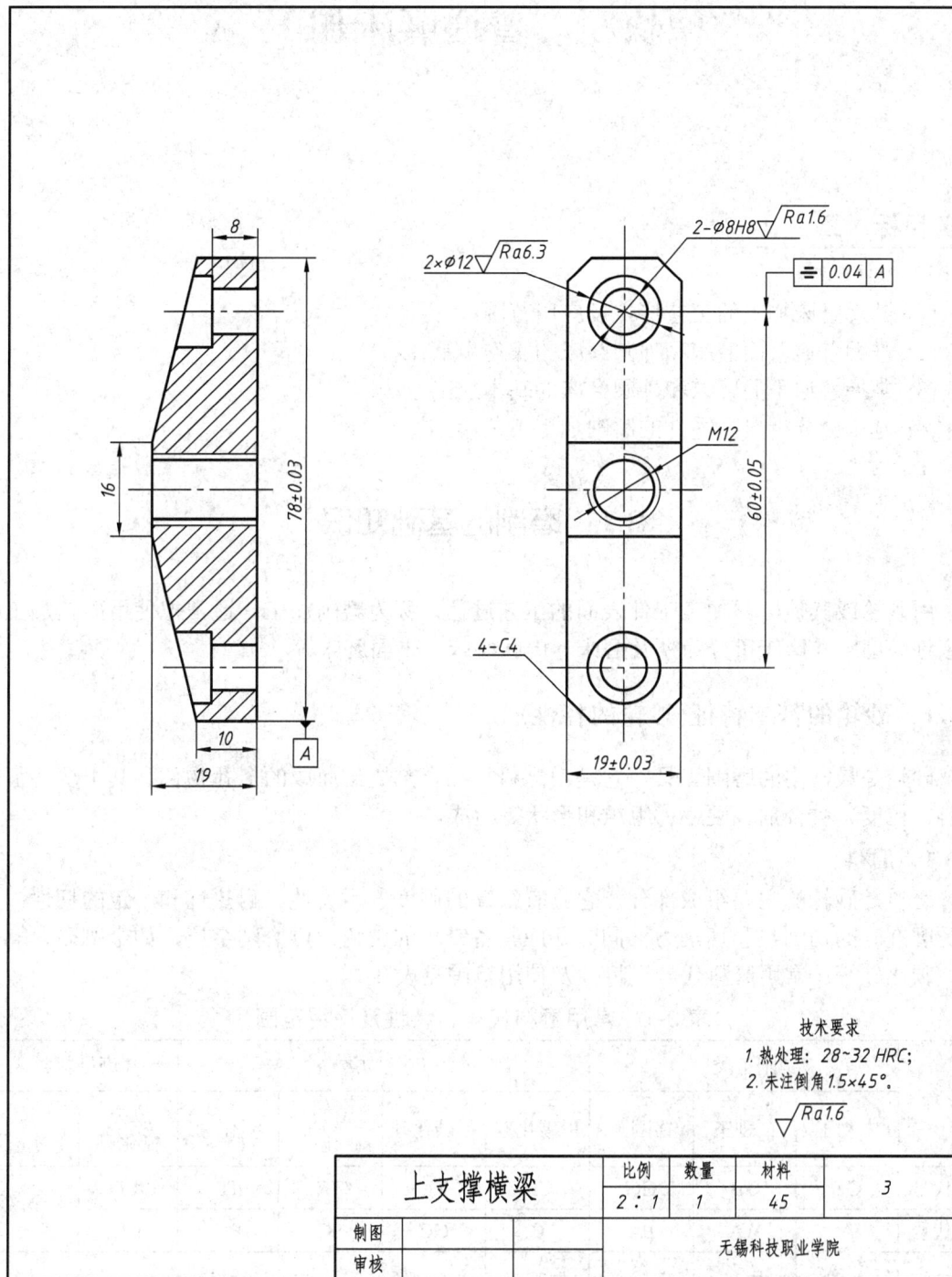

上支撑横梁	比例	数量	材料	3
	2:1	1	45	
制图			无锡科技职业学院	
审核				

技术要求
1. 热处理: 28~32 HRC;
2. 未注倒角1.5×45°。

图 2-21 上支撑横梁

模块三　普通磨床加工

任务目标 ✍

(1) 熟悉磨床加工的工艺特点及应用范围；

(2) 掌握普通平面磨床和外圆磨床的操作步骤；

(3) 掌握普通平面磨床和外圆磨床的基本加工方法；

(4) 基本会分析典型零件的磨削加工工艺。

3.1　磨削的基础知识

用砂轮或其他磨具加工工件表面的工艺过程，称为磨削加工。通常把使用砂轮加工的机床称为磨床。磨床可分为外圆磨床、内圆磨床、平面磨床等。

3.1.1　砂轮的基本特征(砂轮的特性)

砂轮是最常用的磨削工具，它是由磨料加黏合剂烧结而成的多孔物体。其主要特征由磨料、粒度、黏合剂、硬度、组织和形状等组成。

1．磨料

磨料是砂轮的主要组成部分，它具有很高的硬度、耐磨性、耐热性和一定的韧性，以承受磨削时的切削热和切削力；同时还应具备锋利的尖角，以磨削金属，如金刚砂、氧化铝、碳化硅等。常用磨料代号、特性及使用范围见表 3-1。

表 3-1　常用磨料代号、特性及使用范围

名称	刚玉类			碳化物类				高磨硬料类	
	中刚玉	白刚玉	铬刚玉	黑碳化硅	绿碳化硅	立方碳化硅	碳化硼	立方氮化硼	人造金刚石
原代号	GZ	GB	GG	TH	TL	TF	TP	JLD	JR
新代号	A	WA	PA	C	GC	SC	BC	DL	
主要用途	加工碳钢和合金钢	加工淬火钢	高速钢刀具	加工铸铁、黄铜	加工硬质合金	高硬度材料、高精度加工			

2．粒度

粒度是指磨料颗粒尺寸的大小。粒度分为磨粒和微粉两类：

(1) 磨粒。对于颗粒尺寸大于 40 μm 的磨料，称为磨粒。用筛选法分级，粒度号以磨粒通过的筛网上每英寸长度内的孔眼数来表示。例如 60# 的磨粒表示其大小刚好通过每英寸长度上有 60 孔眼的筛网。

(2) 微粉。对于颗粒小于 40 μm 的磨料，称为微粉。用显微测量法分级，用 W 和后面的数字表示粒度号(W 后的数字代表微粉的实际尺寸)，如 W20 表示微粉的实际尺寸为 20 μm。

砂轮的粒度对磨削表面的粗糙度和磨削效率影响很大。磨粒粗，磨削深度大，生产率高，但表面粗糙度值大；反之，则磨削深度均匀，表面粗糙度值小。所以，粗磨时一般选用粗粒度，精磨时应选细粒度；磨削软金属时，多选用粗磨粒；磨削脆而硬材料时，则选用较细的磨粒。

3．黏合剂

黏合剂是把磨粒黏结在一起组成磨具的材料。砂轮的强度、抗冲击性、耐热性及耐腐蚀性，主要取决于黏合剂的种类和性质。

4．硬度

砂轮硬度是指砂轮工作时，磨粒在外力作用下脱落的难易程度。砂轮硬，表示磨粒难以脱落；砂轮软，表示磨粒容易脱落。

砂轮的硬度与磨料的硬度是完全不同的两个概念。硬度相同的磨料可以制成硬度不同的砂轮，砂轮的硬度主要决定于黏合剂性质、数量和砂轮的制造工艺。例如，黏合剂与磨粒黏固程度越高，砂轮硬度越高。

砂轮硬度的选用原则是：工件材料硬，砂轮硬度应选用软一些，以便砂轮磨钝磨粒及时脱落，露出锋利的新磨粒继续正常磨削；工件材料软，因易于磨削，磨粒不易磨钝，砂轮硬度应选硬一些。但对有色金属、橡胶、树脂等软材料磨削时，由于切削容易堵塞砂轮，应选用较软砂轮。粗磨时，应选用较软砂轮；而精磨、成形磨削时，应选用硬一些的砂轮，以保证砂轮的形状精度。

机械加工中常用砂轮硬度等级为 H～N(软 2～中 2)。

5．结构组成

砂轮的组织是指组成砂轮的磨粒、黏合剂、气孔三部分体积的比例关系。通常以磨粒所占砂轮体积的百分比来分级。

砂轮有三种组织状态：紧密、中等、疏松；细分成 0～14 号，共 15 级。组织号越小，磨粒所占比例越大，砂轮越紧密；反之，组织号越大，磨粒比例越小，砂轮越疏松。

6．形状与尺寸

砂轮的形状和尺寸是根据磨床类型、加工方法及工件的加工要求来确定的。

砂轮的特性均标记在砂轮的侧面上，其顺序是：形状代号、尺寸、磨料、粒度号、硬度、组织号、黏合剂、线速度。

例如：外径 300 mm、厚度 50 mm、孔径 75 mm、棕刚玉、粒度 60、硬度 L、5 号组织、陶瓷黏合剂、最高工作线速度 35 m/s 的平面砂轮，其标记为：砂轮 P300 × 50 × 75-A60L

5V-35 m/s(或砂轮 1-300 × 50 × 75-A60L5V-35 m/s)。

3.1.2　砂轮的切削过程

　　砂轮对于工件的切削，实际上是砂轮表面的每一颗磨粒对工件进行切削的总和。因此了解单颗磨粒的切削情况，对于砂轮的切削情况便可有一个较为清晰的认识。

　　砂轮上的每一颗磨粒都相当于是一个切削刃。但由于每个磨粒的外形以及它们的排列并不具备规律性，所以切削角度便呈现出很大的差异，特别是自然晶体的棱角在切削中往往是呈现出负前角的状态。这就导致磨削时的切削力和切削热都很大。

　　砂轮表面的磨粒，它们的切削棱角不可能在同一切削平面中，总会有高低之分。同时，这些棱角相对于切削还有锋利程度的不一致。这在切削中就表现出三种情况：部分较为锋利的磨粒可以进行较大的切削；部分较为钝化的磨粒在工件表面形成擦划浅槽，工件材料并未被切除，而是在浅槽两边形成堆积；还有部分磨粒因接触不到工件而不对切削产生任何影响。正是因为磨粒形状不一，分布也不规则，其切削刃口差别很大，所以磨削过程实质上是切削、刻划与划擦三种方式的综合作用，砂轮的切削过程的示意图如图 3-1 所示。

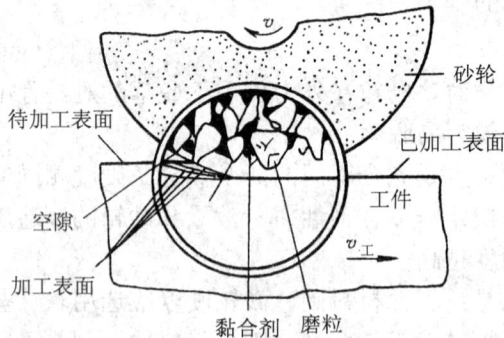

图 3-1　砂轮切削过程示意图

　　在磨削过程中，磨粒在高速、高压与高温的作用下，将逐渐磨损而变得圆钝。圆钝的磨粒，切削能力下降，作用与磨粒上的力不断增大。当此力超过磨粒强度极限时，会出现两种情况：一是磨粒破碎，产生新的较锋利的棱角，代替旧的圆钝磨粒进行磨削；二是此力超过砂轮黏合剂的黏接力时，圆钝的磨粒就会从砂轮表面脱落，露出一层新而锋利的磨粒，继续进行磨削。

　　砂轮的这种自行推陈出新、保持自身锐利的性能，称为"自锐性"。虽然砂轮本身具有自锐性，但由于切屑和碎磨粒可能会将砂轮的微孔堵塞，使它失去切削能力；同时磨粒随机脱落的不均匀性，则会使砂轮失去外形精度。所以，为了恢复砂轮的切削能力和外形精度，在磨削一定时间后，仍需对砂轮进行修整。

3.2　磨削的工艺特点

　　从本质上来说，磨削加工是一种切削加工，但和通常的车削、铣削、刨削等相比却有以下的特点：

1．磨削属多刃、微刃切削

砂轮上每一磨粒相当于一个切削刃，而且切削刃的形状及分布处于随机状态，每个磨粒的切削角度、切削条件均不相同。

2．加工精度高

磨削属于多刃、微刃切削，切削厚度极薄，每一磨粒切削厚度可小到数微米，残留面积的高度也小，有利于形成光洁的表面。所以，能够获得很高的加工精度和低的表面粗糙度值。

一般切削刀具的刃口圆弧半径虽然也可磨得很小，但由于是单刀刃切削，非常不耐用，无法进行经济的、稳定的精密加工。

3．磨削速度大、切削温度高

一般砂轮的圆周速度达 2000～3000 m/min，高速磨削砂轮线速度可达 60～250 m/s。加上磨粒多数为负前角切削，而且砂轮本身的传热性很差，大量的磨削热在短时间内传散不出去，磨削时温度很高，磨削区的瞬时高温可达 800～1000℃。

磨削热对于加工质量有着重要的影响：一方面，磨削高温容易引起工件表面烧伤，导致淬火钢件表面退火、硬度降低，虽然切削液的浇注可能会形成二次淬火，但也会在工件表层产生拉应力甚至出现细微裂纹，从而降低零件的表面质量和使用寿命；另一方面，工件材料在高温下由于变软而可能堵塞砂轮孔隙，既影响了砂轮的耐用度，也影响了工件的表面质量。

因此在磨削过程中，必须采用大量的切削液。切削液除了冷却和润滑作用之外，还可以将细碎的切屑以及碎裂或脱落的磨粒冲走，起到冲洗砂轮的作用，以避免砂轮堵塞，提高工件的表面质量和砂轮的耐用度。

4．砂轮有自锐作用

磨削过程中，砂轮的自锐作用是其他切削刀具所没有的。这就使得磨粒能够以较锋利的刃口保持对工件的切削。实际生产中，有时就利用这一原理进行强力连续磨削，以提高磨削加工的生产效率。

5．磨削时背向力较大

磨外圆时，总磨削力 F 与车外圆时切削力的分解类似，也可以分解为三个互相垂直的分力，其中 F_c 称为磨削力，F_p 称为背向磨削力，F_f 称为进给磨削力。

在一般的切削加工中，切削力 F_c 较大。而在磨削时，由于背吃刀量较小，砂轮和工件表面接触的宽度较大，致使背向磨削力 F_p 大于磨削力 F_c。一般情况下，$F_p \approx (1.5 \sim 3)F_c$，工件材料的塑性越小，$F_p/F_c$ 之值就会越大。

由于背向磨削力作用在工艺系统刚度较差的方向上，容易使工艺系统产生变形，从而影响到工件的加工精度。特别是纵磨细长轴的外圆时，极容易造成由于工件的弯曲而产生腰鼓形。另外，由于工艺系统的变形，会使实际的背吃刀量比名义值小，这将增加磨削加工的走刀次数。

为保证磨削精度，一般在最后几次光磨走刀中，要少吃刀或不吃刀，以逐步消除由于变形而产生的加工误差，但这是以降低磨削加工效率为代价的。在其他加工方法中，对于精度的保证，基本上也都采取类似的方法。

6．加工范围广

磨粒硬度很高，因此磨削不但可以加工碳钢、铸铁等常用金属材料，还能加工一般刀具难以加工的高硬度、高脆性的材料，如淬火钢、硬质合金等。但由于低熔点或低硬度材料容易堵塞上轮的孔隙，所以磨削不适宜加工硬度低而塑性大的有色金属材料。

3.3　常用磨削方法

磨削可用于加工外圆面、内孔、平面、成形面、螺纹和齿轮齿形等各种各样的表面，还可以用于各种刀具的刃磨。磨削的加工范围如图 3-2 所示。

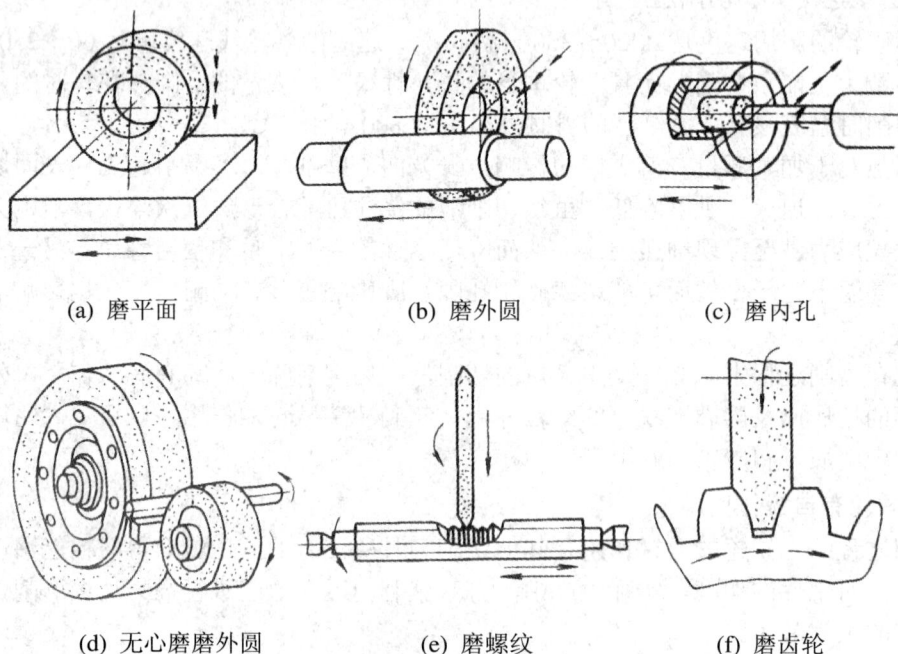

| (a) 磨平面 | (b) 磨外圆 | (c) 磨内孔 |

| (d) 无心磨磨外圆 | (e) 磨螺纹 | (f) 磨齿轮 |

图 3-2　磨削的加工范围

一般来说，日常机械加工中经常用到的磨削加工方法主要有以下几种。

3.3.1　外圆磨削

外圆磨削是指磨削工件的外圆柱面、外圆锥面等。外圆磨削可以在外圆磨床上进行，也可以在无心磨床上进行。

在外圆磨床上磨削外圆时，工件一般用两顶尖安装，但与车削不同的是两顶尖均为死顶尖。磨削方法分为纵磨法、横磨法、综合磨法和深磨法等，其中以纵磨法使用较多。

1．纵磨法

磨削时，砂轮高速旋转，工件低速旋转并随工作台作轴向移动；在工作台改变移动方向时，砂轮作径向进给，如图 3-3 所示。

图 3-3 纵磨法

纵磨时，由于每次的磨削吃刀量小，因而磨削力小，磨削热少，而且工件作纵向进给运动，所以散热条件也比较好。在接近最后尺寸时，可作几次无径向进给的"光磨"行程，直至火花消失为止，以减少工件因工艺系统弹性变形所引起的误差。

因此，纵磨法的精度高，表面粗糙度值小，可磨削长度不同的各种工件。但生产效率低，适用于单件、小批量生产及精密加工。

2. 横磨法

横磨法又称径向磨削法或切入磨法，如图 3-4 所示。磨削时，选用宽度大于待加工表面长度的砂轮，工件不作轴向移动，砂轮以较慢的速度作连续或断续的径向进给。

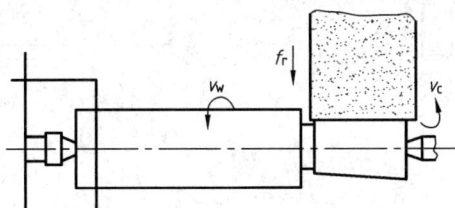

图 3-4 横磨法

横磨法的优点是充分发挥了砂轮的磨削能力，生产效率高，特别适用于较短磨削面、阶梯轴以及成形表面的磨削。缺点是砂轮与工件的接触面积大，工件易发生变形和表面烧伤。

横磨法适用于工件刚性较好、磨削表面的长度较短的情况。

3. 综合磨削法

为了提高生产效率和质量，可采取分段横磨和纵磨结合的方法进行加工，此法称为综合磨削法，如图 3-5 所示。使用时，横磨各段之间应有 5～15 mm 的间隔，并保留 0.01～0.03 mm 的加工余量。

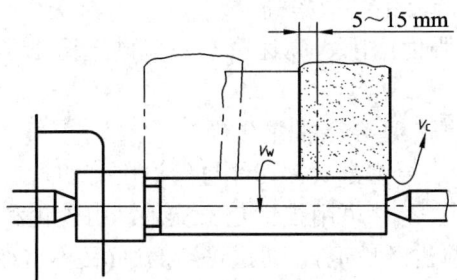

图 3-5 综合磨削法

外圆磨削的精度可达 IT5、IT6，表面粗糙度 Ra 值一般为 0.4～0.2 μm，精磨时 Ra 值可达 0.16～0.01 μm。

4. 无心磨削

无心磨削是工件不定回转中心的磨削。有无心外圆磨削和无心内圆磨削之分。可磨削圆柱表面和圆锥表面、回转体工件内外表面，如图 3-6 所示。

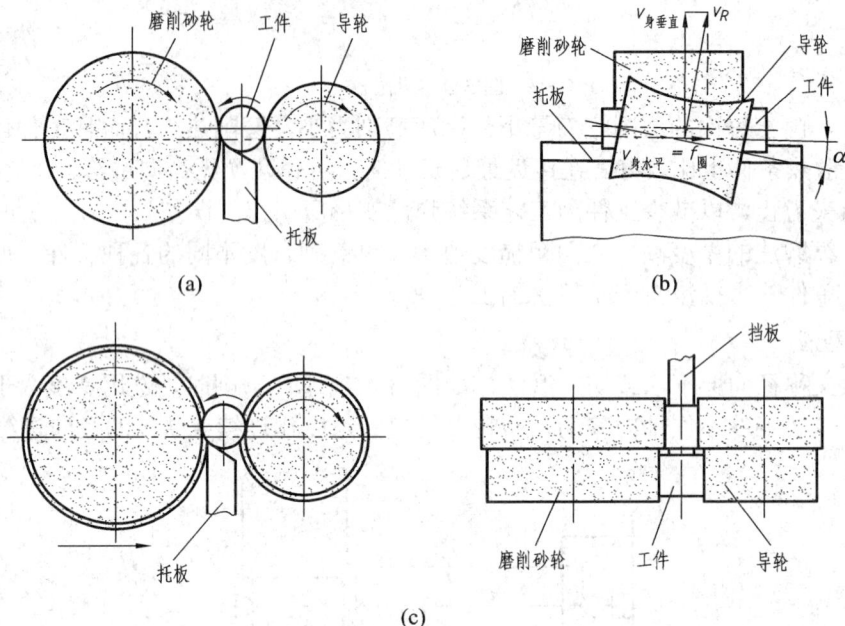

图 3-6　无心磨削

磨削时，工件支承在导轮和托板上，导轮轴线在垂直平面内与砂轮轴线倾斜一小角度；砂轮回转和砂轮架横向进给，导轮回转除带动工件回转外，同时使工件自动作轴向进给；工件借助于与其托板的摩擦实现减振。无心磨削的工件尺寸精度可达 IT7、IT6，表面粗糙度可达 Ra 0.8～0.2 μm。

无心磨削的特点：

(1) 磨削过程中工件中心不定，其位置变化大小取决于工件的原始误差、工艺系统刚度、磨削用量、工件中心高及托板角度等磨削参数。

(2) 工件运动的稳定性、均匀性不仅取决于无心磨床传动链，还与工件形状、重量、导轮及托板表面状态及磨削用量有关。

(3) 由于上下料时间重合，生产效率高。

(4) 外圆无心磨易实现强力磨削、高速磨削及宽砂轮磨削，内圆无心磨适合于同轴度高的薄壁工件。

(5) 无心磨调整比较麻烦，适合于批量生产。

无心磨削大体上有四种进给磨方式：切线进给磨削、切入进给磨削(又称切磨削，对带台阶或锥度等零件进行磨削，工件可用挡销定位支承，由砂轮和导轮进给切入)、端面进给磨削(带台阶零件沿其轴向前进及后退)和通过进给磨削(又称贯通进给磨削，工件沿其轴向自动进给)。使用较多的是前两种，这里仅简要介绍切线进给磨削原理。

切线进给磨削，又称为纵向贯穿磨削。磨削时，工件由砂轮与导轮切线方向通过，处于磨轮和导轮之间，下面用支承板支承。磨轮轴线水平放置，导轮轴线倾斜一个不大的α角。这样导轮的圆周速度$v_{导}$可以分解为带动工件旋转的$v_{工}$和使工件轴向进给的分量$v_{纵}$。

采用无心磨削时，必须满足下列条件：

(1) 由于导轮倾斜了一个α角，为了保证切削平稳，导轮与工件必须保持线接触，为此导轮表面应修整成双曲线回转体形状。

(2) 导轮材料的摩擦因数应大于砂轮材料的摩擦因数；砂轮与导轮同向旋转，且砂轮的速度应大于导轮的速度；支承板的倾斜方向应有助于工件紧贴在导轮上。

(3) 为了保证工件的圆度要求，工件中心应高于砂轮和导轮中心连线。高出数值H与工件的直径有关。当工件直径$d_{工} = 8\sim30$ mm 时，应取$H \approx d_{工}/3$；当$d_{工} = 30\sim70$ mm 时，$H \approx d_{工}/4$。

3.3.2 内圆磨削

孔的磨削可以在内圆磨床上进行，也可以在万能外圆磨床上进行。磨削时，工件常用三爪定心卡盘或四爪单动卡盘安装，长工件则用卡盘与中心架配合安装。

与外圆磨削类似，内圆磨削也可以分为纵磨法和横磨法。鉴于砂轮轴的刚度很差，横磨法仅适用于磨削短孔及内成形面。因其难以采用深磨法，所以多数情况下采用纵磨法。

纵磨圆柱孔时，工件安装在卡盘上，在其旋转的同时，沿轴向作往复直线运动(即纵向进给运动)。装在砂轮架上的砂轮相对于工件的旋向作高速反向旋转，并在工件往复行程终了时作周期性的横向进给。

内圆磨削和外圆磨削相比有以下特点：

(1) 磨削速度较低。内圆磨削孔的表面粗糙度值一般比外圆磨削略大，因为常用的内圆磨头其转速较低(一般不超过 2000 r/min)，而砂轮的直径小，其圆周速度低于外圆磨削的速度。

(2) 内圆磨削精度的控制不如外圆磨削。因为砂轮与工件的接触面积大，发热量大，冷却条件差，工件易烧伤；特别是砂轮轴细长、刚性差，容易产生弯曲变形而造成内圆锥形误差。因此，需要减少磨削深度，增加光磨行程次数。

(3) 生产效率低。因为砂轮直径小、磨损快，且冷却液不容易冲走屑末，砂轮容易堵塞，需要经常修整或更换，使辅助时间增加。此外，由于砂轮轴细、悬伸长，刚度很差，不易采用较大的背吃刀量和进给量磨削，也必然影响生产率。因此。内圆磨削主要用于不宜或无法进行镗削、铰削和拉削的高精度孔以及淬硬孔的精加工。

内圆磨削与铰孔或拉孔相比有以下特点：

(1) 可以加工淬硬的工件孔。

(2) 不仅能保证孔本身的尺寸精度和表面质量，还可以提高孔的位置精度和轴线的直线度。

(3) 用同一个砂轮可以磨削不同直径的孔，灵活性较大。

(4) 生产率比铰孔低，比拉孔更低。

综合上述的特点，内圆磨削一般仅用于淬硬工件孔的精加工，如滑移齿轮、轴承环以及刀具上的孔等。由于磨孔的适应性较好，不仅可以磨通孔，还可以磨削阶梯孔和盲孔等，因而适用于单件小批量生产，尤其是对非标准尺寸的孔，采用磨削作为精加工更为合适。

3.3.3　平面磨削

平面磨削与其他表面磨削一样，具有切削速度高、进给量小、尺寸精度易于控制及能获得较小的表面粗糙度值等特点，加工精度一般可达 IT7～IT5 级，表面粗糙度值 Ra 可达 1.6～0.2 μm。两平面平行度误差小于 1000∶1。平面磨削的加工质量比刨、铣都高，而且还可以加工淬硬零件，因而多用于零件的半精加工和精加工。

在工艺系统刚度较大的平面磨削时，可采用强力磨削，不仅能对高硬度材料和淬火表面进行精加工，而且还能对带硬皮、余量较均匀的毛坯平面进行粗加工。同时，平面磨削可在电磁工作平台上同时安装多个工件，进行连续加工，因此，在精加工中对需保持一定尺寸精度和相互位置精度的中小型零件的表面来说，不仅加工质量高，而且能获得较高的生产率。

平面磨床的主轴分为立轴和卧轴两种，工作台也分为矩形和圆形两种。与其他磨床不同的是，平面磨床的工作台上装有电磁吸盘，用于直接吸住工件。

平面的磨削方式有周磨法和端磨法。磨削时的主运动为砂轮的高速旋转，进给运动为工件随工作台作直线往复运动或圆周运动以及磨头作间歇运动。

1．周磨法

周磨法又称为平磨法。砂轮的工作面是圆周表面，磨削时砂轮与工件接触面积小，发热少、散热快、排屑与冷却条件相对较好，因此可获得较高的加工精度和表面质量。通常适用于加工精度要求较高的零件。但由于平磨采用间歇的横向进给，因而生产效率较低，如图 3-7(a)所示。

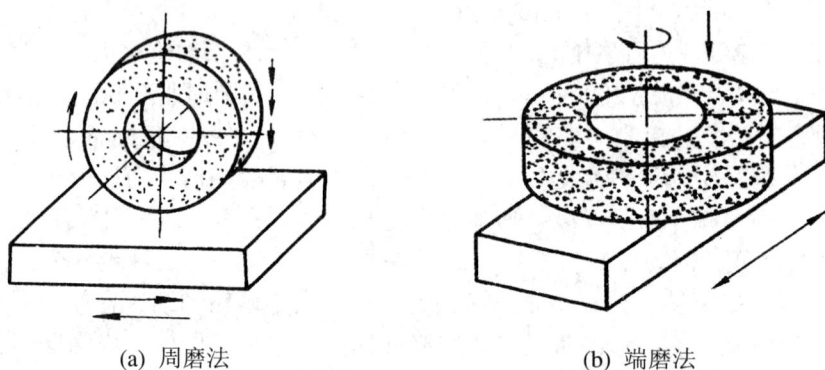

　　　　(a) 周磨法　　　　　　　　　　　　　　(b) 端磨法

图 3-7　平面磨削方法

2．端磨法

端磨时，砂轮工作面是端面。磨削时磨头轴伸出长度短，刚性好，磨头又主要承受轴向力，弯曲变形小，因此可采用较大的磨削用量。砂轮与工件接触面积大，同时参加磨削的磨粒多，故生产率高，但散热和冷却条件差，且砂轮端面沿径向各点圆周速度不等而产生磨削不均匀，故磨削精度较低，如图 3-7(b)所示。一般适用于大批量生产中精度要求不太高的零件表面加工，或直接对毛坯进行粗磨。

为了减小砂轮与工件的接触面积，将砂轮端面修成内锥形，或使磨头倾斜一微小的角度，这样可以改善散热条件，提高加工效率，磨出的平面中间略成凹形，但由于倾斜角度很小，下凹量极微。

3.3.4　其他磨削方法

1．深切缓进给强力成形磨削

深切缓进给强力成形磨削是每次为几至几十毫米的磨削深度，$20\sim300$ mm/min 的缓慢进给速度的磨削，也称缓进给磨削、蠕动磨削或铣削法磨削。其加工精度可达 0.001 mm，表面粗糙度 Ra 可达 $0.4\sim0.2$ μm。其加工效率是普通磨削的几百倍，可以和车削、铣削相比。这种磨削方法，可将锻、铸件毛坯不经其他加工，直接磨出工件所要求的表面形状与尺寸。特别适合于加工各种成形表面和沟槽。如汽轮机和航空发动机的叶片根槽、连杆齿形结合面、各种齿形槽、各种叶片泵和真空泵转子槽。目前这种磨削已得到较多的应用。

深切缓进给强力磨削有以下的特点：

(1) 生产效率高。它的磨削效率是普通磨削的几百倍到上千倍，可以和车削、铣削相比。单位小时的金属去除率，可达数百公斤。

(2) 砂轮耐用度高。砂轮以缓慢的速度切入工件，避免了磨粒与工件边缘的撞击，改善了磨削条件，使磨削过程平稳、不振动，因而提高了砂轮的耐用度。再者，磨削是利用砂轮的周边磨削，当砂轮磨钝后，只需对砂轮的外周进行少量的修整，可以使砂轮得到充分的利用。

(3) 冷却条件好，磨削表面粗糙度低，加工精度好。磨削时一般采用高压大流量冷却系统，同时采用顺磨，冷却液易进入磨削区，对砂轮和工件表面进行清洗，防止磨粒挤入工件表面和磨屑嵌入砂轮表面。磨削后的工件表面粗糙度 Ra 可达 $0.4\sim0.2$ μm。由于砂轮的耐用度高，砂轮外圆轮廓形状保持性长，所以加工出来的工件不但精度高，而且质量稳定。

(4) 适于磨削难切削材料。对于难切削、加工型面精度要求高的工件，利用多次成形修整砂轮，对工件型面进行粗磨、半精磨和精磨，以保证工件的形状和尺寸精度。

(5) 工件表面不易产生烧伤，工件表面质量好。深切缓进给强力磨削采用的组织疏松的大气孔砂轮，而且粒度较粗、硬度较软。还配有高压冲洗和高压冷却装置，能将大部分热带走，一般的情况下，不易产生烧伤。这种磨削加工后的表面残余应力比普通磨削小 $30\%\sim50\%$。

2．砂带磨削

砂带磨削是利用高速运转的环形砂带加工工件表面的磨削，一般在砂带磨床上进行。磨削时，砂带围绕在具有一定弹性的压轮和张紧轮上，由压轮驱动回转作连续切削运动，工件放在传送带或工作台上作进给运动。当工件接触砂带或通过压轮下的磨削区时，即被砂轮磨去表面的一层材料。砂带磨削的切削速度一般为 $20\sim30$ m/s，磨削压力为 $20\sim30$ MPa。砂带磨削的尺寸精度一般为 0.02 mm 左右，最高可达 0.003 mm。如用细粒度磨料的砂带磨削，表面粗糙度 Ra 可达 $1.25\sim0.16$ μm。

砂带磨削是一种具有磨削、研磨、抛光等多种作用的复合加工工艺。它有着诸多的优点：

(1) 砂带上的磨粒由于采用静电植入，因此比砂轮磨粒具有更强的切削能力，其磨削效率非常高。

(2) 砂带磨削工件表面质量高。

(3) 砂带磨削成本低。

(4) 砂带磨削工艺灵活性大、适应性强。

(5) 砂带磨削的应用范围极其广泛。

砂带磨削的缺点：砂带磨钝后不能修整，需要及时更换，消耗较大。

3.4　5S 安全生产管理

普通磨床 5S 安全生产管理规程如下：

(1) 磨床属贵重仪器设备，由专职人员负责管理，任何人员使用该设备及其工具、量具等必须服从该设备负责人的管理。未经设备负责人允许，不能任意开动机床。

(2) 任何人使用机床时，必须遵守操作规程，服从指导人员安排。在实习场地内禁止大声喧哗、嬉戏追逐；禁止吸烟；禁止从事未经指导人员同意的工作；不得随意触摸、启动各种开关。

(3) 砂轮是易碎品，在使用前须经目测检查有无破裂和损伤。安装砂轮前必须核对砂轮主轴的转速，不准超过砂轮允许的最高工作速度。

(4) 直径大于或等于 200 mm 的砂轮装上砂轮卡盘后应先进行静平衡试验。砂轮经过第一次整形修整后或在工作中发现不平衡时，应重复进行静平衡试验。

(5) 砂轮安装在砂轮主轴上后，必须将砂轮防护罩重新装好，将防护罩上的护板位置调整正确，紧固后方可运转。

(6) 安装的砂轮应先以工作速度进行空运转。空运转时间为：直径大于等于 400 mm，空运转时间大于 5 min；直径小于 400 mm，空运转时间大于 2 min。空运转时操作者应站在安全位置，即砂轮的侧面，不应站在砂轮的前面或切线方向。

(7) 砂轮与工件托架之间的距离应小于被磨工件最小外形尺寸的 1/2，最大不准超过3 mm，调整后必须紧固。

(8) 磨削前必须仔细检查工件是否装夹正确、紧固是否牢靠、磁性吸盘是否失灵，用磁性吸盘吸高而窄的工件时，在工件前后应放置挡铁块，以防工件飞出。

(9) 磨床操作时进给量不能过大。磨削细长工件的外圆时应装中心支架。不准开车时测量工件。严禁在砂轮旋转和砂轮架横向进给的工作范围内放置杂物。

(10) 用圆周表面做工作面的砂轮不宜使用侧面进行磨削，以免砂轮破碎。

(11) 砂轮磨损后，允许调节砂轮主轴转速以保持砂轮的工作速度，但不准超过该砂轮上标明的速度。

(12) 采用磨削液时，不允许砂轮局部浸入磨削液中，当磨削工作停止时应先停止加磨削液，砂轮继续旋转至磨削液甩净为止。

(13) 工作结束或工间休息时，应将磨床的有关操纵手柄放在"空挡"位置上。当操作时突然发生故障，操作者应立即按带自锁的急停按钮。

(14) 保持工作环境的清洁，每天下班前 15 分钟，要清理工作场所；每天必须做好防火、防盗工作，检查门窗是否关好，相关设备和照明电源开关是否关好。

3.5　磨削类零件的磨削工艺与加工实践

任务一：立柱的磨削工艺与加工实践(项目一零件)

加工图 3-8 所示立柱零件。

(1) 立柱的磨削加工工艺过程见表 3-2。

(2) 立柱零件的磨削加工。磨削操作加工由老师示范。

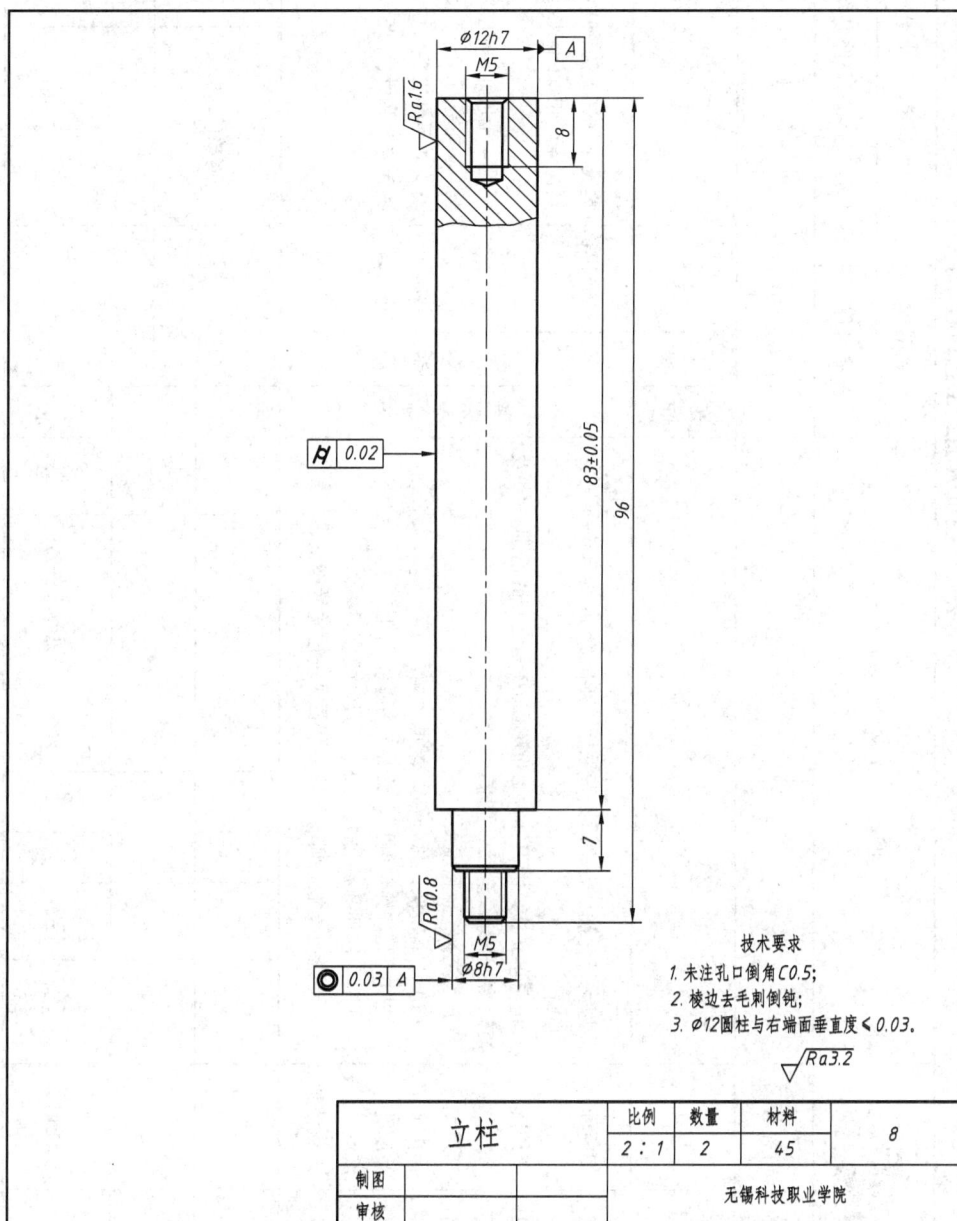

技术要求

1. 未注孔口倒角C0.5;
2. 棱边去毛刺倒钝;
3. Ø12圆柱与右端面垂直度≤0.03.

立柱	比例	数量	材料	8
	2 : 1	2	45	
制图				
审核		无锡科技职业学院		

图 3-8　立柱

表 3-2　立柱机械加工工艺过程卡片

机械加工工艺过程卡片	产品型号		零(部)件图号		共　页
	产品名称		零(部)件名称	立柱	第　页

材料牌号	毛坯种类	毛坯外形尺寸	每毛坯件数	每台件数	备注
45 钢	棒材	φ16×110	1	1	

工序号	工序名称	工序内容	车间	工段	设备	工艺装备	工时(准终)	工时(单件)
1	切断面	取毛坯，确认合格后夹持毛坯，露出 15 mm，车端面，打中心孔。	车		CA6141	莫氏 4 号钻夹头、中心钻		
2	车外圆	粗精车立柱外圆 φ12h7、φ8h7(留 0.3～0.5 mm 磨削余量)及 M5 螺纹外圆，至尺寸要求。				莫氏 4 号顶针(一夹一顶)、90°车刀		
3	车螺纹	车螺纹 M5 至精度要求。				莫氏 4 号顶针，60°外螺纹车刀		
4	调头加工	切削端面，保证总长 96，端面倒角。				45°车外圆刀		
5	钻底孔	钻中心孔，孔口倒角，钻 M5 内螺纹底孔。	钻床实训室	钻	钻床	莫氏 4 号钻夹头、中心钻、φ4.3 钻头		
6	磨削	磨削立柱外圆 φ12h7、φ8h7 至尺寸精度要求。	磨床实训室	磨	外圆磨	莫氏 4 号顶针(一夹一顶)、砂轮		
7	去除毛刺	去除锐边棱角毛刺，并按工艺要求进行质量检查。						

			编制(日期)	审核(日期)	会签(日期)

标记	处记	更改文件号	签字	日期	标记	处记	更改文件号	签字	日期

任务二：底板的磨削工艺与加工实践(项目一零件)

加工图 3-9 所示底板零件。

(1) 底板的磨削加工工艺过程见表 3-3。

(2) 底板零件的磨削加工。磨床操作加工由老师示范。

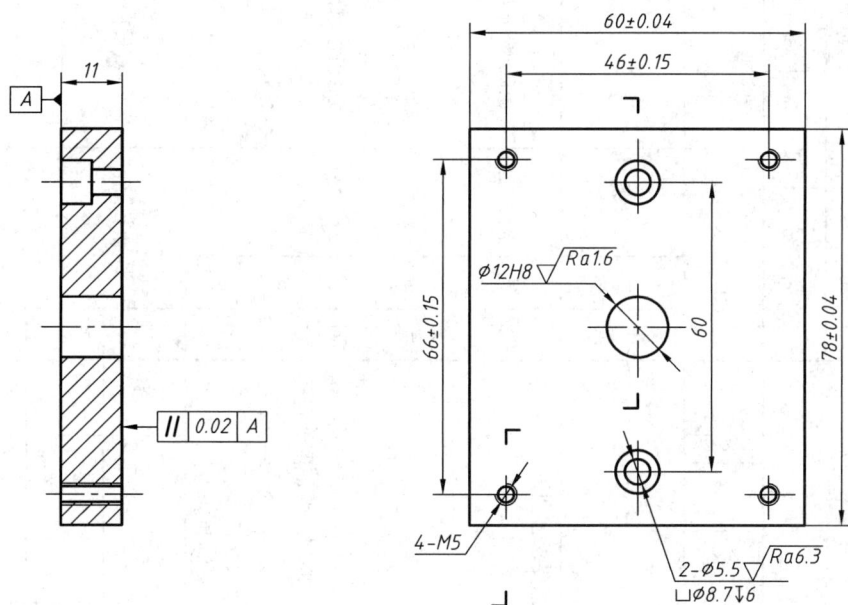

图 3-9　底板

表3-3　底板机械加工工艺过程卡片

机械加工工艺过程卡片	产品型号		零(部)件图号		共　页
	产品名称		零(部)件名称	底板	第　页
材料牌号 45钢	毛坯种类 板材	毛坯外形尺寸 80×65×14	每毛坯件数	每台件数 1	备注

工序号	工序名称	工序内容	车间	工段	设备	压力机	工艺装备	工时 准终	单件
1	铣平面	取毛坯、确认合格后,根据铣削工艺要求分别为 ①铣78×60面,高度至11.5; ②铣78×11面,高度至60.5; ③铣60×11面,高度至78.5。		铣	XA6325		φ100端铣刀		
2	磨削	分别磨削为 ①78×60正反面; ②78×11正反面; ③60×11 正反面,共六个面,全部磨削,保证图纸尺寸78×60×11的要求。	磨床实训室	磨	磨床		平面磨+机用钳口		
3	钳工序	划线、样冲、钻孔、钻沉孔、倒角、攻丝。		钻	台钻		划线针、样冲、φ4.3钻头、φ5.5钻头、φ8.7、φ12H8 铰刀、φ16 沉孔钻、倒角钻		
4	去除毛刺	去除锐边棱角毛刺,并按工艺要求进行质量检查。							

		编制(日期)	审核(日期)	会签(日期)
标记	处记	更改文件号	签字	日期
标记	处记	更改文件号	签字	日期

任务三：固定定位块的磨削工艺与加工实践(项目一零件)

图 3-10 所示固定定位块零件的磨削工艺与加工实践由学生自主练习。

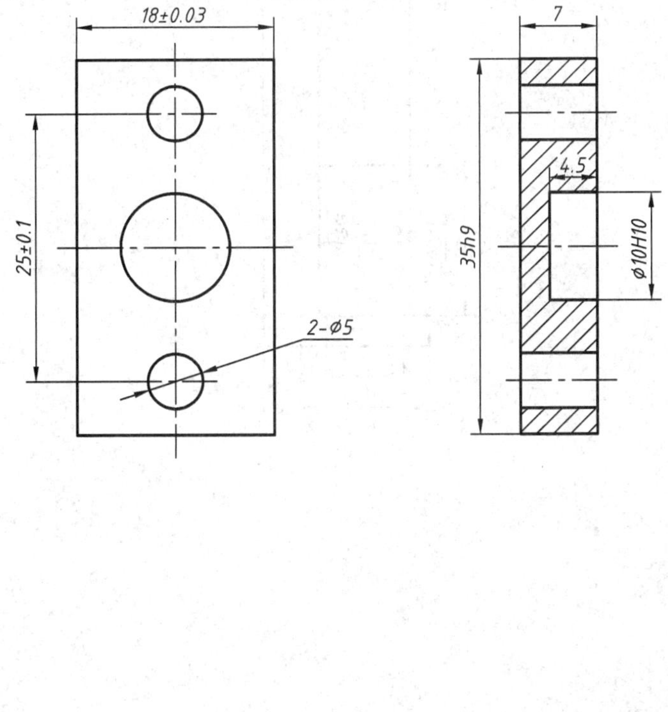

技术要求
1. 未注倒角C0.5;
2. 零件圆弧面成型后表面应光滑。
$\sqrt{Ra3.2}$

固定定位块	比例	数量	材料	5
	2：1	1	45	
制图			无锡科技职业学院	
审核				

图 3-10 固定定位块

任务四：导柱的磨削工艺与加工实践(项目二零件)

图 3-11 所示导柱零件的磨削工艺与加工实践由学生自主练习。

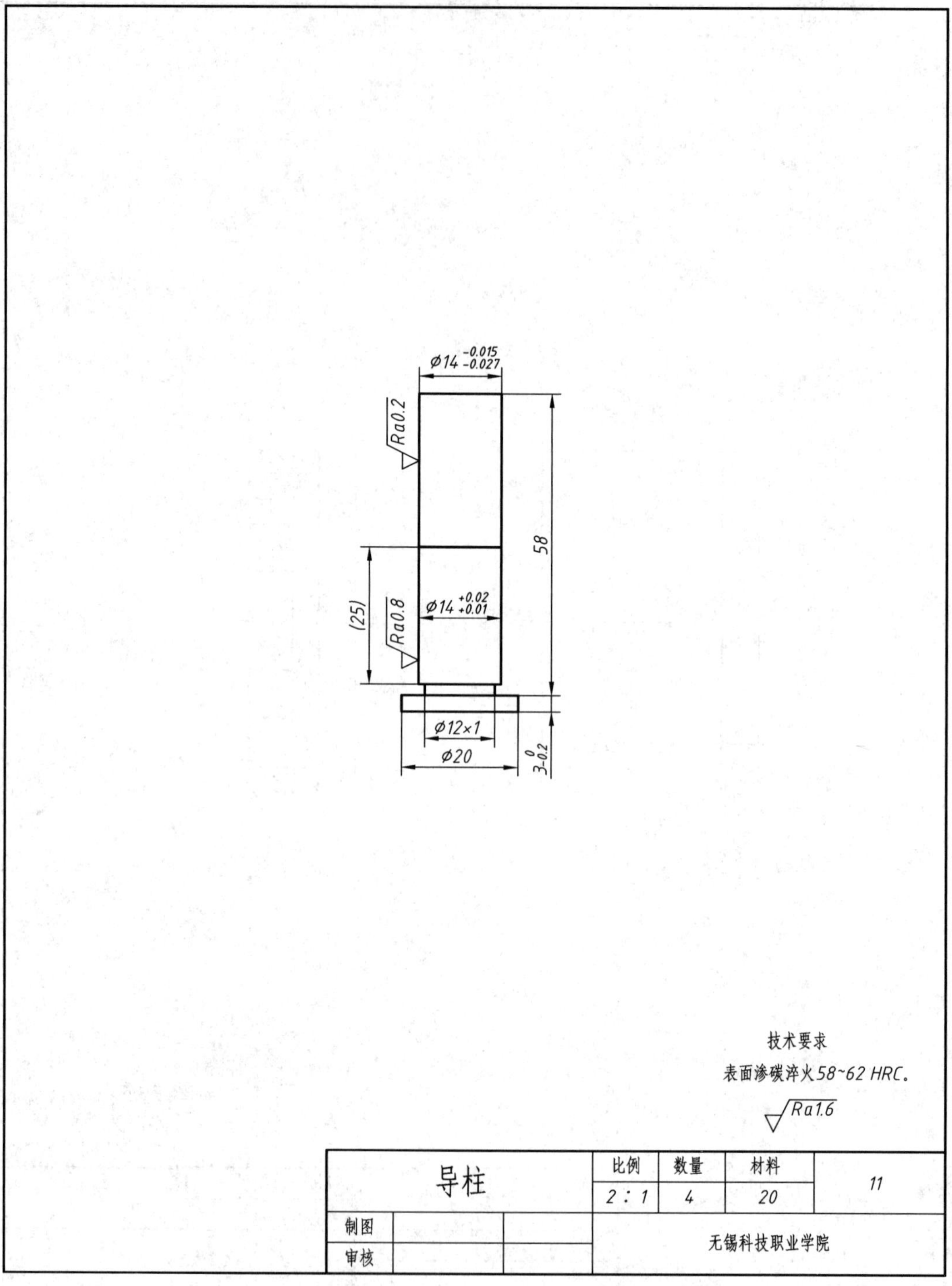

技术要求

表面渗碳淬火 58~62 HRC.

$\sqrt{Ra1.6}$

导柱		比例	数量	材料	11
		2：1	4	20	
制图					
审核			无锡科技职业学院		

图 3-11　导柱

第二篇

数控机械加工

模块四　数控车床加工

任务目标 ✍

(1) 了解数控车床的分类、结构及用途；

(2) 掌握数控车床的常用的刀具、量具；

(3) 掌握数控车床的基本编程指令及基本操作方法；

(4) 掌握数控车床加工轴套类零件的工艺；

(5) 了解典型零件手柄、立柱的加工；

(6) 掌握 5S 操作规程。

4.1　数 控 车 床

4.1.1　数控车床的结构、分类及用途

1. 数控车床的结构

虽然数控车床的种类较多，但就其结构而言，主要由车床主体、数控装置和伺服系统三大部分组成。

从机床主体的组成来看，经济型的数控车床与普通车床类似，其组成部分都具有床身、主轴箱、刀架以及尾座等。但数控车床是采用数控系统对机床进行自动控制，而且，其加工精度和加工效率都较普通车床高。因此，数控车床与普通车床除了在控制方式不同以外，在结构上数控车床还具有一些显著的特点。

数控车床主体通过专门设计，各个部位的性能都比普通车床优越，如结构刚性好，能适应高速和强力车削需要；精度高、可靠性好，能适应精密加工和长时间连续工作等。

1) 主轴

数控车床主轴的回转精度将直接影响零件的加工精度，其功率大小与回转速度将影响加工效率；其同步运行、自动变速及定向准停等功能，则体现数控车床的自动化程度和加工范围。因此，数控车床主轴的制造精度往往要求较高，其结构一般采用精密滚动轴承或静压轴承的三支撑形式，以满足极高转速的需求。而螺纹与其他螺旋面零件的加工则必须采用同步运行功能。

2) 床身及导轨

数控车床的床身除了采用传统的铸造工艺外，也有采用加强筋或钢板焊接等结构，以减轻重量，提高刚度，其床身截面如图 4-1 所示。

数控车床床身上的导轨结构可采用传统的滑动导轨(金属)形式。不过，为了减小移动副的摩擦力，避免在低速时产生"爬行"和振动，以提高其定位精度和进给运动的平稳性，目前数控车床床身上的导轨结构往往采用贴塑导轨，如图 4-2 所示。贴塑导轨是在金属导轨面上采用专用黏结剂粘贴一层厚度为 0.8~2.5 mm 的特殊工程塑料软带，使这种滑动导轨的摩擦系数减小，耐磨性、耐腐性及吸振性增强。在倾斜导轨床身上，切屑不易在导轨面上堆积，减轻了清除切屑的工作。

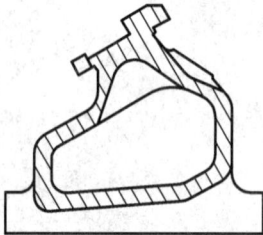

图 4-1　数控车床床身截面示意图　　　　　图 4-2　贴塑导轨

3) 机械传动机构

在主轴箱内，除了部分齿轮传动等机构外，数控车床在原普通车床传动链的基础上，作了大幅度的简化。如取消了挂轮箱、进给箱、溜板箱及其绝大部分传动机构，而仅保留了纵、横进给的螺旋传动机构。当今，在数控车床中用得最普遍的螺旋传动机构是滚珠丝杠螺母副，如图 4-3 所示。这种螺旋传动机构不仅摩擦阻力小、传动效率高，而且可以通过预紧消除轴向间隙，提高丝杠的轴向刚度和传动精度。同时，在丝杠与驱动电机之间增设了(少数车床未增设)可消除其侧隙的齿轮副。

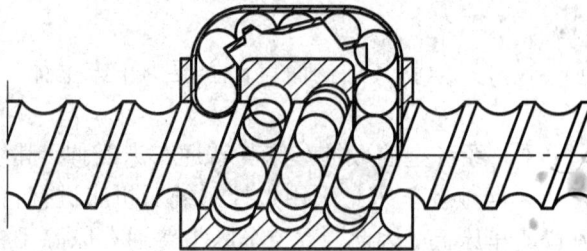

图 4-3　滚珠丝杠螺母副

4) 刀架

在数控车床使用的刀架是一种自动转位刀架，它是数控车床普遍采用的一种最简单的自动换刀设备。因自动转位刀架上的各种刀具不能按加工要求自动装、卸，故它只属于自动换刀系统中的初级形式，不能实现真正意义上的自动换刀。

数控车床上使用的刀架，按基本结形式可分为四工位(四方)自动转位刀架和转塔式自动转位刀架，如图 4-4 所示。按组合形式又可分为平行交错双刀架、垂直交错双刀架等，如图4-5所示。

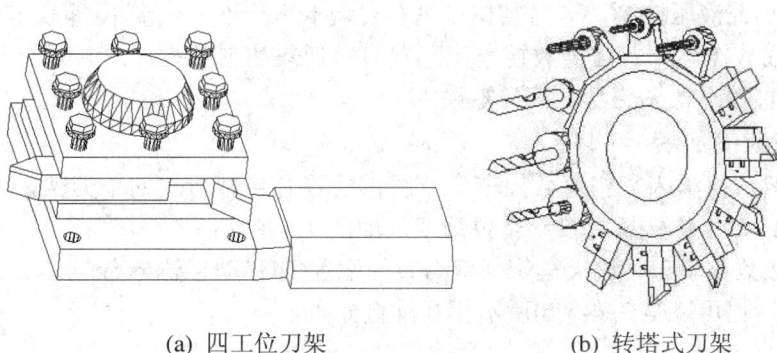

(a)　四工位刀架　　　　　　　　　(b)　转塔式刀架

图 4-4　自动转位刀架

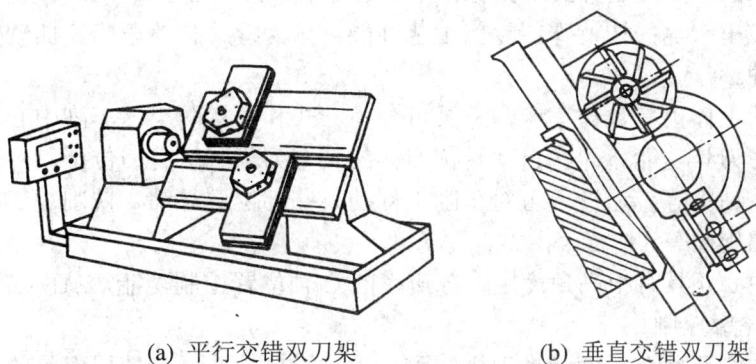

(a)　平行交错双刀架　　　　　　　(b)　垂直交错双刀架

图 4-5　组合形式的自动转位刀架

在数控车床上，刀架转换刀具的过程如下：接收转刀指令→松开夹紧机构→分度转位→粗定位→精定位→锁紧→发出动作完成后的回答信号。驱动刀架工作的动力有电动和液压两类。

5) 辅助装置

数控车床的辅助装置较多，除了与普通车床所配备的相同或相似的辅助装置外，数控车床还可配备对刀仪、位置检测反馈装置、自动编程系统及自动排屑装置等。

2. 数控车床的种类及用途

数控车床的分类方法较多，但通常都采用与普通车床相似的方法进行分类。

1) **按数控车床主轴位置分类**

(1) 立式数控车床。立式数控车床简称为数控立车，其车床主轴垂直于水平面，并有一个直径很大的圆形工作台，用于装夹工件。这类车床主要用于加工径向尺寸大、轴向尺寸相对较小的大型复杂零件。

(2) 卧式数控车床。卧式数控车床的主轴轴线是处于水平位置，它又分为数控水平导轨卧式车床和数控倾斜导轨卧式车床。倾斜导轨结构可以使车床具有更大的刚性，并易排除切屑。由于这类车床结构较为简单、造价相对较为低廉以及加工范围广的特点，因此，在现代化的制造业中得到广泛应用。

2) 按加工零件的基本类型分类

(1) 卡盘式数控车床。这类车床未端设有尾座，适合车削盘类型(含短轴类)零件。其夹紧方式多为电动或液压控制，卡盘结构多具有可调卡爪或不淬火卡爪(即软卡爪)。

(2) 顶尖式数控车床。这类数控车床配置有普通尾座或数控尾座，适合于车削较长的轴类零件以及直径不太大的盘、套类零件。

3) 按刀架数量分类

(1) 单刀架数控车床。普通数控车床一般都配置有各种形式的单刀架，如四工位卧式自动转位刀架或多工位转塔式自动转位刀架，如图 4-4 所示。

(2) 双刀架数控车床。这类车床其双刀架的配置(即移动导轨分布)可以是如图 4-5(a)所示的平行分布，也可以是图 4-5(b)所示相互垂直分布。

4) 其他分类方法

按数控车床的不同控制方式等指标，可将数控车床分为很多种，如直线控制数控车床、两主轴控制数控车床等；按特殊或专门工艺性能可分为螺纹数控车床、曲轴数控车床以及车削中心等多种。

车削中心的主体仍是数控车床，它又可分为立式和卧式两类。车削中心的主要特点是具有先进的动力刀具功能。即在自动转位刀架的某个刀位或所有刀位上，可使用多种旋转刀具，如铣刀、钻头等。这样，可对车削工件的某些部位进行钻、铣削加工，如铣削端面槽、多棱柱及螺旋槽等。

有的车削中心还具有很高角度定位分辨率的 C 轴位置控制功能，从而实现三坐标(X 、Z 和 C)两联动轮廓控制。

有的车削中心还配有刀库和换刀机械手，扩大了自动选择和使用刀具的数量，从而增强了机床加工的适应能力，扩大了加工范围。

4.1.2　数控车床的主要技术参数

数控车床的主要技术参数包含两个方面，即车床主体的主要技术参数和数控系统的主要技术参数。现以 CK6141 数控车床为例，介绍其主要技术参数。

1. 车床主体的主要技术参数

床身允许最大工件回转直径	410 mm
刀架上最大工件回转直径	224 mm
工件最大长度	750 mm
主轴转速正转	20～2000 r/min
主轴转速反转	20～2000 r/min
主轴通孔直径	ϕ 58 mm

主轴锥孔	莫氏 6$^{\#}$
主轴用顶尖套锥孔	莫氏 4$^{\#}$
刀架有效行程	X 轴　240 mm
快速移动速度	4 m/min
车削进给速度范围	10 mm～2 m/min
安装刀具数	4 把
刀具规格	车刀　25 mm × 25 mm;
尾座套筒锥孔	莫氏 4$^{\#}$
尾座套筒行程	150 mm
主轴电机额定功率	4 kW
冷却泵电机额定功率	0.1 kW
刀架电机额定功率	0.1 kW
数控机床外形尺(长 × 宽 × 高)	1925 mm × 960 mm × 1405 mm

2. 数控系统的主要技术参数

数控系统 FANUC 0i-TD 的主要技术参数见表 4-1。

表 4-1　FANUC 0i-TD 数控系统主要技术参数

序号	名　称	规　格
1	控制轴数	X 轴、Z 轴，手动方式同时仅一轴
2	最小设定单位	X 轴、Z 轴 0.001 mm
3	最小移动单位	X 轴 0.005 mm
		Z 轴 0.01 mm
4	定位	执行 G00 指令时机床快速运动并减速停止在终点
5	直线插补	G01
6	全象限圆弧插补	G02(顺圆)，G03(逆圆)
7	快速倍率	100%
8	手摇轮连续进给	每次仅一轴
9	切削进给率	G94 指令每分钟进给量(mm/min)；G95 指令每转进给量(mm/r)
10	进给倍率	从 0～150% 范围内以 10% 递增
11	自动加/减速	快速移动时依比例加/减速，切削时依指数加/减速
12	暂停	G04 暂停时间(s 或 r)
13	空运行	空运行时为连续进给
14	进给保持	在自动运行状态下暂停 X 轴、Z 轴进给，按程序启动按钮可以恢复自动运行
15	主轴速度命令	主轴转速由地址 S 和数字指令指定
16	刀具功能	由地址 T 和 1 位刀具编号+地址 D 和 1 位刀具补偿号组成
17	辅助功能	由地址 M 和 2 位数字组成，每个程序段中只能指令一个码
18	取消可设定零点偏置	G500
19	绝对值/增量值混合编程	绝对值编程和增量值编程可在同一程序段中使用

续表

序号	名　称	规　格
20	程序号	开始的符号必须是字母+数字+后缀名.MPF 或 SPF 构成
21	零件程序	按下软键程序，移动光标搜寻已编辑加工程序
22	单步程序执行	使程序一段一段地执行
23	程序保护	存储器内的程序不能修改
24	紧急停止	按下 RESET 或紧急停止按钮所有指令停止，机床也立即停止运动
25	机床锁定	仅滑板不能移动
26	显示语言	中文
27	环境条件	环境温度：运行时 0～45℃，运输和保管 –20～60℃ 相对湿度：低于 75%

4.1.3　数控车床的操作面板

图 4-6 所示为 CK6141(SIEMENS-802S 系统)数控车床的外观图。其主轴卡盘手动夹紧或松开。机床防护门配置的是可以手动移动防护门。床体采用的平床身，不易排屑。滑板的导轨上安装有四方刀架，其刀盘上有 4 个工位，最多可以安装 4 把刀具。

图 4-6　CK6141 数控车床的外观图

机床操作面板由上下两部分组成，上半部分为数控系统操作面板。下面将对这部分作详细介绍。CK6141 数控车床的数控系统操作面板如图 4-7 所示。

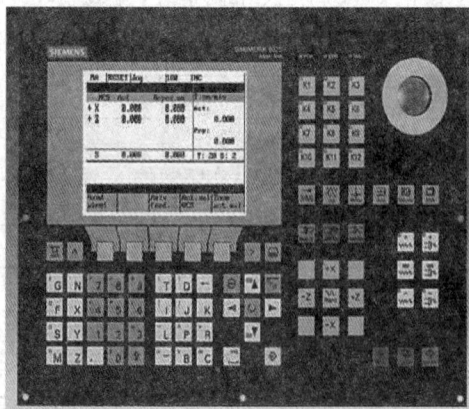

图 4-7　CK6141 数控车床数控系统操作面板

CK6141 数控车床的数控系统操作面板是由 CRT 显示器和 MDI 键盘两部分组成。因此，它又称为 CRT/MDI 面板。CRT 显示器可以显示机床的各种参数和状态。如显示机床参考点坐标、刀具起点坐标、输入数控系统的指令数据、刀具补偿量的数值、报警信号、自诊断结果、滑板快速移动速度以及间隙补偿值等。MDI 键盘是数控系统操作的主要面板，其上共有 33 个按键，各键的功能如下。

1) 主功能键

AUTO 键　执行零件程序，手动控制坐标轴移动。

Re Point 键　执行坐标轴开机回零点。

VAR 键　增量选择键。

JOG 键　用于坐标轴的手轮进给模式。

在 MDI 方式下，用于输入、显示 MDI 数据；在机床自动操作时，用于显示程序指令值。

单步键　执行程序的单段运行。

2) 数据输入键

数据输入键(地址数字键)共有 13 个，可用输入字母、数字及其他的符号。每次输入的字母都显示在 CRT 屏幕上。

3) 程序编辑键

回车键　用于程序插入。

退格键　用于程序删除。

4) 复位键

RESET 键　当机床自动运行时，按下此键。则机床的所有操作都停下来。此状态下若恢复自动运行，滑板需返回到机床参考点，程序将从头开始执行。

5) 启动/输出键

Cycle START 键　按下此键，便可执行 MDI 或 AUTO 运行程序的命令。

6) 输入键

计算软键　按下此键，可输入参数或补偿值等。也可以在 MDI 方式下输入命令数据。

7) 删除键

退格键　用于删除已输入到缓冲器里的最后一个字符或符号。如：当输入了 N100 后，又按下此键，则 N100 被删去。

8) 程序结束键

回车键　它又称结束键，按下此键程序段结束。

9) 光标移动键

CURSOR 键　用于光标移动。"↑"键将光标向上移，"↓"键将光标向下移。

10) 页面设置键

PAGE 键　用于屏幕换页。"↑"键向前翻页，"↓"键向后翻页。

11) 软键

即子功能键，在主功能状态下选择下级子功能，其含义是显示当前屏幕上对应软键的位置。

显示器左下侧为 NC 装置电源按钮，"ON" 为电源接通按钮，"OFF" 为电源断开按钮。电源按钮上方为主轴负载表，用于显示主轴功率。

4.1.4　CK6141 数控车床的基本操作

在熟悉数控车床操作面板的前提下，采用已编制好的加工程序，就可以操作机床对工件进行加工。下面根据 CK6141 型数控车床的功能，介绍机床的各种操作。

1) 开机

操作步骤：

接通机床电源→系统启动→进入"加工"操作区"JOG"模式→出现"回参考点窗口"。

2) 关机

操作步骤：

按下"急停"按钮→关闭机床面板电源开关→切断电源。

3) 回参考点

操作步骤：

按下"回零"键→按顺序点击"+X"、"+Z"键→自动回参考点。

4) "JOG"模式

操作步骤：

选择"JOG"模式→按"+X"、"+Z"和"−X"、"−Z"即可移动两轴。

点击"RAPID"键，则三轴快速移动，再点击一次取消快速移动。

连续按"VAR"键，在显示屏左上方显示增量的距离：1INC、10INC、100INC、1000INC（1INC=0.001 mm）。

5) 手轮操作

操作步骤：

选择手轮操作模式→连续按"VAR"键，在显示屏左上方显示增量的距离：1INC、10INC、100INC、1000INC（1INC=0.001 mm）→移动三轴以增量倍率进行移动。

6) MDA模式（手动输入）

操作步骤：

选择"MDA"键→通过面板输入程序段→按"启动键"执行输入程序。

7) 工件的装夹

操作步骤：

装夹工件，毛坯直径为 50 mm，长度为 70 mm，毛坯材料为塑料棒。

8) 刀架上刀具的安装

操作步骤：

在 1、2、3、4 号刀架刀位上分别安装上 90° 偏刀、切槽刀、35° 尖刀、螺纹刀。

9) 手动换刀

操作步骤：

在"K1"键使能开动的情况下,按动"K4"键。按动一次,则换刀一次,再按动一次,刀架上的刀从 1 号刀转到 2 号刀,依次类推。

10) 输入程序

操作步骤:

按住"程序"键→按">"扩展键→出现"新程序"键→输入新程序名称(新程序名前两位必须为字母)→按住"确定"键→按">"扩展键→按"关闭"。

4.1.5 数控车床加工刀具

1. 切削要素

数控车床切削加工是用数控切削刀具把工件毛坯上预留的金属材料(统称余量)切除,获得图样所要求的零件。在切削加工之前,需要设定各工序在加工过程中的切削用量,所以在工艺处理中必须确定数控加工的切削用量。

切削用量是用来表达切削运动、调整机床加工参数的参量,可用它对主运动和进给运动进行定量表述。切削用量包括切削速度、进给量和背吃刀量三要素(如图 4-8 所示)。

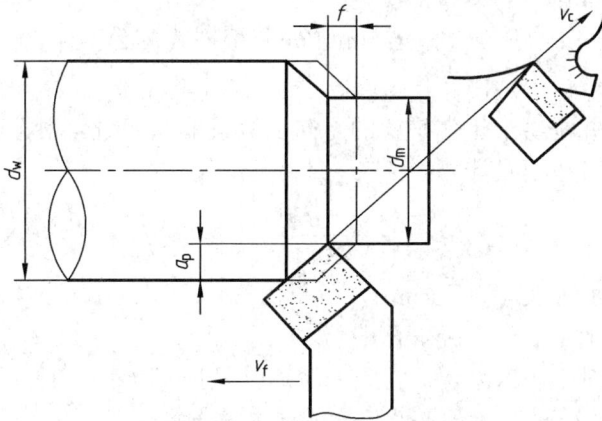

图 4-8 切削用量三要素

切削用量的选择原则是:保证零件的加工精度和表面粗糙度,充分发挥机床的性能,最大限度的提高生产效率,降低成本。

切削用量的选择可通过查阅相应的工艺手册通过计算或者根据经验预定,然后通过实际切削加以调整,最后形成技术文件中的有关参数。下面就切削用量的计算公式及计算方法进行逐一说明。

1) 切削速度 v_c

切削刃上选定点相对于工件的主运动的瞬时速度。回转主运动的切削速度 v_c(m/min)为

$$v_c = \pi d \frac{n}{1000} \tag{4-1}$$

式中,d——切削刃上选定点处所对应的工件或刀具的回转直径(mm);

n——工件或刀具的转速(r/min)。

注意:在计算时应以最大的切削速度为准,如车削时以待加工表面直径的数值进行计算,因为此处速度最高,刀具磨损最快。

当加工材料为铸铁时，采用硬质合金车刀，最大加工直径ϕ120 mm。根据已知条件查机械加工工艺手册，v_c一般选择 55～150 m/min。数控加工时需要根据式(4-1)反求机床主轴转速。

切削速度选择 140 m/min、工件直径ϕ120 mm，求此时的主轴转速：

将 π = 3.14、工件直径ϕ120 mm、v_c = 140 代入式(4-1)得

$$n = \frac{1000v_c}{\pi d} = \frac{1000 \times 140}{3.14 \times 120} = 371.55 \ \text{r/min}$$

圆整后主轴转速选择 370 r/min。

2) 进给量f

工件或刀具每转一周时，刀具与工件在进给运动方向上的相对位移量。进给速度 v_f 是指切削刃上选定点相对工件进给运动的瞬时速度。

$$v_f = f_n \tag{4-2}$$

式中，v_f——进给速度(mm/min)；

$\quad\quad n$——主轴转速(r/min)；

$\quad\quad f$——进给量(mm)。

对于转速为 300 r/min，进给量 f = 0.5 mm/min。根据式(4-2)可计算得出 v_f = 150 mm/min。

3) 背吃刀量a_p

通过切削刃基点并垂直于工作平面的方向上测量的吃刀量。根据此定义，如在纵向车外圆时，其背吃刀量可按下式计算：

$$a_p = \frac{d_w - d_m}{2} \tag{4-3}$$

式中，d_w——工件待加工表面直径(mm)；

$\quad\quad d_m$——工件已加工表面直径(mm)。

由图 4-8 可知，对于车床来说，背吃刀量通常是指一半的切削余量。如果 d_w = 50 mm (毛坯或粗加工直径)，d_m = 30 mm(零件尺寸或已加工直径)，则 a_p = 5 mm。但是，对于铣削加工来说，背吃刀量即切削深度或厚度。

2．数控车削用车刀的类型

1) 刀具材料

为了适应数控车削加工的特点，在生产实际中常常采用以下几种刀具材料。

(1) 高速钢。高速钢是常用的刀具材料之一，它具有较好的综合机械性能，在复杂刀具和精加工刀具中，占有主要地位。其常见的典型钢号有：W18Cr4V、W9Cr4V2 和 W9Mo3Cr4V3Co10。

(2) 硬质合金。硬质合金是高速切削时常用的刀具材料，它具有高硬度、高耐磨性和高耐热性，但抗弯强度和冲击韧性比高速钢差，故不宜用在切削振动和冲击负荷大的加工中。其常用的牌号有：YG 类，如 YG6 和 YG8 等用于加工铸铁及有色金属，YG6A 和 YG8A 等用于加工铸铁和不锈钢等；YT 类，如 YT5、YT15 和 YT30 等，主要用于加工钢料；YW 类，如 YW1 和 YW2 等广泛用于加工铸铁、有色金属、各种钢及其合金等。

为了提高刀具的可靠性，进一步改善其切削性能和提高加工效率，通过"涂镀"这一

新工艺,使硬质合金和高速钢刀具性能大大提高。涂层刀具是在高速钢及韧性较好的硬质合金基体上,通过气相沉积法,涂覆一层极薄的、耐磨性高的难熔金属化合物,如 TiC、TiN、TiB2、TiAlN 等。涂层硬质合金刀片的使用寿命比普通硬质合金刀片的使用寿命至少可提高 1～3 倍,而涂层高速钢刀具的使用寿命则可提高 2～10 倍。国产硬质合金刀片的牌号有 YB215 和 YB415 等。

(3) 陶瓷。陶瓷材料具有很高的硬度和耐磨性,具有很好的耐热性和化学稳定性,其摩擦系数较小,常制成可转位机夹刀片。这种刀具特别适合于高速切削铸铁、钛合金及高温合金等难加工材料。

(4) 金刚石。金刚石可分为人造金刚石和天然金刚石两类。一般用于刀具的是人造金刚石,它具有极高的硬度和耐磨性,通常制成普通机夹刀片或可转位机夹刀片,主要用于钛合金和铝合金的高速精车,同时对含有耐磨硬质点的复合材料(如玻璃纤维、碳或石墨制品等)的加工也极为有利。

(5) 立方氮化硼。这是一种硬度和抗压强度都接近金刚石的人工合成超硬材料,它具有很高的耐磨性、热稳定性(转化温度为 1370℃)、化学稳定性和良好的导热性等。这种刀具宜于精车各种淬硬钢,也适合高速精车合金钢。

2) 车刀的类型

数控车削用的车刀一般分为三类,即尖形车刀、圆弧形车刀和成型车刀。

(1) 尖形车刀。以直线形切削刃为特征的车刀一般称为尖形车刀。这类车刀的刀尖(同时也为其刀位点)由直线形的主、副切削刃构成,如 90°内、外圆车刀,左、右端面车刀,切断(车槽)车刀及刀尖倒棱很小的各种外圆和内孔车刀。

用这类车刀加工零件时,其零件的轮廓形状主要由一个独立的刀尖或一条直线形主切削刃位移后得到,它与另两类车刀加工时所得到的零件轮廓形状的原理是截然不同的。

(2) 圆弧形车刀。如图 4-9 所示,圆弧形车刀是数控车削中较为特殊的车刀。其特征是,构成主切削刃的刀刃形状为一圆度误差或线轮廓度误差很小的圆弧,该圆弧刃每一点都是圆弧形车刀的刀尖,因此刀位点不在圆弧上,而在该圆弧的圆心上;车刀圆弧半径理论上与被加工零件的形状无关,并可按需要灵活确定或经测定后确认。

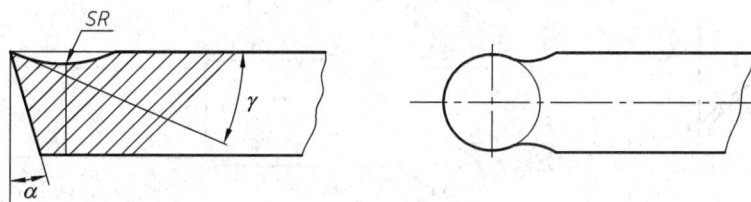

图 4-9 圆弧形车刀

当某些尖形车刀或成型车刀(螺纹车刀)的刀尖具有一定的圆弧形状时,也可作为这类车刀使用。圆弧形车刀可以用于车削内、外表面,特别适宜于车削各种光滑连接(凹形)的曲面。

(3) 成型车刀。成型车刀俗称样板车刀,其加工零件的轮廓形状完全由车刀刀刃的形状和尺寸决定。数控车削加工中,常见的成型车刀有小半径圆弧车刀、非矩形车槽刀和螺纹车刀等。在数控加工中,应尽量少用或不用成型车刀,当确有必要选用时,则应在工艺准备的文件或加工程序单上进行详细说明。

在数控车削中，有时一把车刀可同属不同类型。如螺纹车刀属于成型车刀，但在一般情形下又将其视为尖形车刀。因此，在选用时应根据被加工零件切削部分的形状和零件轮廓的形成原理(包括编程因素)两个方面来考虑。

3. 常用车刀的几何参数及选择

刀具切削部分的几何参数对零件的表面质量及切削性能影响极大，应根据零件的形状、刀具的安装位置以及加工方法等，正确选择刀具的几何形状及有关参数。

1) 尖形车刀的几何参数

尖形车刀的几何参数主要指车刀的几何角度。选择方法与使用普通车削时基本相同，但应结合数控加工的特点，如走刀路线及加工干涉等进行全面考虑。

例如，在加工图 4-10 所示的零件时，为了使其左右两个 45° 锥面由一把车刀一次走刀加工出来，并使车刀的主切削刃和副切削刃在车削圆锥面时不与零件发生加工干涉，则必须使尖形车刀的主偏角和副偏角均要大于 45°。

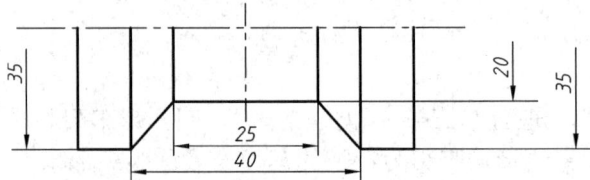

图 4-10　示例件

又如，车削图 4-11 所示大圆弧内表面零件时，所选择尖形内孔车刀的形状及主要几何角度如图 4-12 所示(前角为 0°)，这样刀具可将内圆弧面和右端端面一刀车出，而避免了用两把车刀进行加工。

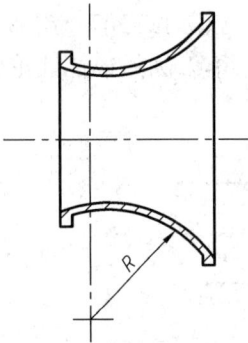

图 4-11　大圆弧面零件　　　　　　　　图 4-12　尖形车刀示意图

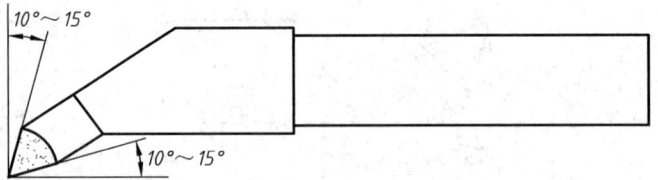

确定尖形车刀不发生干涉的几何角度，可用作图或计算的方法。如副偏角的大小，大于作图或计算所得不发生干涉的极限角度值 6°～8° 即可。当确定几何角度困难或无法确定(如尖形车刀加工接近于半个凹圆弧的轮廓)时，则应考虑选择其他类型车刀并确定其几何角度。

2) 圆弧形车刀的几何参数

(1) 圆弧形车刀的选用。在车削某些精度要求较高的凹曲面时，为了提高凹曲面的表面质量，往往采用圆弧形车刀，如图 4-13 所示。这主要是因为圆弧形车刀具有宽刃切削(修光)性质，能使精车余量保持均匀而改善切削性能，还能一刀车出跨多个象限的圆弧面。

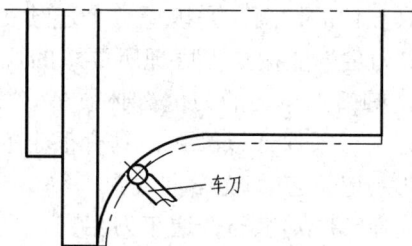

图 4-13　曲面车削示意图

　　例如，当图 4-13 所示零件的曲面精度要求不高时，可以选择用尖形车刀进行加工；当曲面形状精度和表面粗糙度均要求较高时，选择尖形车刀加工就不合适了，因为车刀主切削刃的实际切削深度在圆弧轮廓段总是不均匀的，如图 4-14 所示。当车刀主切削刃靠近其圆弧终点时，该位置上的切削深度(a_1)将大大超过其圆弧起点位置上的切削深度(a)，致使切削阻力增大，则可能产生较大的线轮廓度误差，并增大其表面粗糙度数值。

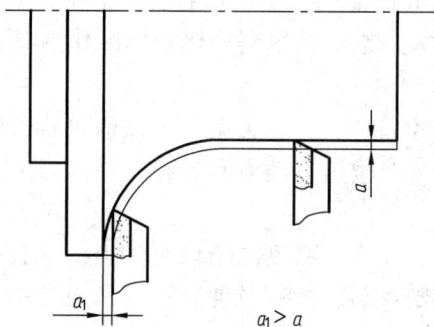

图 4-14　切削深度不均匀示意图

　　(2) 圆弧形车刀的几何参数。圆弧形车刀的几何参数除了前角和后角外，主要几何参数为车刀圆弧切削刃的形状及半径。选择车刀圆弧半径的大小时，应考虑两点：第一，车刀切削刃的圆弧半径应当小于或等于零件凹形轮廓上的最小半径，以免发生加工干涉；第二，该半径不宜选择太小，否则既难于制造，还会因其刀头强度太弱或刀体散热能力差，使车刀容易受到损坏。

　　当车刀圆弧半径已经选定或通过测量并给予确认之后，应特别注意圆弧切削刃的形状误差对加工精度的影响。现通过图 4-15 对圆弧形车刀的加工原理进行分析。

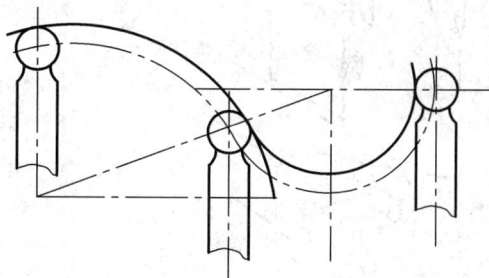

图 4-15　相对滚动原理

在车削时，车刀的圆弧切削刃与被加工轮廓曲线做相对滚动运动。这时，车刀在不同的切削位置上，其"刀尖"在圆弧切削刃上也有不同位置，即切削刃圆弧与零件轮廓相切的切点，也就是说，切削刃对工件的切削，是以无数个连续变化位置的"刀尖"进行的。为了使这些不断变化位置的"刀尖"能按加工原理所要求的规律("刀尖"所在半径处处等距)运动，并便于编程，故规定圆弧形车刀的刀位点必须在该圆弧刃的圆心位置上。要满足车刀圆弧刃的半径处处等距，则必须保证该圆弧刃具有很小的圆度误差，即近似为一条理想圆弧，因此需要通过特殊的制造工艺(如光学曲线磨削等)，才能将其圆弧刃做得准确。

圆弧形车刀前、后角的选择，原则上与普通车刀相同，只不过形成其前角(大于 0° 时)的前刀面一般都为凹球面，形成其后角的后刀面一般为圆锥面。圆弧形车刀前、后刀面的特殊形状，是为了满足在刀刃的每一个切削点上，都具有恒定的前角和后角，以保证切削过程的稳定性及加工精度。为了制造车刀的方便，在精车时，其前角多选择为 0°(无凹球面)。

4．刀具的标准化

为了适应数控机床自动化加工的需要(如刀具的对刀或预调、自动换刀或转刀、自动检测及管理工作等)，并不断提高产品的加工质量和生产效率，节省刀具费用，改善加工环境及实现安全、文明生产，应大力推广使用模块化和标准化刀具。

1) 模块化刀具

模块化刀具主要以刀具的刀杆、刀体为主，可以通过拼装和组合而成，并能根据加工的需要对刀体进行接长或拆短，也可以改变其直径，还能按刀具柄部，组合成不同锥孔号数或内径的刀杆模块。

由于精密制造技术的发展，为高精度的模块组件提供了较好的应用环境，使模块化刀具具有组合刚性好、配合紧密可靠、拆卸方便及应变和应急能力强等特点。使用这种模块化刀具，可以较大地降低产生成本，缩短工艺准备的周期。

2) 标准化刀具

目前，数控机床大多采用已经系列化、标准化的刀具，这类刀具的标准化主要是针对刀柄和刀头两部分而规定的。它们的装配连接方式如图 4-16 所示。

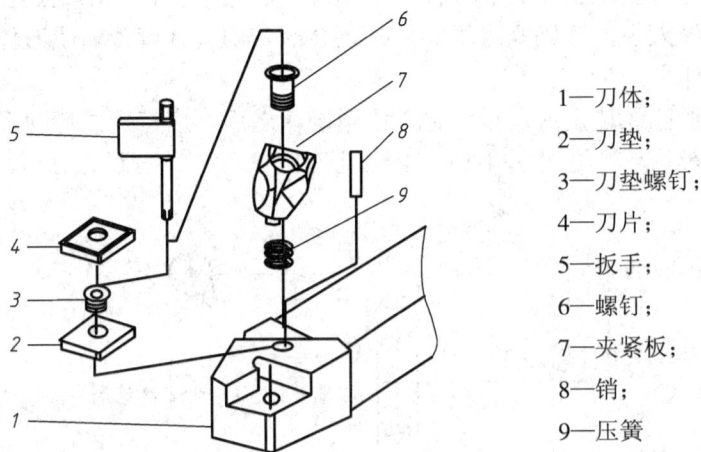

1—刀体；

2—刀垫；

3—刀垫螺钉；

4—刀片；

5—扳手；

6—螺钉；

7—夹紧板；

8—销；

9—压簧

图 4-16   机夹可转位刀片式刀具组成

（1）刀柄部分。对车削加工，车刀刀柄部分的形状和尺寸都已标准化，图 4-17 所示为可转位机夹外圆车刀，图 4-18 所示为可转位机夹内孔车刀。其相关参数可查阅标准化刀具的相关手册。

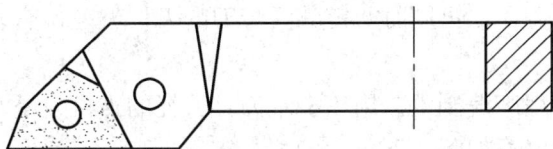

图 4-17　可转位机夹外圆车刀

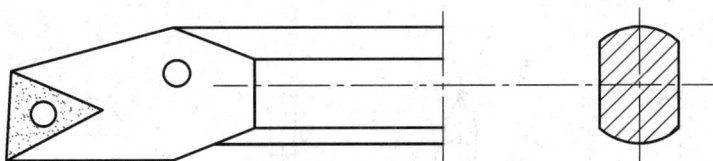

图 4-18　可转位机夹内孔车刀

（2）刀头部分。数控车削中所用刀具的刀头包括多种结构，如可调镗刀头、不重磨刀片等。其中，常用的不重磨刀片已有多种标准形状和系列化的型号(规格)供选用，如图 4-19 所示为部分可转位机夹车刀的不重磨刀片。

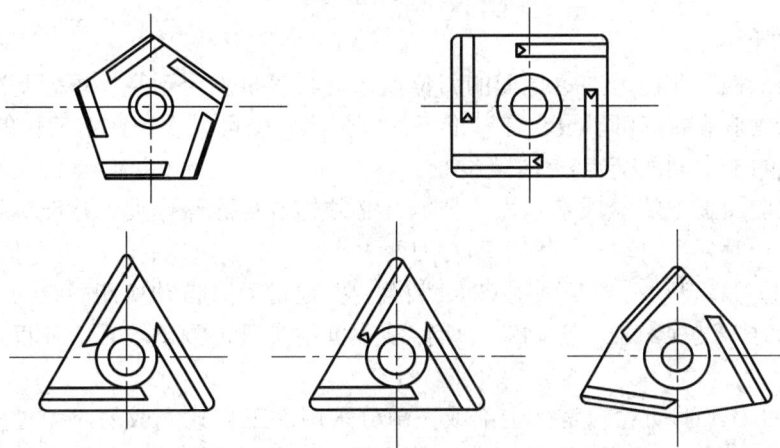

图 4-19　部分可转位机夹车刀的不重磨刀片

4.1.6　数控车床找正与对刀以及输入刀具补偿值操作

1. 找正

在数控车床上加工工件时，首先要装夹、找正工件(或毛坯)。所谓找正就是利用划线工具(如划针、角尺等)使工件(或毛坯)表面处于合适的位置。

数控车床一般使用三爪自动定心卡盘，工件装夹、找正仍需遵循普通车床的要求。对于圆棒料，装夹时工件要水平安放，右手拿工件，左手旋紧卡盘扳手，然后使用校正划针校正工件，经校正后再将工件夹紧，工件找正工作随即完成。

2．对刀

对刀是数控车床加工零件之前，十分重要的工艺准备工作之一。对刀的质量高低将直接影响加工零件的加工精度。

通过对刀或刀具预调，还可同时测定其各号刀的刀位偏差，有利于设定刀具补偿量。

1）刀位点

刀位点是指在加工程序编制中，用以表示刀具特征的点，也是对刀和加工的基准点。各类常见车刀的刀位点如图 4-20 所示。

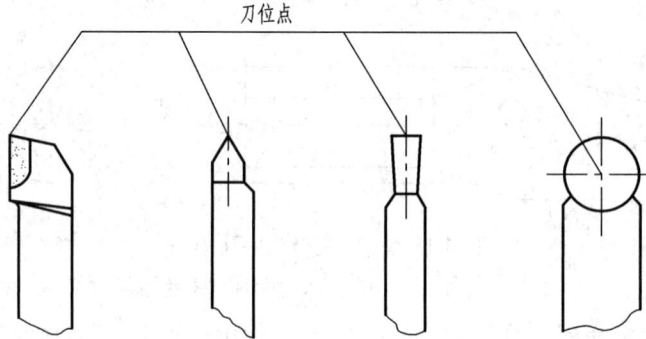

图 4-20　车刀的刀位点

2）对刀的含义

在执行加工程序前，调整每把刀的刀位点，使其尽量重合于某一理想基准点，这一过程称为对刀。理想基准点可以设定在基准刀的刀尖上，也可以设定在对刀仪的定位中心(如光学对刀镜内的十字刻线交点)上。

对刀是数控加工中的一项基本操作技能，必须结合实际操作训练才能掌握其操作方法和技巧。对刀一般分为自动对刀和手动对刀两大类。

(1) 自动对刀。自动对刀是利用 CNC 装置，并通过刀具自动检测系统而实现的一种全自动化的机内对刀过程。由于自动对刀所需装置价格昂贵，测试较难，故仅在高档数控机床中采用。

(2) 手动对刀。手动对刀是指全部或大部分采用手工方式完成的对刀过程。它又分为机外手动对刀和机内手动对刀两种：机外手动对刀可利用钢尺、光学对刀镜及机外对刀仪(或预调仪)等工具进行；机内手动对刀可利用 ATC 等对刀装置或与数控装置中的 CPU 通信功能相配合进行。

目前，手动对刀是许多经济型的数控机床(特别是数控车床)广泛采用的一种方法，按其具体的操作方法不同又可分以下四种。

① 定位对刀法。定位对刀法的实质是按接触式设定基准重合的原理而进行的一种粗定位对刀方法，其定位基准由预设的对刀基准点来体现。对刀时，只要将各号刀的刀位点调整至与对刀基准点重合即可。该方法简便、易行因而得到较广泛的应用，但其对刀精度受到操作者技术熟练程度的影响，一般情况下其精度都不高，还需在试切或加工中进行修正。

② 光学对刀法。这是按非接触式设定基准重合的原理而进行的一种对刀方法，其定位

基准通常由光学显微镜(或投影放大镜)上的十字基准刻线交点来体现。这种对刀方法比定位对刀法的对刀精度高，并且不会损坏刀尖，是一种广泛采用的方法。

③ ATC 对刀法。ATC 对刀法是一种将光学对刀镜与 CNC 组合在一起，从而通过具有自动对刀计算功能的对刀装置(即 ATC 装置)所进行的机内手动对刀方法，也称为半自动对刀法。采用这种方法进行对刀时，需要将由显微镜十字刻线交点体现的对刀基准点调整到机床的固定原点位置上，以便于 CNC 进行计算和处理。

④ 试切对刀法。在以上各种手动对刀方法中，均可能受到手动和目测等多种误差的影响，对刀精度十分有限，往往需要通过试切对刀，以得到更加精确和可靠的结果。

3. CK6141 数控车床的对刀

若用 G50 Xα Zβ 设定工件坐标系，则在执行此程序段之前必须先进行对刀。通过调整机床，将刀尖放在程序所要求的起刀点位置(α，β)上，其方法有两种。

1) 试切对刀

试切对刀操作步骤如下：

(1) 回参考点操作。用 ZRN(回参考点)方式，进行回参考点的操作，建立机床坐标系。此时 CRT 上将显示刀架中心(对刀参考点)在机床坐标系中当前位置的坐标值。

(2) 试切测量。用 MDI 方式操纵机床将工件外圆表面切一刀，然后保持刀具在横向(X 轴方向)上的位置尺寸不变，沿纵向(Z 轴方向)退刀；测量工件试切后的直径 D，即可知道刀尖在 X 轴方向上当前位置的坐标值，并记录 CRT 上显示的刀架中心(对刀参考点)在机床坐标系中 X 轴方向上当前位置的坐标值 X_t。用同样的方法再将工件右端面试切一刀，保持刀具纵向(Z 方向)位置不变，沿横向(X 轴方向)退刀，同样可以测量试切端面至工件原点的距离(长度)尺寸 L，并记录 CRT 上显示的刀架中心(对刀参考点)在机床坐标系中 Z 轴方向上当前位置的坐标值 Z_t。

(3) 计算坐标增量。根据试切后测量的工件直径 D，端面距离长度 L 与程序所要求的起刀点位置(α，β)，算出将刀尖移到起刀点位置所需的 X 轴坐标增量 $\alpha - D$ 与 Z 轴坐标增量 $\beta - L$。

(4) 对刀。根据算出的坐标增量，用手摇脉冲发生器移动刀具，使前面记录的位置坐标值(X_t，Z_t)增加相应的坐标增量，即将刀具移至使 CRT 上显示的刀架中心(对刀参考点)在机床坐标系中的位置坐标值为($X_t + \alpha - D$，$Z_t + \beta - L$)。这样就实现了将刀尖放在程序所要求的起刀点位置(α，β)上。

(5) 建立工件坐标系。若执行程序段为 G50 Xα Zβ，则 CRT 将会立即变为显示当前刀尖在工件坐标系中的位置(α，β)，即数控系统用新建立的工件坐标系取代了前面建立的机床坐标系。

例如，如图 4-21 所示。设以卡爪前端面为工件原点(G50 X250 Z250)，若完成回参考点操作后，经试切，测得工作直径为 ϕ68 mm，试切端面至卡爪前端面的距离尺寸为 127 mm，而 CRT 上显示的位置坐标值为(X285.475，Z301.342)。为了将刀尖调整到起刀点位置(X250，Z250)上，只要将显示的位置 X 坐标增加 250 - 68 = 182，Z 坐标增加 250 - 127 = 123，即将刀具移到使 CRT 上显示的位置为(X467.475，Z424.342)即可。执行加工程序段 G50 X250 Z250，即可建立工件坐标系，并显示刀尖在工件坐标系中的当前位置(X250，Z250)。

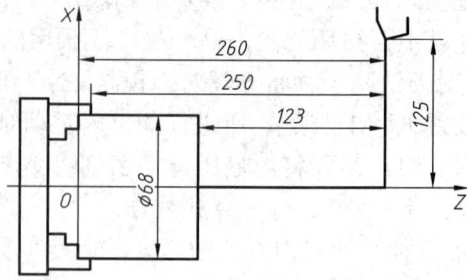

图 4-21　工件坐标系设定

2) 改变参考点位置

通过数控系统参数设定功能或调整机床各坐标轴的机械挡块位置，将参考点设置在与起刀点相对应的对刀参考点上。这样在进行回参考点操作时，即可使刀尖到达起刀点位置。

4. 刀具补偿值的输入操作

为保证加工精度和编程方便，在加工过程中必须进行刀具补偿，每一把刀具的补偿量需要在空运行前输入到数控系统中，以便在程序的运行中进行自动补偿。

为了编程及操作的方便，通常使 T 指令代码中的刀具编号和刀具补偿号相同。如"T1D1"中前面的"1"是刀具编号，后面的"1"表示刀具补偿号。

1) 更换刀具后刀具补偿值的输入

更换刀具时引起刀具位置变化，需要进行刀具的位置补偿。按下面的顺序输入刀具补偿值：

(1) 按下功能键"参数"软键，CRT 屏幕上显示"参数"画面，如图 4-22 所示；

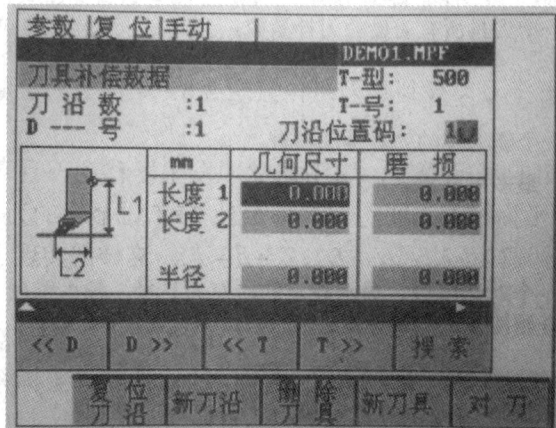

图 4-22　刀具补偿值设定画面

(2) 选择对应刀具号，然后选择"对刀"软键；

(3) 分别输入 X、Z 的补偿值，按下"计算"、"确认"软键。

刀具补偿值输入到数控系统后，刀具运行轨迹便会自动校正。当刀具磨损后需要修改已存储在相应存储器里的刀具补偿值，操作顺序同上，修改后的刀具补偿值替换原刀具补偿值。

2) 刀具补偿值的直接输入

在实际编程时可以不使用 G50 指令设定工件坐标系，而是将任一位置作为加工的起始点，当然该点的设置要保证刀具与卡盘或工件不发生干涉。用试切法确定每一把刀具起始点的坐标值，并将此坐标值作为刀具补偿值输入到相应的存储器内。

4.1.7 数控车床的维护与保养

数控车床使用寿命的长短和故障率发生的高低，不仅取决于机床本身的精度和性能，而且在很大程度上也取决于操作者对它的正确使用和维护。正确地使用机床能防止设备非正常的磨损，避免突发故障的产生；精心地维护机床可以使其处于良好的运行状态，延缓劣化进程，及时发现和消除故障隐患。因此，数控车床的正确使用与精心维护是贯彻设备管理的重要环节。

为了正确合理地使用和操作数控车床，保证数控车床的正常运行，操作者必须仔细阅读数控车床的操作和使用说明书，熟悉数控车床的操作规程。在操作数控车床时，除严格遵守普通车床的安全操作规程外，还应对数控车床这种机电一体化设备倍加注意。

1. 数控车床操作的注意事项

(1) 开机前操作者必须检查液压卡盘的夹持方向是否正确，润滑装置上油标的液面位置是否符合要求，切削液面是否高出水泵吸入口。

(2) 开机、关机操作应按照机床使用说明书的规定进行。

(3) 机床在掉电后，重新接通电源开关或在解除急停状态、超程报警信号后，必须进行返回参考点操作。

(4) 主轴启动开始切削前，必须关闭防护门，程序正常运行过程中严禁开启防护门。

(5) 正常加工运行时不得开启电气箱门，禁止使用急停、复位操作。

(6) 编程时要仔细计算换刀点、Z 轴负向等坐标，防止加工中刀具与卡盘或工件碰撞，造成机床损坏。

2. 数控车床的维护与保养

对数控车床进行日常的维护和保养，其目的就是延长机械部件的磨损周期，增加器件的使用寿命，保证车床长时间稳定可靠地运行。下面介绍一些共性的保养与维护方法。

1) 润滑系统

操作者应熟悉数控车床需润滑的部位、润滑方式、润滑时间和润滑材料；定时、定期对车床的油路进行检查，确保油路的畅通及供油器件正常工作。制定严格的规章制度，定时定期安排专职人员加油，建立岗位责任制。

2) 传动系统

定期检查主轴的径向跳动和轴向窜动以及主轴箱内齿轮和轴承的情况；检查 X 向和 Z 向的丝杠间隙，当间隙值超出规定值时应及时调整，同时清理丝杠上的杂物，保证丝杠始终处于良好的润滑状态；要注意检查并及时调整主轴皮带，同步齿形带的松紧，防止皮带打滑。注意传动系统发出的异声，若有异常现象应及时检查并排除故障。

3) 数控系统

定期检查接插件的松紧情况，有无氧化和虚焊现象；注意冷却风扇运转是否正常，线路保护器以及所有的熔丝是否完好；CRT/MDI 面板的按键是否正常。同时要充分注意检查电网电压的波动情况，当电网电压超出额定值的+10%～−15%时，轻则使数控系统不能稳定工作，重则会造成重要电子元件损坏。所以，对于电网质量比较恶劣的地区，应及时配置数控系统专用的交流稳压电源装置，并注意定期清扫控制箱内的灰尘。

4）电气系统

定期检查连接线有无松动、破损，隔离线和电缆线的接地是否良好，清洁电器箱里的杂物和灰尘；定期检查超程限位功能和机床的机械零点。

5）防护系统

定期检查机床的安全防护功能，保障操作员的人身安全；注意冷却液的泄漏，避免各个部位的防护罩有水进入数控系统和电机；检查防尘密封件有无破损，防止尘埃进入而引起短路。

数控车床的日常维护要做到"定时、定期"，贵在坚持。应该责任到人，定岗位、定制度，日常检查和生产检查双管齐下，保障数控车床的正常运转。

3. 数控车床常见故障及排除

数控车床是一种技术复杂的机电一体化机床，其故障发生的原因一般都比较复杂。为了便于分析和处理故障，现根据数控车床发生故障的部件不同，将其分为两大类。

1）主机故障

主机故障发生在数控车床的主机部分，主要包括机械、润滑、冷却、排屑、液压、气动与防护装置。常见的主机故障有因机械安装、调试及操作使用不当等原因引起的机械传动故障以及导轨运动摩擦过大故障。故障表现为传动噪声大，运行阻力大，加工精度低等。轴向传动链的挠性联轴器松动，齿轮、丝杠与轴承缺油，导轨塞铁调整不当，导轨润滑不良以及系统参数设置不当等原因均可造成以上故障。另外，液压、润滑与气动系统的故障现象主要表现为管路阻塞和密封不良。当主机出现故障时，若故障属操作者正常维护的范围，则由操作者自行解决；若故障较严重，则需请专业维修人员维修。

2）电气故障

电气故障分弱电故障与强电故障。弱电部分主要指 CNC 装置、PLC 控制器、CRT 显示器以及伺服单元、输入/输出装置等电子电路，这部分又可分为硬件故障与软件故障。硬件故障主要是指上述各装置的印刷电路板上的集成电路芯片、分立元件、接插件以及外部连接组件等发生的故障。常见的软件故障有加工程序出错、系统程序和参数的改变或丢失、计算机的运算出错等。强电部分是指继电器、接触器、开关、熔断器、电源变压器、电动机、电磁铁、行程开关等电气元器件及其组成的电路。

(1) 机床主体上的电气故障。这部分的故障首先根据机床自诊断功能的报警号提示，调阅梯形图或 I/O 接口信号状态，按照机床维修说明书所提供的图纸、资料、排故流程图、调整方法并结合个人的经验检查故障。例如各运动轴正向或反向的硬件超程。这类故障多是由于机床超程运动压上硬件限位开关所引起。一般通过参阅机床及控制系统的维修说明书，手动方式以报警方向的反方向运动而予以解除。按动"RESET"按钮，故障报警显示被清除。

(2) 伺服放大及检测部分故障。这部分的故障可利用计算机自诊断功能的报警号，计算机及伺服放大驱动板上的各信息状态指示灯、故障报警指示灯，参阅有关维修说明书上介绍的关键测试点的波形、电压值，通过计算机、伺服放大板上有关参数的设定，短路销的设置及相关电位器的调整，功能兼容板或备板的替换等方法来解决。

(3) 计算机部分故障。这部分的故障主要利用计算机自诊断功能报警号，计算机各板的信息状态指示灯，各关键测试点的波形、电压值，通过参考计算机控制系统维修手册、电气图册对各有关电位器的调整，各短路销的设置，有关机床参数值的设定，专用诊断元件等加以排除。用户在购买数控车床时应充分注意这些技术性软件，制造厂商应把一些常用、必备的软件诊断技术传授给用户。

(4) 交流主轴控制系统故障。交流主轴控制系统发生故障时，应首先了解是否有过不符合操作规程的意外操作，电源电压是否出现过瞬间异常，电路是否有断路器跳闸、熔丝断开等情况。若没有上述问题，再确认是属于有报警显示类故障，还是无报警显示类故障。并根据情况的不同，分别予以处理。

4.2 数控车削的工艺分析

4.2.1 轴类零件工艺分析

1. 工艺分析

1) 结构特点

轴类零件是机器中的常见零件，也是重要的零件，其主要功用是支撑传动零部件(如齿轮、带轮等)、传递扭矩和承受载荷。按结构形式不同，轴可以分为阶梯轴、锥度心轴、光轴、空心轴、曲轴、凸轮轴、偏心轴、丝杠等。轴类零件是旋转体零件，其长度大于直径，一般由同心轴的外圆柱面、圆锥面、内孔和螺纹及相应的端面所组成。轴的长径比小于 5 的称为短轴，大于 20 的称为细长轴，大多数轴介于两者之间。

2) 材料、毛坯、热处理

(1) 轴类零件的材料。一般轴类零件常用 45 钢；对于中等精度而转速较高的轴类零件，可选用 40Cr 等合金结构钢或 GCr15 轴承钢；对于高转速、重载荷等条件下工作的轴，可选用 20CrMnTi、20Cr 等低碳合金钢。

(2) 轴类零件的毛坯。轴类零件的毛坯有棒料、锻件和铸件三种。光轴和直径相差不大的阶梯轴毛坯一般以棒料为主。而对于外圆直径相差大的阶梯轴或重要的轴，常选用锻件，这样既节约材料又减少机械加工的工作量，还可改善力学性能。结构复杂的大型轴类零件(如曲轴)可采用铸件毛坯。根据生产规模的不同，毛坯的锻造方式有自由锻和模锻两种。中小批量生产多采用自由锻，大批大量生产时采用模锻。

(3) 轴类零件的热处理。45 钢经过调质后，可得到较好的切削性能，而且能获得较高的强度和韧性等综合机械性能，淬火后表面硬度可达 45～52HRC。40Cr 等合金结构钢经调质和淬火后，具有较好的综合机械性能。轴承钢 GCr15 经调质和表面高频淬火后，表面硬度可达 50～58HRC，并具有较高的耐疲劳性能和较好的耐磨性能，可制造较高精度的轴。

锻造毛坯在加工前，均需安排正火或退火处理，使钢材内部晶粒细化，消除锻造应力，降低材料硬度，改善切削加工性能。调质一般安排在粗车之后、半精车之前，以获得良好的物理力学性能。表面淬火一般安排在精加工之前，这样可以纠正因淬火引起的局部变形。精度要求高的轴，在局部淬火或粗磨之后，还需进行低温时效处理。

3) 轴类零件的主要技术要求

(1) 轴颈尺寸精度和几何形状精度。主要轴颈的尺寸精度根据使用要求通常为 IT6～IT9，特别重要的轴颈也可为 IT5；轴颈的几何形状精度(圆度、圆柱度)，应限制在轴颈直径公差范围之内。对精度要求较高的内外圆表面，应在图纸上标注其允许偏差。

(2) 轴颈各表面之间的位置精度。配合轴颈(如装配齿轮、皮带轮等)对于支承轴颈(装配轴承)的同轴度，是轴类零件位置精度的普遍要求。轴类零件的位置精度要求主要是由轴在机械中的位置和功用决定的。通常应保证装配传动件的轴颈对支承轴颈的同轴度要求，否则会影响传动件(齿轮等)的传动精度，并产生噪声。普通精度的轴，其配合轴段对支承轴颈的径向跳动一般为 0.01～0.03 mm，高精度轴(如主轴)通常为 0.001～0.005 mm。

(3) 表面粗糙度。支承轴颈表面粗糙度较低，其 Ra 值为 0.4～0.1 μm；配合轴颈表面粗糙度较高，其 Ra 值为 1.6～0.4 μm。

2．定位装夹

轴类零件的定位装夹方式主要有以下三种：

1) 两中心孔定位装夹

一般以重要的外圆面作为粗基准定位，加工出中心孔，再以轴两端的中心孔为定位精基准；尽可能做到基准统一、基准重合、互为基准，并实现一次安装加工多个表面。中心孔是工件加工统一的定位基准和检验基准，它自身质量非常重要，其准备工作也相对复杂，常常以支承轴颈定位，车(钻)中心锥孔；再以中心孔定位，精车外圆；以外圆定位，粗磨锥孔；以中心孔定位，精磨外圆；最后以支承轴颈外圆定位，精磨(刮研或研磨)锥孔，使锥孔的各项精度达到要求。

2) 外圆表面定位装夹

对于空心轴或短小轴等不可能用中心孔定位的情况，可用轴的外圆面定位、夹紧并传递扭矩。一般采用三爪卡盘、四爪卡盘等通用夹具，或各种高精度的自动定心专用夹具，如液性塑料薄壁定心夹具、膜片卡盘等。

3) 各种堵头或拉杆心轴定位装夹

加工空心轴的外圆表面时，常用带中心孔的各种堵头或拉杆心轴来安装工件。小锥孔时常用堵头，大锥孔时常用带堵头的拉杆心轴。

3．工艺特点及工艺过程

1) 工艺特点

轴类零件中工艺规程的制订，直接关系到工件质量、劳动生产率和经济效益。一个零件可以有几种不同的加工方法，但只有某一种较合理，在制订机械加工工艺规程中，需注意以下几点：

(1) 在零件图工艺分析中，需理解零件结构特点、精度、材质、热处理等技术要求，且要研究产品装配图、部件装配图及验收标准。

(2) 渗碳件加工工艺路线一般为：下料→锻造→正火→粗加工→半精加工→渗碳→去碳加工(对不需提高硬度部分)→淬火→车螺纹、钻孔或铣槽→粗磨→低温时效→半精磨→低温时效→精磨。

(3) 粗基准选择：有非加工表面，应选非加工表面作为粗基准。对所有表面都需加工的铸件轴，根据加工余量最小表面找正，且选择平整光滑表面，避开浇口处。选牢固可靠表面为粗基准，同时，粗基准不可重复使用。

(4) 精基准选择：要符合基准重合原则，尽可能选设计基准或装配基准作为基准。符合基准统一原则，尽可能在多数工序中用同一个定位基准，尽可能使定位基准与测量基准重合。选择精度高、安装稳定可靠表面为精基准。

2) 工艺顺序的确定

(1) 先粗后精。对粗、精加工在一道工序内进行的，先对各表面进行粗加工，全部粗加工结束后再进行半精加工和精加工，逐步提高加工精度。各个表面的加工顺序按照粗加工→半精加工→精加工→光整加工的顺序依次进行。

(2) 先近后远加工，减少空行程时间。这里所说的远与近，是按加工部位相对于对刀点(起刀点)的距离远近而言的。在一般情况下，离对刀点远的部位后加工，以缩短刀具移动距离，减少空行程时间。对于车削加工，先近后远有利于保持毛坯件或半成品件的刚性，改善其切削条件。

(3) 保证工件加工刚度原则。在一道工序中进行的多工步加工，应先安排对工件刚性破坏较小的工步，后安排对工件刚性破坏较大的工步，以保证工件加工时的刚度要求。

(4) 同一把刀能加工内容连续加工原则。此原则的含义是用同一把刀把能加工的内容连续加工出来，以减少换刀次数，缩短刀具移动距离。特别是精加工同一表面一定要连续切削。该原则与先粗后精原则有时相矛盾，能否选用以能否满足加工精度要求为准。

(5) 基面先行原则。用作精基准的表面应优先加工出来，因为定位基准的表面越精确，装夹误差就越小。

3) 工艺过程

定位精基准面中心孔应在粗加工之前加工，在调质之后和磨削之前各安排一次修研中心孔的工序。调质之后修研中心孔是为消除中心孔的热处理变形和氧化皮，磨削之前修研中心孔是为提高定位精基准面的精度和减小锥面的表面粗糙度值。拟定轴的工艺过程时，在考虑主要表面加工的同时，还要考虑次要表面的加工。在半精加工外圆时，应车到图样规定的尺寸，同时加工出各退刀槽、倒角和螺纹；键槽应在半精车后磨削之前铣削加工出来，这样可保证铣键槽时有较精确的定位基准，又可避免在精磨后铣键槽时破坏已精加工的外圆表面。在拟定工艺过程时，应考虑检验工序的安排、检查项目及检验方法的确定。

4) 进给路线的确定

进给路线的主要原则如下：

(1) 首先按已定工步顺序确定各表面加工路线的顺序；

(2) 所定进给路线应能保证工件轮廓表面加工后的精度和粗糙度要求；

(3) 寻求最短加工路线(包括空行程路线和切削路线)，减少行走时间以提高加工效率；

(4) 要选择工件加工时变形小的路线，对横截面积小的细长零件或薄壁零件应采用分次走刀加工到最后尺寸或对称去余量法安排进给路线。

4.2.2　套类零件工艺分析

1. 工艺分析

1) 结构特点

套类零件主要是作为旋转或固定轴类零件的支承，承受轴的径向力。例如，车床光杆、丝杆的两端支架的衬套、滑移齿轮的衬套等。套类零件内表面比外表面的加工困难得多，因为孔加工是在零件内部进行的，切削情况不易直接用眼睛观察，切屑不容易排出，如果工件壁较薄时，加工中零件容易产生变形，内孔的测量比外圆也要困难些。一般的套类零件是由外圆、内孔、端面及阶台孔、内螺纹、沟槽等组成的。

2) 材料、热处理、毛坯

(1) 套类零件的材料。45 钢是套类零件常用的材料。如零件受力不大、结构复杂或以承压为主的零件，通常采用灰铸铁件；单件生产时，也可采用低碳钢焊接件；厚度较小或小批量生产时，也可用钢板；锻造比较困难，可用铸钢或球墨铸铁件。

(2) 套类零件的热处理。锻造毛坯后，模锻件的表层有硬皮，会加速刀具磨损和钝化，为改善切削加工性，模锻后对毛坯进行退火处理，软化硬皮；零件的终处理为淬火，由于零件壁厚小，易变形，加之零件加工精度要求高，为尽量控制淬火变形，在零件粗加工后安排调质处理作预处理。

(3) 套类零件的毛坯。套类零件的毛坯主要根据零件材料、形状结构、尺寸大小及生产批量等因素来选。孔径较小时，可选棒料，也可采用实心铸件；孔径较大时，可选用带预孔的铸件或锻件，壁厚较小且较均匀时，还可选用管料。当生产批量较大时，还可采用冷挤压和粉末冶金等先进毛坯制造工艺，可在提高毛坯精度的基础上提高生产率，节约材料。

3) 套类零件的主要技术要求

套类零件是以尺寸精度和表面粗糙度为主，而形状和位置精度，是根据零件的用途来确定的。

(1) 尺寸精度：套类零件的各部分尺寸按用途不同应达到各自的一定精度。对于作为轴承和与其他零件配合的孔，它的精度要求高，一般要 IT7、IT8 左右，甚至更高些，至于液压系统的滑阀孔，则要求 IT6 级公差或更高些。类似减轻重量和紧固用途的孔，其要求不高，一般在 IT10～IT13 级精度以下。

(2) 形状精度：是指套类零件的外圆表面、内圆表面的圆度、圆柱度以及端面的平面度等要求。

(3) 位置精度：是指套类零件的各表面之间相互位置精度，如径向圆跳动、端面圆跳动、同轴度、垂直度等。内外圆之间的轴度一般为 0.01～0.05 mm，孔轴线与端面的垂直度一般取 0.02～0.05 mm。

(4) 表面精度：一般要求内孔的粗糙度 Ra 为 3.2～0.8 μm，要求高的孔达到 0.05 μm 以上。套类零件的各工作表面应达到设计要求的粗糙度值。

2. 定位装夹

套类零件的主要定位基准应为内外圆中心。外圆表面与内孔中心有较高同轴度要求，加工中常互为基准反复加工保证图纸要求。

零件以外圆定位时，可直接采用三爪卡盘安装；当壁厚较小时，直接采用三爪卡盘装夹会引起工件变形，可通过径向夹紧、软爪安装、采用刚性开口环夹紧或适当增大卡爪面积等方法解决；当外圆轴向尺寸较小时，可与已加工过的端面组合定位，如采用反爪安装，工件较长时，可采用"一夹一托"法安装。

零件以内孔定位时，可采用心轴安装(圆柱心轴、可胀式心轴)；当零件的内、外圆同轴度要求较高时，可采用小锥度心轴和液塑心轴安装。当工件较长时，可在两端孔口各加工出一小段60°锥面，用两个圆锥对顶定位。

当零件的尺寸较小时，尽量在一次安装下加工出较多表面，既减小装夹次数及装夹误差，也容易获得较高的位置精度。

零件也可根据工件具体的结构形状及加工要求设计专用夹具安装。

3. 工艺特点及工艺过程

1) 工艺特点

套类零件的主要表面为内孔。内孔加工方法很多，孔的精度、光度要求不高时，可采用扩孔、车孔、镗孔等；精度要求较高时，尺寸较小的可采用铰孔，尺寸较大的可采用磨孔、珩孔、滚压孔；生产批量较大时，可采用拉孔；有较高表面贴合要求时，采用研磨孔；加工有色金属等软材料时，采用精镗。

2) 工艺过程

与轴加工相比，套类零件的工艺过程的不同主要体现在安装方式，随着零件组成表面的变化，牵涉的加工方法亦会有所不同。典型工艺过程：备坯→去应力处理→基准面加工→孔粗加工→外圆粗加工→热处理→孔半精加工→外圆等半精加工→其他非回转面加工→去毛刺→中检→零件最终热处理→精加工孔→精加工外圆等→清洗→终检。

4.3　数控车削基本编程指令

4.3.1　数控系统的功能

1. 数控编程指令功能简介

1) 准备功能(G功能)代码

准备功能也称G功能或G代码，它是使机床或数控系统建立起某种加工方式的指令。G代码由字母G和后面的两位数字组成，从G00～G99共100种。

G代码分为模态代码(又称续效代码)和非模态代码。模态代码表示该代码一经在一个程序段中指定，直到出现同组的另一个G代码时才失效。非模态代码，只在写有该代码的程序段中有效。

2) 辅助功能(M功能)代码

辅助功能也称为M功能。M功能的作用在于控制机床或者系统的辅助功能动作，例如冷却泵的开、关，主轴的正、反转，程序的结束等。辅助功能用字母M及后面两位数字组成。从 M00～M99 共 100 个。

3) 进给功能(F 功能)代码

进给功能也称为 F 功能，用 F 功能可以直接指定坐标轴移动的进给速度。一般有两种表示方法：

(1) 代码法。即 F 后面跟两位数字，表示机床进给量数列的序号，它不直接表示进给速度的大小。

(2) 直接代码法。F 后面的数字就是进给速度的大小，用字母 F 与其后的 4 位整数和 3 位小数表示。例如 F300 表示刀具的进给速度为 300 mm/min。

F 代码为续效代码，一经设定后，在未被重新指定前，则先前所设定的进给速度持续有效。

4) 主轴功能(S 功能)代码

主轴功能也称主轴转速功能或 S 功能，用来指定主轴的转速，用字母 S 和其后的 1～4 位数字表示。S 功能的单位是 r/min。在编程时， S 功能代码只是设定主轴转速的大小，并不会使主轴反转，必须用 M 指令指定正、反转时，主轴才开始转动。

5) 刀具功能(T 功能)代码

刀具功能也称 T 功能，用来进行刀具的选择。刀具功能用字母 T 及后面的数字表示。程序中 T 代码的数值直接表示选择的刀具号码。例如 T10B 表示 10 号刀。在数控车床中的 T 代码后面的数字即包含所选刀具号，也包含刀具补偿号，例如 T0402 表示选择 4 号刀，调用 2 号刀具补偿参数进行刀具长度和半径的补偿。

由于不同的数控系统有着不同的指令方法和含义，具体应用时应该参照数控机床的编程说明书。

2. 数控车削加工程序

下面是一个完整的数控车削加工程序(SIEMENS 802S 数控系统)：

```
%
SK12.MPF(程序号)
T1D1
M44 M03S800
G0X50Z5
Z0
G1X-0.5F0.15
G0Z5
X45
M03S600
_CNAME="L01"
R105=1.000 R106=0.400
R108=2.000 R109=0.000
R110=0.500 R111=0.200
R112=0.100
```

LCYC95

M03S1200

R105=5R106=0

LCYC95

T1D0

M05

M30

在上述数控程序中，编制程序控制数控车床进行加工的顺序为：程序段号(指明加工动作顺序的先后)→设定机床主轴转速→设定机床主轴旋转方向→启动机床主轴→设定加工刀具→工件坐标系设定→从起始点先沿垂直方向(Z 向)快速接近被加工工件→设定进行加工的平面→设定切削加工的运行速度→指定加工运行轨迹的类型→给定加工运行轨迹的参数(加工运行轨迹的类型与参数即为加工内容)→……→返回到换刀点→换刀→继续进行加工，直至加工完毕→……→返回到起始点→换为加工开始时的第一把刀具→关闭机床主轴→程序结束。

程序号。程序号即为程序的开始部分，为了区别存储器中的程序，每个程序都要有程序编号，在编号前采用程序编号地址码。如在 SIEMENS 数控系统中，一般采用英文字母作为程序编号地址。

程序的内容由若干个程序段组成，程序段由若干字组成，每个字由字母和数字组成，由表示地址的英语字母、特殊文字和数字集合而成。程序段格式是指一个程序段中字、字符、数据的书写规则，最常采用的为字—地址程序段格式。

字—地址程序段格式是由语句号字、数据字和程序段结束组成。各字前有地址，各字的排列顺序要求不严格，数据的位数可多可少，不需要的字以及与上一程序段相同的续效字可以不写。该格式在目前广泛使用。字—地址程序段格式的编排格式如下：

N---G---X---Y--Z---I--J---K---P---Q---R---A---B---C---F---S---T---M---

上述程序段中的各种指令并非在加工程序中每个程序段中都必须具有，而是根据各程序段中的具体内容来编写相应的指令。

4.3.2　数控车床的编程

1. 加工坐标系

加工坐标系应与机床坐标系的坐标方向一致，X 轴对应工件径向，Z 轴对应工件轴向，C 轴(主轴)的运动方向，则以从机床尾架向主轴看，逆时针为+C 向，顺时针为 –C 向。

加工坐标系的原点选择在便于测量或对刀的基准位置，一般设置在工件的右端面或左端面上。

2. 直径编程方式

在数控车削加工的程序编制中，X 轴的坐标值取零件图中的直径值。采用直径尺寸编程与零件图中的尺寸标注一致。这样可以避免尺寸换算过程中造成的错误，给编程带来很大方便。

3．进刀和退刀

对于车削加工，进刀时采用快速走刀接近工件切削起点附近的某个点后，再改用切削进给，以减少空走刀的时间，提高加工效率。切削起点的确定与工件毛坯的余量大小有关，应该以刀具快速运行到该点时刀尖不与工件发生碰撞为原则。

4.3.3　数控车床加工指令

1．加工准备指令

(1) S××——主轴转速

书写格式：S＿＿＿

说明：

① 用来指定主轴的转速，用字母 S 和其后的 1～4 位数字表示。

② S 功能的单位是 r/min。在编程时，除用 S 代码指令指定主轴转速外，还要用 M 代码指令指定主轴转向，是顺时针还是逆时针。

③ 在具有恒线速功能的机床上，S 功能指令如下使用：

最高转速限制。书写格式：G96　S＿＿＿＿。单位为 r/min。

恒线速控制。书写格式：G94　S＿＿＿＿。单位为 m/min。

恒线速取消。书写格式：G93　S＿＿＿＿。S 后的数字表示恒线速取消后的主轴转速。

(2) M03——主轴顺时针旋转

(3) M04——主轴逆时针旋转

(4) M05——主轴停止旋转

(5) M08——打开切削液

(6) M09——关闭切削液

(7) M30——程序结束

(8) G71(G70)——米制和英制单位选择

(9) G00——快速定位

书写格式：G00　X(U)＿＿＿　Z(W)＿＿＿

2．基本加工类指令

1) G01——直线插补

书定格式：G01　X(U)＿＿＿　Z(W)＿＿＿F＿＿＿

2) G02、G03——圆弧插补

书写格式：G02　X(U)＿＿＿　Z(W)＿＿＿　CR=＿＿＿F＿＿＿

　　　　　　　G03　X(U)＿＿＿　Z(W)＿＿＿　CR=＿＿＿F＿＿＿

3) 毛坯切削循环(LCYC95)

书写格式：R105 = R106 = R108 = R109 = R110 = R111 = R112 = ；

　　　　　　LCYC95；

3．循环加工类指令

1) 螺纹切削循环(LCYC97)

书写格式：R100 = R101 = R102 = R103 = R104 = R105 = R106 =

R109 = R110 = R111 = R112 = R113 = R114 = ;

LCYC97;

2) 割槽切削循环(LCYC93)

书写格式：R100 = R101 = R105 = R106 = R107 = R108 = R114 =

R115 = R116 = R117 = R118 = R119 = ;

LCYC93;

4．刀具参数补偿指令

1) 刀具补偿功能

(1) 刀具的几何、磨损补偿。刀具的补偿功能由程序中指定的 T 代码＋D 补偿代码来实现。T 代码和 D 代码后面各跟 2 位数码组成。其中前两位为刀具号，后两位为刀具补偿号。

(2) 刀尖半径补偿。加工中当系统执行到含有 T 代码的程序段时，是否对刀具进行半径补偿，取决于 G40、G41、G42 指令。

G40：取消刀具半径补偿。刀尖运动轨迹与编程轨迹一致。

G41：刀具半径左补偿。沿进给方向看，刀尖位置在编程轨迹的左边。

G42：刀具半径右补偿。沿进给方向看，刀尖位置在编程轨迹的右边。

2) 使用刀尖半径补偿的注意事项

在使用 G41、G42 指令之后的程序段，不能出现连续两个或两个以上的不移动指令，否则 G41、G42 指令会失效。

3) 刀尖半径补偿功能

G41、G42、G40 三个指令是选择功能。如果系统没有这三个功能，就要用计算的方法来完成刀尖半径的补偿。

(1) 按假想刀尖编程加工锥面

(2) 按假想刀尖编程加工圆弧

(3) 按刀尖圆弧中心轨迹编程

5．子程序指令

在程序中，当某一部分程序反复出现(例如工件上相同的切削路线需要重复)时，可以把这类程序作为子程序，并事先存储起来，使程序简化。

1) 调用子程序(M98)

书写格式：子程序名____P(调用次数)____

2) 子程序的格式

L01.SPF

G0X0

Z0

G03X16Z-8 CR=8 F0.05

G01Z-16

X26Z-24

X22Z-44

```
G02X28Z-52 CR=8

G1Z-65

G0X46

M02
```

其中，M02 指令为子程序结束并返回主程序 M98 P____L____的下一个程序段，继续执行主程序。

4.4　5S 安全生产管理

数控车床 5S 安全生产管理规程如下：

(1) 工作时要穿好工作服、安全鞋，戴好工作帽及防护镜，严禁戴手套操作机床。

(2) 不要移动或损坏安装在机床上的警告标牌。

(3) 不要在机床周围放置障碍物，工作空间应足够大。

(4) 某一项工作如需要两人或多人共同完成时，应注意相互间的协调一致。

(5) 不允许采用压缩空气清洗机床、电气柜及 NC 单元。

(6) 任何人员违反上述规定或学院的规章制度，实习指导人员或设备管理员有权停止其使用、操作机床，并根据情节轻重，报学院相关部门处理。

(7) 机床工作开始工作前要有预热，认真检查润滑系统工作是否正常，如机床长时间未开动，可先采用手动方式向各部分供油润滑。

(8) 使用的刀具应与机床允许的规格相符，有严重破损的刀具要及时更换。

(9) 调整刀具所用工具不要遗忘在机床内。

(10) 检查大尺寸轴类零件的中心孔是否合适，以免发生危险。

(11) 刀具安装好后应进行一、二次试切削。

(12) 认真检查卡盘夹紧的工作状态。

(13) 机床开动前，必须关好机床防护门。

(14) 禁止用手接触刀尖和铁屑，铁屑必须要用铁钩子或毛刷来清理。

(15) 禁止用手或其他任何方式接触正在旋转的主轴、工件或其他运动部位。

(16) 禁止在加工过程中测量、变速，更不能用棉丝擦拭工件、也不能清扫机床。

(17) 车床运转中，操作者不得离开岗位，机床发现异常现象立即停车。

(18) 经常检查轴承温度，过高时应找有关人员进行检查。

(19) 在加工过程中，不允许打开机床防护门。

(20) 严格遵守岗位责任制，机床由专人使用，未经同意不得擅自使用。

(21) 工件伸出车床 100 mm 以外时，须在伸出位置设防护物。

(22) 禁止进行尝试性操作。

(23) 手动回归原点时，注意机床各轴位置要距离原点 −100 mm 以上，机床回归原点顺序为：首先 +X 轴，其次 +Z 轴。

(24) 使用手轮或快速移动方式移动各轴位置时，一定要看清机床 X、Z 轴各方向 "＋、－" 号标牌后再移动。移动时先慢转手轮观察机床移动方向无误后方可加快移动速度。

(25) 编完程序或将程序输入机床后，须先进行图形模拟，准确无误后再进行机床试运行，并且刀具应离开工件端面 200 mm 以上。

(26) 程序运行注意事项：

① 对刀应准确无误，刀具补偿号应与程序调用刀具号符合。

② 检查机床各功能按键的位置是否正确。

③ 光标要放在主程序头。

④ 加注适量冷却液。

⑤ 操作者站立位置应合适，启动程序时，右手做按停止按钮准备，程序在运行当中手不能离开停止按钮，如有紧急情况立即按下停止按钮。

⑥ 加工过程中认真观察切削及冷却状况，确保机床、刀具的正常运行及工件的质量，并关闭防护门以免铁屑、润滑油飞出。

⑦ 在程序运行中需测量工件尺寸时，要待机床完全停止、主轴停转后方可进行测量，以免发生人身事故。

(27) 关机时，要等主轴停转 3 分钟后方可关机。

(28) 未经许可禁止打开电气箱。

(29) 各手动润滑点必须按说明书要求润滑。

(30) 修改程序的钥匙在程序调整完后要立即拔出，不得插在机床上，以免无意改动程序。

(31) 使用机床时，每日必须使用切削液循环 0.5 小时，冬天时间可稍短一些，切削液要定期更换，一般在 1、2 个月之间。

(32) 机床若数天不使用，则每隔一天应对 NC 及 CRT 部分通电 2、3 小时。

(33) 清除切屑、擦拭机床，使机床与环境保持清洁状态。

(34) 注意检查或更换磨损的机床导轨上的油擦板。

(35) 检查润滑油、冷却液的状态，及时添加或更换，依次关掉机床操作面板上的电源和总电源。

4.5　车削类零件数控工艺与加工实践

任务一：螺杆的数控工艺与加工实践(项目一零件)

现需要进行精加工如图 4-23 所示零件(内螺纹和定位销孔已加工)，毛坯为 $\phi 25$ mm × 90 mm 棒材，材料为 45 钢。

1. 螺杆的数控工艺与数控编程

1) 螺杆零件的数控工艺分析

(1) 零件的结构工艺性分析。由图 4-23 可知，螺杆由圆柱面、沟槽和螺纹等部分组成。该零件重要的径向加工部位 $\phi 10h9$ 外圆的加工精度和表面质量要求较高，其他部位都是自由公差。包括 M12 三角形外螺纹的其余表面粗糙度均为 $Ra = 3.2$ μm)。零件符合数控加工尺寸标注要求，轮廓描述清楚完整，零件材料为 45 钢，毛坯为 $\phi 25$ mm × 90 mm。

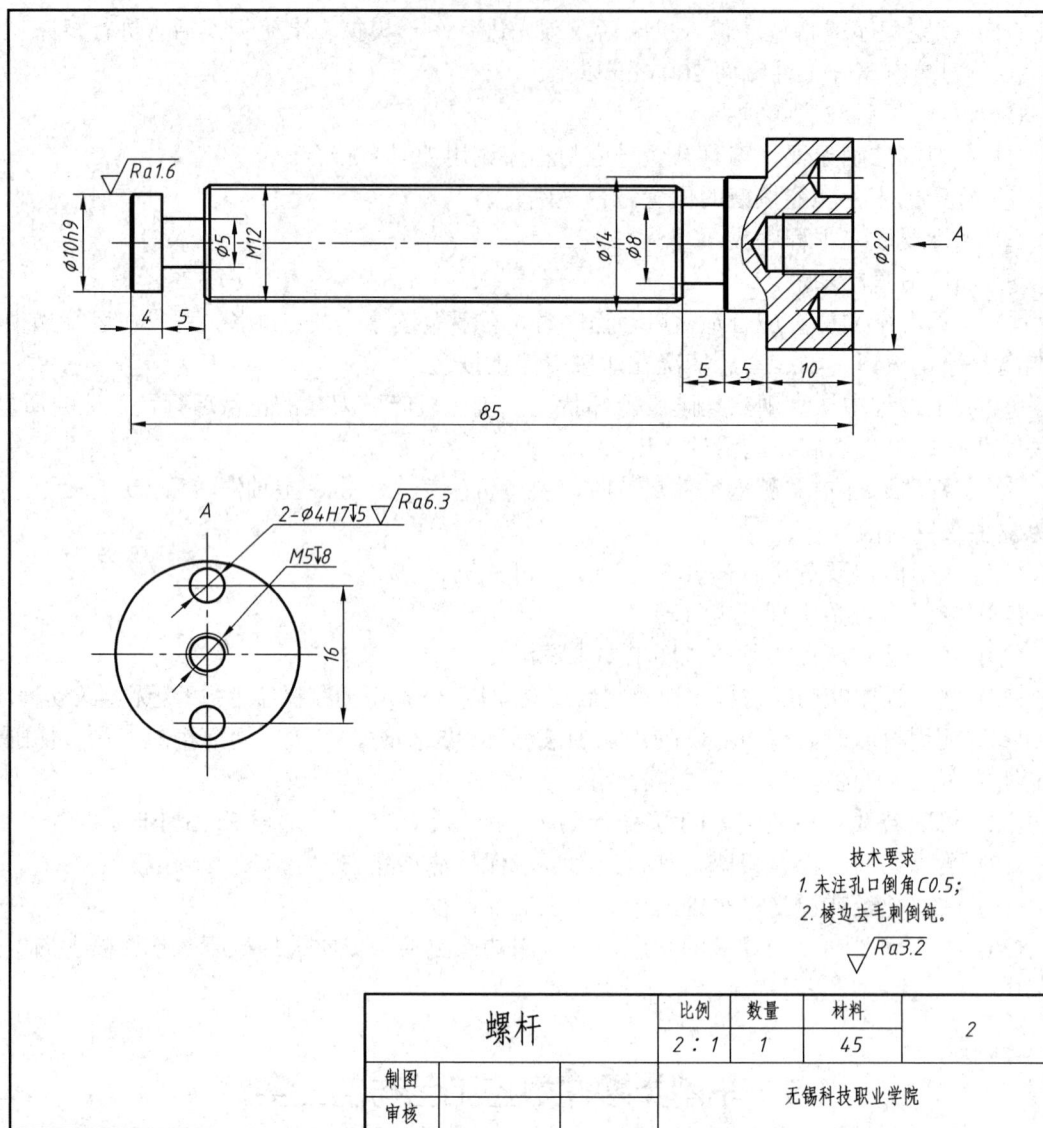

图 4-23　螺杆

(2) 零件技术要求分析。小批量生产条件编程，不准用砂布和锉刀修饰外圆面，未注公差尺寸按 GB1804—M，未注表面粗糙度部分按 $Ra3.2$，毛坯尺寸 $\phi25$ mm × 90 mm。

分析图纸可知，此零件除对 $\phi10h9$ 外圆面的公差要求高，其余部位都是自由公差。为保证零件质量，采用以下加工方案：

① 对图样上给定的 $\phi10h9$ 精度要求高的尺寸，编程时采用中间值。

② 零件应尽量一次装夹完成加工以保证未注形位公差要求。

③ 零件的外轮廓表面的粗糙度要求可采用粗加工→精加工加工方案，并且在精加工的时候将进给量调小，主轴转速提高。

④ 螺纹加工时，为保证其精度，在精车时选择改程序的方法，将螺纹的大径值减小 0.18～0.2 mm，加工螺纹时使用螺纹千分尺或螺纹环规保证精度要求。

选择以上措施可保证尺寸、形状、精度和表面粗糙度。

(3) 零件毛坯、材料的分析。该螺杆的加工中，刀具与工件之间的切削力较大，存在让刀现象，所以该螺杆选择 45 钢材料。45 钢用途广泛，主要是用来制造汽轮机、压缩机、泵的运动零件制造齿轮、轴活塞销等零件。同时，为了节约成本，尽量在满足使用条件下，选择棒材作为毛坯的首选材料。

(4) 加工设备的选择。CK6141 数控车床能对轴类或盘类等回转体零件自动地完成内外圆柱面、圆锥表面、圆弧面等的切削加工，并能进行切槽、钻、扩等工作。根据螺杆零件的工艺要求，可以选择 CK6141 数控车床，能够保持加工精度，提高生产效率。

(5) 确定工件的定位与夹具方案。在 CK6141 数控车床上工件定位安装的基本原则与普通机床相同。工件的装夹方法影响工件的加工精度和效率，为了充分发挥 CK6141 数控机床的工作特点，在装夹工件时，采用"一夹一顶"。

(6) 确定走刀顺序和路线。先安排粗加工，中间安排半精加工，最后安排精加工和光整加工。

(7) 刀具的选择。数控刀具的选择和切削用量的确定是数控加工工艺中的重要内容，它不仅影响数控机床的加工效率，而且直接影响加工质量。刀具选择总的原则是：安装调整方便、刚性好、耐用度和精度高。在满足加工要求的前提下，尽量选择较短的刀柄，以提高刀具的刚性。

本零件的加工，一般外圆及端面选择 95° 硬质合金外圆车刀；高精度外圆选用 35° 硬质合金外圆车刀；车螺纹选用硬质合金 60° 外螺纹车刀，刀尖圆弧半径应小于轮廓最小圆角半径，取 r_e 为 0.15～0.2 mm。

(8) 螺杆的机械加工工艺过程见表 4-2。

2) 数控编程

(1) 外圆与端面加工常用编程指令。

在 FANUC0i-TD 系统的车床中，外圆加工可以使用 G71 与 G70 或 G73 与 G70 实现加工，端面加工可以使用 G72 与 G70 实现加工。

在 SIEMENS-802S 系统的车床中，外圆加工可以使用 LCYC95 粗精混合实现纵向外圆加工，端面加工可以使用 G01 与 G00 实现加工。

(2) 割槽加工常用编程指令。

在 FANUC0i-TD 系统的车床中，割槽常采用 G0 与 G1 配合编程，提高效率。如果同类槽，可采用子程序，精简程序数量。

在 SIEMENS-802S 系统的车床中，割槽一般采用 G0 与 G1 配合编程，但也可以使用切槽循环 LCYC93，以便提高切槽效率。

(3) 螺纹加工常用编程指令。

在 FANUC0i-TD 系统的车床中，螺纹加工可以使用 G92、G32 或 G76 实现加工。

在 SIEMENS-802S 系统的车床中，螺纹的加工也可采用 LCYC97 循环指令实现加工。

(4) 螺杆加工数控编程。在图 4-23 所示的螺杆零件上，选取螺杆小端面中心为原点，SIEMENS-802S 系统数控车削加工程序如表 4-3 所示。

2. 螺杆零件的数控车削加工

CK6141 数控车床操作加工以老师示范为准。

表 4-2　螺杆机械加工工艺过程卡片

机械加工工艺过程卡片		产品型号		零(部)件图号		共 页
		产品名称		零(部)件名称	螺杆	第 页
材料牌号	45 钢	毛坯种类	棒材	毛坯外形尺寸	φ25×90	每毛坯件数　1　每台件数　1　备注

工序号	工序名称	工序内容	车间	工段	设备	工艺装备	工时 准终 / 单件
1	车大外圆	取毛坯,确认合格后夹持毛坯,露出 15 mm,车端面,车螺杆外圆 φ22,长 12 mm。	数控实训室	车	CK6141	T1-95° 车外圆刀	
2	车小外圆	平端面、倒角,保证总长 85;钻中心孔,车外圆 φ10h9,M12 螺纹外圆 φ14 至图纸尺寸要求。				莫氏 4 号顶尖(一夹一顶)、95° 车外圆刀、中心钻	
3	割槽	割精 φ6×5、φ8×5。				T2-宽 3 mm 割槽刀	
4	车螺纹	粗、精车螺纹 M12 至尺寸要求。				T3-60° 外螺纹车刀	
5	切总长	掉头车装夹,车端面保证总长 85。				T1-95° 车外圆刀	
6	去除毛刺	去除锐边棱角毛刺,并按工艺要求进行质量检查。					
			编制(日期)	审核(日期)		会签(日期)	

标记	处记	更改文件号	签字	日期	标记	处记	更改文件号	签字	日期

表 4-3　SIEMENS-802S 数控车削加工程序

LUOGAN.MPF; 主程序名	G0X100;
M43M03S1000; 主轴正转	Z100;
T1D1; 选择 1 号刀具和刀补	T2D0; 取消 2 号刀具和刀补
M8; 切削液打开	T3D1; 选择 3 号刀具和刀补
G0X30Z5; 快速移动,接近工件原点	S600
G1Z0F0.1; Z 轴进给	G0X12Z-5; 调用螺纹车削循环
X-0.5; 车端面	R100=12.00 R101=-9.00
G0X32Z5;	R102=12.00 R103=-65.0
_CNAME="L01" 调用外圆粗、精车削循环	R104=1.500 R105=1.000
R105=1.000 R106=0.400	R106=0.200 R109=2.000
R108=2.000 R109=0.000	R110=3.000 R111=1.300
R110=0.500 R111=0.200	R112=0.000 R113=6.000
R112=0.100	R114=1.000
LCYC95	LCYC97
G0X100Z150; 快速移至换刀点	G0X100Z100;
T1D0; 取消 1 号刀具和刀补	T3D0; 取消 3 号刀具和刀补
T2D1; 选择 2 号刀具和刀补	M05; 主轴停止
S500;	M09; 切削液关闭
G0X13Z-9;	M30; 程序结束并返回起始处
G1X6.2F0.1; 车φ6×5 的槽	L01.SPF; 子程序名
X11;	G0X9; 螺杆外形轮廓
Z-7;	G1X10Z-0.5;
G1X6;	Z-9;
Z-9;	X11.8Z-9.9;
G0X15;	Z-70;
Z-70;	X14;
G1X8.2F0.1; 车φ8×5 的槽	Z-75;
X13;	X22;
Z-68;	Z-86;
G1X8;	X25;
Z-70;	M02;子程序结束

任务二：立柱的数控工艺与加工实践(项目一零件)

对图 4-24 所示零件进行精加工(内螺纹孔已加工),毛坯为φ15 mm×100 mm 棒材,材料为 45 钢。

1. 立柱的数控工艺与数控编程

1) 立柱的数控工艺分析

(1) 零件的结构工艺性分析。由图 4-24 可知,立柱由圆柱面、沟槽和螺纹等部分组成。该零件重要的径向加工部位φ12h7、φ8h7 外圆的加工精度和表面质量要求高,其他部位都是自由公差,包括 M5 三角形外螺纹的其余表面粗糙度均为 $Ra=3.2\ \mu m$。零件符合数控加工尺寸标注要求,轮廓描述清楚完整,零件材料为 45 钢,毛坯为φ15 mm×100 mm。

(2) 零件技术要求分析。分析图 4-24 可知,此零件除对φ12h7、φ8h7 外圆面的要求高,其余部位都是自由公差。为保证零件质量,采用以下加工方案：

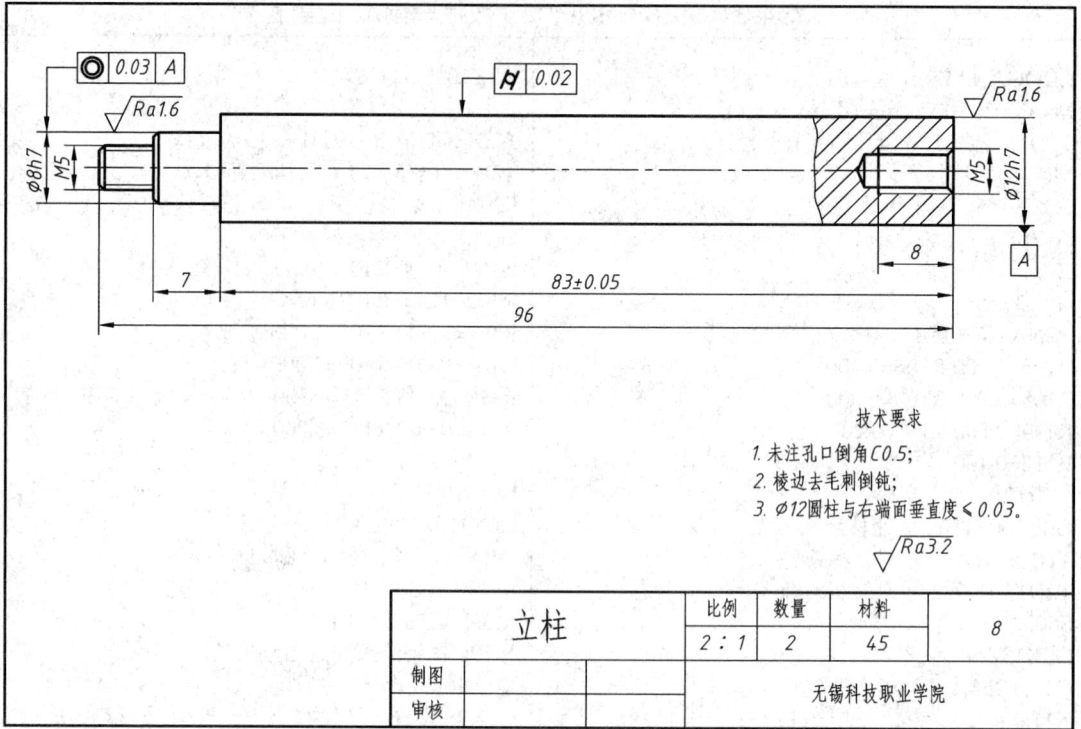

图 4-24　立柱

① 对图样上给定的 ϕ12h7、ϕ8h7 精度要求高的尺寸,编程时采用中间值。

② 零件应尽量一次装夹,完成加工以及达到 ϕ12h7 的圆度及与 ϕ8h7 的同轴度要求。

③ 零件的外轮廓表面的粗糙度要求可采用粗加工→精加工加工方案,并且在精加工的时候将进给量调小些,主轴转速提高。

④ 螺纹加工时,为保证其精度,在精车时选择改程序的方法,将螺纹的大径值减小 0.18～0.2 mm,加工螺纹时使用螺纹千分尺或螺纹环规保证精度要求。

(3) 零件毛坯、材料的分析。该立柱加工中,刀具与工件之间的切削力较大,存在让刀现象。所以选择 45 钢作为该立柱的材料。同时,为了节约成本,选择棒材作为毛坯的首选材料。

(4) 零件设备的选择。CK6141 数控车床能对轴类或盘类等回转体零件自动地完成内外圆柱面、圆锥表面、圆弧面等工序的切削加工,并能进行切槽、钻、扩等工作。根据立柱零件的工艺要求,可以选择 CK6141 数控车床,能够保持加工精度,提高生产效率。

(5) 确定工件的定位与夹具方案。在 CK6141 数控车床上工件定位安装的基本原则与普通机床相同,装夹工件时,采用"一夹一顶"。

(6) 确定走刀顺序和路线。先安排粗加工,中间安排半精加工,最后安排精加工和光整加工。

(7) 刀具的选择。本零件的加工,一般外圆及端面选择 95°硬质合金外圆车刀;高精度外圆选用 35°硬质合金外圆车刀;车螺纹选用硬质合金 60°外螺纹车刀,刀尖圆弧半径应小于轮廓最小圆角半径,取 $r_e = 0.15～0.2$ mm。

(8) 立柱的机械加工工艺过程见表 4-4。

表 4-4　立柱机械加工工艺过程卡片

机械加工工艺过程卡片		产品型号		零部件图号	1	共　页	
		产品名称		零部件名称	立柱	第　页	
材料牌号	毛坯种类	毛坯外形尺寸	每毛坯件数	每台件数	1	备注	
45钢	棒材	φ15×100					

工序号	工序名称	工序内容	车间	工段	设备	工艺装备	工时准终	工时单件
1	平端面	取毛坯，确认合格后夹持毛坯，露出15 mm，车端面，打中心孔。	数控实训室	车	CK6141	莫氏4号钻夹头、中心钻		
2	粗车外圆	粗车立柱外圆φ12h7、φ8h7及M5螺纹外圆，留0.1 mm精车余量。				莫氏4号顶尖(一夹一顶)、95°车外圆刀		
3	精车外圆	精车立柱外圆φ12h7、φ8h7及M5螺纹外圆，至尺寸要求。				莫氏4号顶尖、35°精车外圆刀		
4	车螺纹	车螺纹M5至精度要求。				莫氏4号顶尖、60°外螺纹车刀		
5	掉头加工	保证总长96，切削端面及倒角。				95°车外圆刀		
6	钻底孔	打中心孔，孔口倒角，钻M5内螺纹底孔。				莫氏4号钻夹头、中心钻、φ4.3钻头		
7	攻螺纹	攻M5内螺纹。						
8	去除毛刺	去除锐边棱角毛刺，并按工艺要求进行质量检查。						
					编制(日期)	审核(日期)	会签(日期)	
标记	处记	更改文件号	签字	日期	标记	处记	更改文件号	签字	日期

2) 数控编程

如图 4-24 所示的立柱零件，选取立柱小端面中心为原点，SIEMENS-802S 系统数控车削加工程序如表 4-5 所示。

表 4-5　SIEMENS-802S 数控车削加工程序

LIZHU.MPF;主程序名	G0X12Z-5;　调用螺纹车削循环
M43M03S1000; 主轴正转	R100=5.000 R101=0.000
T1D1; 选择 1 号刀具和刀补	R102=5.000 R103=-5.00
M8; 切削液打开	R104=0.800 R105=1.000
G0X16Z5; 快速移动，接近工件原点	R106=0.200 R109=2.000
G1Z0F0.1; Z 轴进给	R110=0.000 R111=0.5500
X-0.5; 车端面	R112=0.000 R113=3.000
G0X16Z5;	R114=1.000
_CNAME="L01" 调用外圆粗、精车削循环	LCYC97
R105=1.000 R106=0.400	G0X100Z100;
R108=2.000 R109=0.000	T3D0; 取消 2 号刀具和刀补
R110=0.500 R111=0.200	M09; 切削液关闭
R112=0.100	M05; 主轴停止
LCYC95	M30; 程序结束并返回起始处
G0X100Z150; 快速移至换刀点	L01.SPF;子程序名
T1D0; 取消 1 号刀具和刀补	G0X3.9; 立柱外形轮廓
T2D1; 选择 2 号刀具和刀补	G1X4.9Z-0.5;
S500;	Z-6;
G0X9Z-6;	X7;
G1X4F0.1; 割 φ4×1 的槽	X8Z-6.5;
X9	Z-13;
G0X100;	X11;
Z100;	X12Z-13.5;
T2D0; 取消 2 号刀具和刀补	Z-97;
T3D1; 选择 3 号刀具和刀补	X15;
S600	M02;子程序结束

2. 立柱零件的数控车削加工

CK6141 数控车床操作加工由老师示范。

任务三：手柄的数控工艺与加工实践(项目一零件)

图 4-25 所示手柄的数控工艺与加工实践由学生自主练习。

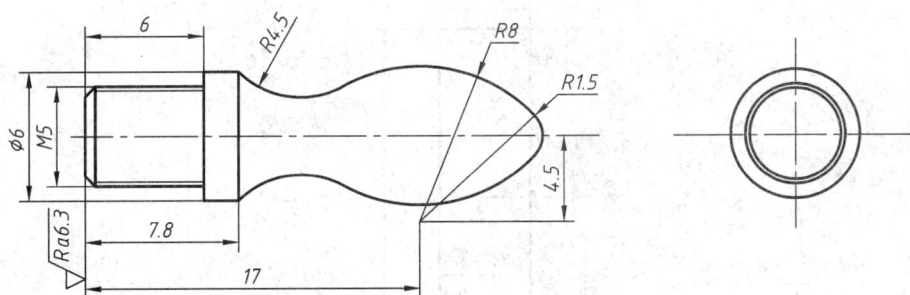

技术要求
1. 未注倒角C0.5；
2. 圆弧面成形后表面应光滑。

$\sqrt{Ra3.2}$

手柄			比例	数量	材料	13
			4：1	1	45	
制图				无锡科技职业学院		
审核						

图 4-25　手柄

任务四：导柱的数控工艺与加工实践(项目二零件)

图 4-26 所示导柱的数控工艺与加工实践由学生自主练习。

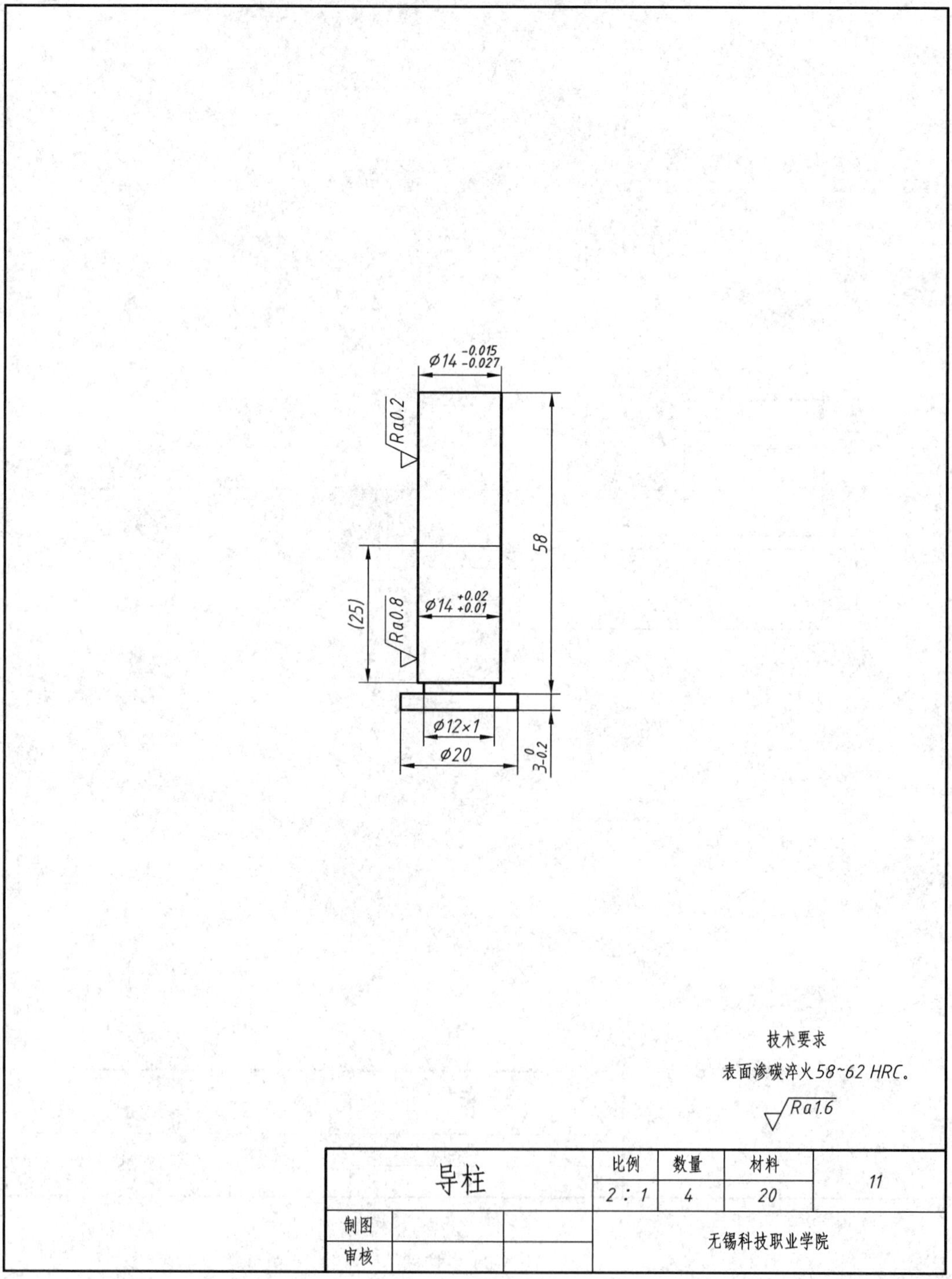

技术要求

表面渗碳淬火 58~62 HRC。

$\sqrt{Ra1.6}$

导柱		比例	数量	材料	11
		2 : 1	4	20	
制图					
审核			无锡科技职业学院		

图 4-26　导柱

任务五：导套的数控工艺与加工实践(项目二零件)

图 4-27 所示导套的数控工艺与加工实践由学生自主练习。

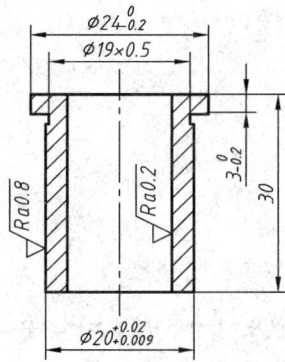

技术要求

表面渗碳淬火 58~62 HRC。

$\sqrt{Ra1.6}$

导套	比例	数量	材料	8
	2：1	4	20	
制图			无锡科技职业学院	
审核				

图 4-27　导套

模块五　数控铣床加工

任务目标 ✍

(1) 了解数控铣床的分类、结构及用途；

(2) 掌握数控铣床的常用的刀具；

(3) 掌握数控铣床的基本编程指令及基本操作方法；

(4) 掌握数控铣削加工工艺；

(5) 掌握典型固定定位块的加工；

(6) 掌握 5S 操作规程。

5.1　数控铣床的操作技术

5.1.1　数控铣床的分类

自世界上第一台数控铣床诞生以来，数控铣床得到了长足发展。特别是近 40 多年来，加工中心、柔性制造系统及计算机集成制造系统等综合加工能力强大的设备和制造系统，在数控铣床的基础上迅猛发展，已成为现代机械制造业的主流方向。

数控铣床的品种繁多、功能各异，根据不同的情况有不同的分类。

1. 按数控铣床主轴的空间位置分类

1) 立式数控铣床

立式数控铣床简称数控立铣，其主轴轴线垂直于水平面，如图 5-1 所示。这类数控铣床又可分小、中、大三种类型。小型数控立铣一般采用工作台移动和升降，而主轴不移动的方式；中型数控立铣一般采用纵向和横向工作台移动方式，且主轴可沿垂直方向上下移动；大型数控立铣，因考虑到扩大行程、缩小占地面积及保持刚性等技术上的诸多因素，则普遍采用龙门移动式，其主轴可以在龙门架的横向和垂向滑板上移动，而龙门架则沿床身作纵向运动。

2) 卧式数控铣床

卧式数控铣床的主轴轴线平行于水平面,其运动方式与普通卧式铣床大致相同,如图 5-2 所示。为了扩大加工范围和扩充其功能,常采用数控回转工作台,把工件上各种不同角度或空间角度的加工面置于水平位置后进行加工,从而省去了较多的专用夹具或角度成型铣刀。

图 5-1　立式数控铣床　　　　　图 5-2　卧式数控铣床

3) 立卧两用数控铣床

立卧两用数控铣床不仅具有立式数控铣床的功能,而且具有卧式数控铣床的功能。图 5-3 所示为一台立卧两用数控铣床的两种状态。这类铣床的主轴可以采用手动或自动方式进行变换,特别是采用数控万能主轴头的立卧两用数控铣床,其主轴头可以任意转换方向,加工出与水平面呈各种不同角度的工件表面。

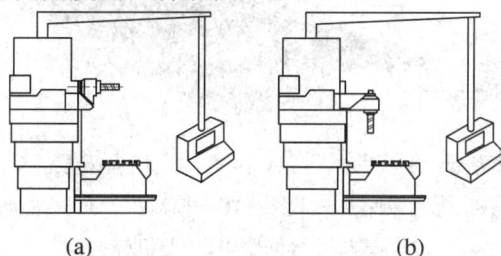

(a)　　　　　　　　　　(b)

图 5-3　立卧两用数控铣床

2.按数控铣床的结构分类

根据数控铣床结构特征的不同,可将数控铣床分为立柱移动式、可交换工作台式和主轴头可倾斜式等三种。图 5-4 为主轴头可倾斜式数控铣床。

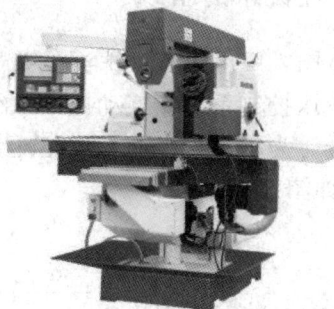

图 5-4　主轴可倾斜式数控铣床

3．按数控铣床的功能和加工对象分类

根据数控铣床功能和加工对象的不同，可将数控铣床分为数控仿型铣床、数控摇臂铣床、数控万能工具铣床和数控龙门铣床等。

5.1.2　数控铣床的组成

数控铣床一般由床身、铣头、纵向工作台(X 轴)、横向床鞍(Y 轴)、升降台、数控回转工作台、液压控制系统、气动控制系统及电气控制系统等组成。其内部结构与普通铣床也有较大差异。为了进一步阐明数控铣床的组成及结构特点，现以 XK5032 型数控铣床为例加以说明(如图 5-5 所示)。

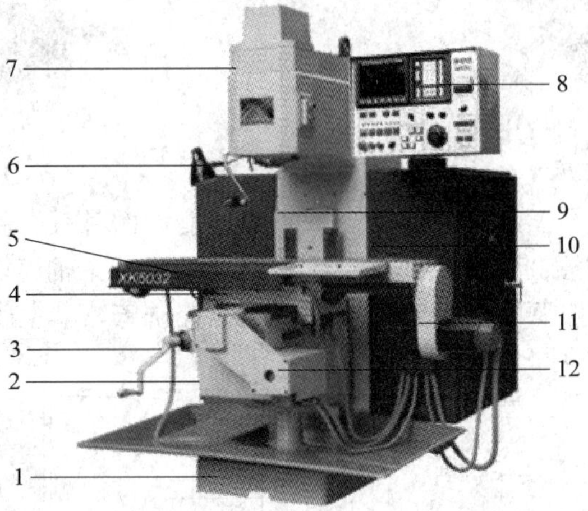

1—底座；2—升降台；3—手动升降台手柄；4—横向床鞍；5—纵向工作台；
6—主轴；7—铣头；8—数控箱；9—床身；10—控制柜；11—纵向进给伺服电动机；
12—横向进给伺服电动机(机壳内)

图 5-5　XK5032 型数控铣床

1．XK5032 型数控铣床的组成

图 5-5 所示为 XK5032 型数控铣床的外观图，它主要由底座、床身、铣头、纵向工作台(X 轴)、横向床鞍(Y 轴)、升降台、液压控制系统、气动控制系统及电气控制系统等组成。它能完成 90%以上的基本铣削、镗削、钻削、攻螺纹及自动工作循环等加工，故 XK5032 型数控铣床可以加工各种形状复杂的凸轮、样板及模具等零件。

2．XK5032 型数控铣床的结构

1) 主传动系统

XK5032 型数控铣床铣头为一整体的刚性结构。由图 5-6 可知，主传动采用专用的无级调速主电动机(3.7 kW/5.5 kW)，由带轮将运动和动力传至主轴。主轴转速分为高低两挡，通过更换带轮的方法来实现换挡。当换上 $\phi 96.52/\phi 127$ mm 的带轮时，主轴转速为 80～4500 r/min(高速挡)；当换上 $\phi 71.12/\phi 162.56$ mm 的带轮时，主轴转速为 45～2500 r/min(低速挡)。每挡内的转速选择可由相应指令给定，也可由手动操作执行。

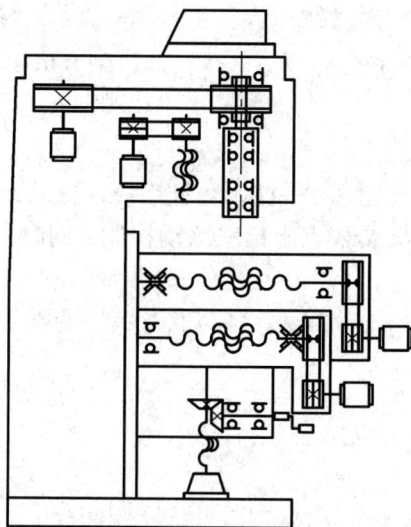

图 5-6 XK5032 型数控铣床传动系统图

2) 进给传动系统

XK5032 型数控铣床工作台的纵向(X 轴)和横向(Y 轴)进给运动、主轴套筒的垂直方向(Z 轴)进给运动，都是由各自的交流伺服电动机驱动，分别通过同步齿形带带动带轮，然后传给滚珠丝杠，实现进给。

有的数控铣床还带有两个或两个以上的自动交换工作台，当一个工作台上的零件处于加工状态时，在另一个工作台上可以对零件进行检测和装卸。当零件加工完毕后，工作台自动交换，机床又立即进入加工状态，并往复进行下去。这种数控铣床可大大缩短准备时间，提高生产效率。

5.1.3 XK5032 型数控铣床的主要技术参数及数控系统的主要功能

1. 主要技术参数

工作台工作面积(长×宽)   1220 mm × 320 mm
工作台纵向行程(X 轴)   750 mm
工作台横向行程(Y 轴)   350 mm
升降台垂直行程(Z 轴手动)   400 mm
主轴孔锥度 $ISO40^\#$，7:24
主轴(套筒)垂向行程(Z 轴)   150 mm
主轴中心线至床身垂直导轨的距离   330 mm
主轴端面至工作台面的距离   90～490 mm
主轴转速范围 高速挡   804～500 r/min
      低速挡   45～2600 r/min
进给速度范围(X、Y、Z 轴)   5～2500 mm/min
快速移动速度(X、Y、Z 轴)   5000 mm/min
主电动机功率   3.7 kW/5.5 kW

三个坐标的进给电动机的额定转矩　　　　3N·m，3.6N·m(AC)

机床外形尺寸(长×宽×高)　　　　1964 mm×2190 mm×2673 mm

机床净重　　　　2200 kg

2．数控系统的主要功能

XK5032型数控铣床配备 FANUC—OM 数控系统，该系统具有高精度、高性能，并带有固化软件的 CNC 系统，能够实现三坐标三联动控制。同时，该系统具有直线插补、圆弧插补、三坐标联动空间直线插补功能，还具有刀具半径补偿、刀具长度补偿、固定循环和用户宏程序以及自诊断等功能。该铣床具有功能齐全、编程方便、操作容易、加工范围广等优点。

5.1.4　数控铣床的操作面板

XK5032型数控铣床的操作面板由 CNC 系统控制面板(CRT/MDI 面板)和机床操作面板两部分组成。

1．CRT/MDI 控制面板

CRT/MDI 控制面板由监视器(CRT)和 MDI 键盘组成，如图5-7所示，下面介绍其各控制键的功能。

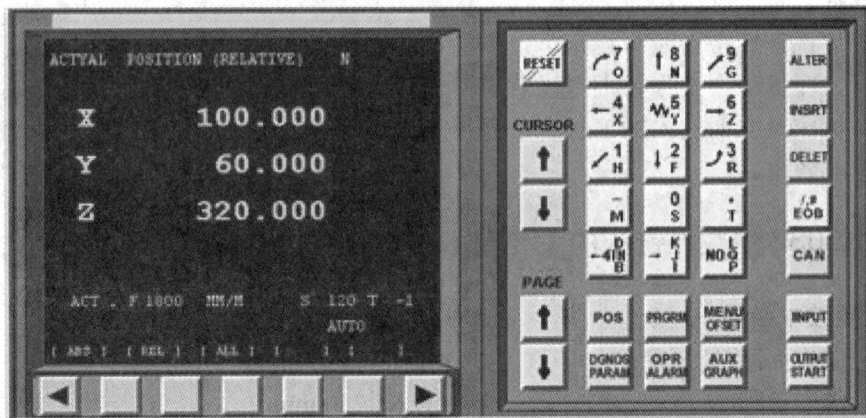

图 5-7　CRT/MDI 面板

1) 主功能键

开机后先选择主功能键，进入主功能状态后，再选择下级子功能(软键)进行具体操作。

① POS：位置显示键。在 CRT 上显示机床当前的位置。

② PRGRM：程序键。在编辑方式下，编辑和显示在内存中的程序；在 MDI 方式下，输入和显示 MDI 数据。

③ MENU OFSET：菜单设置键。刀具偏置数值和宏程序变量的显示和设定。

④ DGNOS PRARM：自诊断参数键。设定和显示参数表及自诊断表的内容。

⑤ OPR ALARM：报警号显示键。按此键显示报警号。

⑥ AUX GRAPH：图像键。图像显示功能。

2) 数据输入键

数据输入键用来输入英文字母、数字及符号，常见功能如下：

G、M 键——指令；

F 键——进给量(mm/min，英寸/min)；

S 键——主轴转速(r/min)；

X、Y、Z 键——绝对(增量)坐标；

I、J、K 键——圆弧的圆心坐标；

R 键——圆弧半径；

T 键——刀具号或换刀指令；

O、P 键——程序名；

N 键——程序段号；

0~9 键——数字；

. (点) 键——小数点；

- (符号键)——负号。

3) 编辑键

编辑键用来键入、修改程序，常见功能如下：

① ALTER：修改键。在程序当前光标位置修改指令代码。

② INSRT：插入键。在程序当前光标位置插入指令代码。

③ DELET，CAN：数据、程序段删除键。

④ EOB：程序段结束键。又称程序段输入键、确认键、回车键。

4) 复位键(RESET键)

按下 RESET 键，复位 CNC 系统。包括取消报警、主轴故障复位、中途退出自动操作循环和中途退出输入、输出过程等。

5) 输入/输出键

① INPUT：输入键。除程序编辑方式以外的情况，当面板上按下一个字母或数字键以后，必须按下此键才能输入到 CNC 系统内。另外，与外部设备通信时，按下此键，才能启动输入设备，开始输入数据到 CNC 系统内。

② OUTPT START：输出启动键。按下此键，CNC 系统开始输出内存中的参数或程序到外部设备。

6) 软键

软键即子功能键，其含义显示当前屏幕上对应软键的位置，随主功能状态不同而各异。在某个主功能下可能有若干个子功能，子功能往往以软键形式存在。

7) 其他辅助键

① CURSOR：光标移动键。用于在 CRT 页面上，一步步移动光标。"↑"向前移动光标；"↓"向后移动光标。

② PAGE：页面变换键。用于 CRT 屏幕选择不同的页面。"↑"向前变换页面 ；"↓"向后变换页面。

③ CAN：取消键。按下此键，删除上一个输入的字符。

2. 铣床操作面板

铣床操作面板由下操作面板和右操作面板两部分组成。

1) 下操作面板

下操作面板如图 5-8 所示。

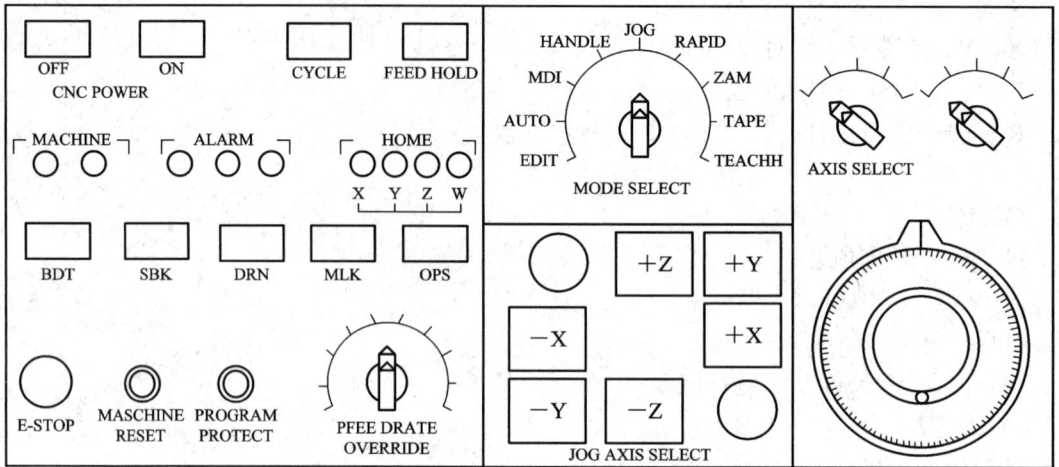

图 5-8　下操作面板

(1) 手动键。

① FEEDRATE OVERRIDE：进给速率修调旋钮。当用 F 指令按一定速度进给时，从 0%～150%修调进给速率。当用手动"JOG"进给时，选择"JOG"进给速率。

② JOG AXIS SELECT：手动进给轴和方向选择键。手动"JOG"方式时，选择手动进给轴和方向。务必注意：各轴箭头指向是表示刀具运动方向，而不是工作台。

③ MANUAL PULSE GENEARTOR：手动脉冲发生器。当工作方式为手脉"HANDLE"或手动示教"TEACH.H"方式时，转动手脉可以正方向或负方向进给各轴。

④ AXIS SELECT：手脉进给轴选择开关。用于选择手脉进给的坐标轴。

⑤ HANDLE MULTIPLIER：手脉倍率开关。用于选择手脉进给时的最小脉冲当量。

(2) 自动加工键。自动加工键用于自动加工时的方式选择。常见功能如下：

① BDT：程序段跳步功能按钮(带灯)。在自动操作方式，按下此按钮灯亮时，程序中有"/"符号的程序段将不执行。

② SBK：单段执行程序按钮(带灯)。按下此按钮灯亮时，CNC 处于单段运行状态。在自动方式，每按一下"CYCLESTART"按钮，只执行一个程序段。

③ DRN：空运行按钮(带灯)。在自动方式或 MDI 方式，按下此按钮灯亮时，机床执行空运行方式。

④ MLK：机床锁定按钮(带灯)。在自动方式、MDI 方式或手动方式下，按下此按钮灯亮时，机床坐标不运动，CRT 屏幕上显示的内容如同机床运动一样。伺服系统不进给(如原来已进给，则伺服进给将立即减速、停止)，但位置显示仍将更新(脉冲分配仍将继续)，M、S、T 功能仍有效地输出。

⑤ OPS：选择停止按钮。在自动方式，按下此按钮灯亮时，执行完程序中有"M01"指令的程序段后停止执行程序。

⑥ FEED HOLD：进给保持按钮。机床在自动循环期间，按下此按钮，机床立即减速、停止，按钮内的灯亮。

⑦ CYCLE START：自动操作按钮。在自动操作方式下，选择要执行的程序后，按下此按钮，自动操作开始执行。在自动循环操作期间，按钮内的灯亮。在 MDI 方式下，数据输入完毕后，按下此按钮，执行 MDI 指令。

(3) 其他功能键。

① CNC POWER：CNC 电源按钮。按下"ON"，接通 CNC 电源；按下"OFF"，断开 CNC 电源。

② E-STOP：急停按钮。当出现紧急情况时，按下此按钮，伺服进给及主轴运转立即停止。

③ MACHINE RESET：机床复位按钮。当机床刚通电，急停按钮释放后，需按下此按钮，进行强电复位；当 X、Y、Z 碰到硬件限位开关时，强行按住此按钮，手动操作机床，直至退离限位开关(此时务必小心选择正确的运动方向，以免损坏机械部件)。

④ PROGRAM PROTECT：程序保护开关。当需要进行程序储存、编辑或修改、自诊断页面参数时，需用钥匙接通此开关(钥匙右转)。

⑤ MODE SELSCT：方式选择旋钮开关。此开关共有下列九种方式：

- EDIT：编辑方式；
- AUTO：自动方式；
- MDI：手动数据输入方式；
- HANDLE：手摇脉冲发生器操作方式；
- JOG：点动进给方式；
- RAPID：手动快速进给方式；
- ZRM：手动返回机床参考点方式；
- TAPE：纸带工作方式；
- TEACH.H：手脉示教方式。

(4) 电源、报警指示灯。

① POWER：电源指示灯。主电源开关合上后，指示灯亮。

② READY：准备好指示灯。当机床复位按钮按下后机床无故障时，指示灯亮。

③ SPINDLE：主轴报警指示灯。

④ CNC：CNC 报警指示灯。

⑤ LUB：润滑泵液面低报警指示灯。

⑥ HOME：回零指示灯。分别指示 X、Y、Z、W 各轴回零结束。

2) 右操作面板

右操作面板如图 5-9 所示。

① SPINDLE LOAD：主轴负载表。指示主轴的工作负载。

② SPINDLE SPEED OVERRIDE：主轴转速修调开关。在自动或手动时，从 50%～120%修调主轴转速。

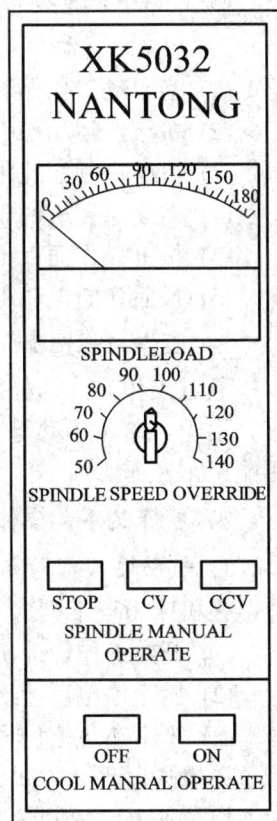

图 5-9　右操作面板

③ SPINDLE MANUAL OPERATE：主轴手动操作按钮。在机床处于手动方式(JOG、HANDLE、TEACH.H、RAPID)时，可启、停主轴。

- CW：手动主轴正转(带灯)。
- CCW：手动主轴反转(带灯)。
- STOP：手动主轴停止(带灯)。

④ COOL MANRAL OPERATE：手动冷却液操作按钮。在任何工作方式下都可操作，按下"ON"按钮，手动冷却启动(带灯)；按下"OFF"按钮，手动冷却停止(带灯)。

5.1.5　数控铣床的基本操作

当编制完加工程序时，就可操作机床对工件进行加工。下面介绍数控铣床的一些基本操作方法。

1. 电源的接通与断开

1) 电源的接通

(1) 在机床电源接通以前，检查电源的柜内空气开关是否全部接通。将电源柜门关好后，方能打开机床的主电源开关。

(2) 在操作面板上按"CNC POWER ON"按钮，接通数控系统的电源。

(3) 当 CRT 屏幕上显示 X、Y、Z 的坐标位置时，即可开始工作。

2) 电源的断开

(1) 当自动工作循环结束时，自动循环按钮"CYCLE START"的指示灯熄灭。

(2) 机床的运动部件停止运动。

(3) 机床执行穿孔带上的程序时，需将读带机的开关扳到"RELEASE"位置。

(4) 切断穿孔机的电源。

(5) 按下操作面板上的"CNC POWER OFF"按钮，断开数控系统的电源。

(6) 最后切断电源柜上的机床电源开关。

2. 工作方式选择

通过工作方式选择旋转开关，可使机床处于某种正常工作状态，例如编辑、MDI、纸带、手轮、单步手动等工作状态。在操作机床时必须选择与之对应的工作方式，否则机床不能正常工作。

3. 机床的手动操作

1) 手动返回机床参考点

在机床出现下列情况之一时，操作者必须进行返回机床参考点的操作。

(1) 开始工作之前机床电源接通。

(2) 机床停电后再次接通数控系统的电源。

(3) 机床在急停信号或超程报警信号解除之后恢复工作。

该操作以手动方式完成，每次只能操作一个坐标轴。返回参考点时，坐标轴的移动速度为快移速度。返回参考点的操作步骤如下：

(1) 旋转方式选择开关"MODE SELECT"置"ZRM"，进入参考点(回零)方式。

(2) 按坐标轴选择按钮 "JOG AXIS SELECT" 的+X 或+Y 或+Z 键选择一个所需移动的坐标轴。

(3) 旋转快速倍率修调开关 "FEEDRATE OVERRIDE" 设定返回参考点的移动速度。

(4) 当坐标位置远离参考点位置时，按下坐标轴正向运动按钮后放开，坐标运动自动保持到返回参考点，直到参考点指示灯亮时停止。

在上面的操作中，如果出现误操作，按下了坐标轴负向运动按钮，则坐标轴向负方向运动约 40 mm 后会自动停止。此时应该按下正向运动按钮，方能使坐标轴返回机床参考点。

当机床的坐标位置处于参考点位置而参考点指示灯不亮时(机床刚通电或工作中按了急停按钮)，应按负向运动按钮，使坐标位置先离开参考点，然后再按正向运动按钮使坐标轴返回参考点；如果操作时一开始误按正方向运动按钮，该坐标超程，报警灯亮而不闪。解除这一误操作的方法是：按住负方向按钮，用手摇轮将坐标向负方向移动离开超程位置，再返回参考点。

在进行手动返回参考点时，操作者要注意观察对应坐标轴的参考点指示灯：当机床电源刚刚接通时，机床的坐标位置恰好在参考点位置，此时，指示灯并不亮，这时需按前面讲过的方法，手动返回参考点；当参考点指示灯亮时，如果坐标移动离开了参考点或按了复位按钮 "RESET"，则指示灯灭。

2) 手动点动进给及连续进给

用手动操作方式使 X、Y、Z 任一坐标轴点动进给和连续进给，包括连续或点动方式的选择、进给量的设定和进给轴及方向的控制，其操作步骤如下：

(1) 旋转方式选择开关 "MODE SELECT" 置 "JOG"，进入点动方式。

(2) 按坐标轴选择按钮"JOG AXIS SELECT"的 X 或 Y 或 Z 键选择准备移动的坐标轴。

(3) 旋转快速倍率修调开关 "FEEDRATE OVERRIDE" 选择点动进给倍率。

(4) 根据坐标轴运动的方向，按正方向或负方向按钮，各坐标轴便可实现点动进给。

在点动状态下，每按一次坐标进给键，进给部件移动一段距离。

当方式选择开关 "MODE SELECT" 处于 "RAPID" 位置时，按住正方向或负方向按钮，运动部件便在相应的坐标方向上连续运动，直到按钮松开时坐标轴才停止运动，从而实现手动连续进给。

3) 手摇轮进给

转动手摇轮，可以使 X、Y、Z 任一坐标轴运动，其操作步骤如下：

(1) 旋转方式选择开关 "MODE SELECT" 置 "HANDLE"，进入手摇脉冲发生器操作方式；

(2) 旋转手脉进给轴选择开关 "AXIS SELECT"，选择欲进给坐标轴 X、Y 或 Z；

(3) 旋转手脉倍率开关 "HANDLE MULTIPLIER"，调节进给倍率；

(4) 转动手摇轮，顺时针转为坐标轴正向，逆时针转为坐标轴负向。

4) 主轴手动操作

手动操作主轴时，首先要启动主轴，必须用 MDI 方式设定主轴转速。

当方式选择开关"MODE SELECT"处于"JOG"、"RAPID"、"HANDLE"、"TEASH.H"

位置时可手动控制主轴的正转、反转、停止，其操作步骤如下：

(1) 调节主轴转速修调开关"SPINDLE SPEED OVERRIDE"，选择加工转速；

(2) 按手动操作按钮"CW"、"CCW"、"STOP"使主轴正转、反转、停止。

自动运行时主轴的转速、转向等均可在程序中采用 S 功能和 M 功能指定。

5) 冷却泵启动停止

按下手动冷却操作按钮"COOL MANUAL OPERATE"中的"ON"或"OFF"即可控制冷却泵开启和停止，也可在程序中采用 M 功能指定。

4．机床的自动运行操作

机床的自动运行也称为机床的自动循环，它包括纸带程序的运行和存储器程序的运行。自动运行前必须使各坐标轴返回参考点。

1) 内存操作

(1) 旋转方式选择开关"MODE SELECT"置"AUTO"，进入自动运行方式；

(2) 按程序键"PRGRM"；

(3) 键入准备运行的程序号数字；

(4) 按"CURSOR"键"↓"，使光标移动至被选程序的程序头；

(5) 按下循环启动按钮"CYCLE START"，则自动操作开始执行，按钮内的灯亮。

2) MDI 操作

在 MDI 工作方式下，可以用键盘输入一个程序段或指令，并运行这个程序段或指令，其操作步骤如下：

(1) 打开程序保护开关"PROGRAM PROTECT"(钥匙右旋)；

(2) 旋转方式选择开关"MODE SELECT"置"MDI"，进入手动数据输入方式；

(3) 按程序键"PRGRM"；

(4) 按软键"NEXT"，键入字符，再按输入键"INPUT"，将其程序段或指令输入到 CNC 系统；

(5) 按下循环启动按钮，执行 MDI 指令。

3) 纸带程序的运行

(1) 在读带机上装好纸带，读带机开关置于"AUTO"位置。

(2) 选择纸带的方式"TAPE"。

(3) 按循环启动按钮"CYCLE START"，机床自动运行开始，按钮内的灯亮。

机床在自动运行过程中，若按下跳步功能按钮(灯亮)，则遇到程序中含有"/"符号的程序段将跳过不执行；若按下单段执行程序按钮(灯亮)，则会使程序分段执行，即每按一次此按钮只执行一个程序段；若按下进给保持按钮"FEED HOLD"，则"CYCLE START"按钮内的灯灭，进给保持按钮内的灯亮。此时机床主轴仍在转动，正在运动的坐标轴，将立即减速并停止。M、S、T 功能指令完成后机床停止。再次按下"CYCLE START"按钮后被保持的坐标将继续走完剩下的坐标量；按下选择停止按钮"OPS"(灯亮)时，执行完程序中有"M01"指令的程序段后就会停止执行程序。另外，如果加工程序中用 F 代码设定的进给速率不合适，在自动运行中可用进给倍率开关修调。

5．机床的急停

机床在手动或自动运行中，一旦发现异常情况，应立即停止机床的运动。使用急停按钮或进给保持按钮中的任意一个均可使机床停止。

1) 使用急停按钮

如果机床运行时按下急停按钮"E-POS"，机床进给运动和主轴运动会立即停止。待排除故障后，若要重新执行程序恢复机床的工作时，则需顺时针旋转该按钮，并按下机床复位按钮，再进行手动返回机床参考点的操作。

2) 使用进给保持按钮

如果机床在运行时按下进给保持"FEED HOLD"按钮后，机床处于保持(暂停)状态。待问题解决后，按下循环启动按钮恢复机床运行状态，但无须进行返回参考点的操作。

6．刀具偏置设定

刀具偏置设定包括刀具长度偏置量与刀具半径偏置量的设定，其操作步骤如下：

(1) 按下功能键"MENU OFFSET"。

(2) 按下软键"OFFSET"，进入刀具偏置设定画面，如图 5-10 所示。

OFFSET		O0013	N0008
NO.	DATA	NO.	DATA
001	10.000	009	0.000
002	−1.000	010	10.000
003	0.000	−011	20.000
004	0.000	012	0.000
005	20.000	013	0.000
006	0.000	014	0.000
007	0.000	015	0.000
008	0.000	016	0.000
ACTUAL	POSITION		(RELATIVE)
X	0.000	Y	0.000
Z	0.000		
NO.011			

图 5-10 刀具偏置量设定菜单

(3) 移动光标到要输入或修改的偏置号，键入偏置量。

(4) 按下输入键"INPUT"。

7．程序的输入和编辑

当输入、编辑、检索程序时需将程序保护开关"PROGRAM PROTECT"打开(右旋)。

1) 程序的输入

程序的输入方法有三种：第一种是通过 MDI 键盘输入；第二种是通过纸带阅读机输入；第三种是通过计算机直接输入。其中第一、二种输入方法在前面已作了详细介绍，在此不再赘述。第三种方法是在 PC 机上将加工程序编制完成，通过数控铣床上的 RS232C 串行接口，直接把程序输入到数控系统中。

2) 程序的检索

程序检索一般是按以下顺序：首先检索到程序号，然后再检索到程序段，最后检索指令字或地址字。其具体操作步骤如下：

(1) 在程序保护开关打开的前提下，将方式选择旋钮开关"MODE SELECT"调到"EDIT 或 AUTO"状态。

(2) 按程序键"PRGRM"。

(3) 键入程序号，按"CURSOR"中的"↓"键，检索到所需的程序号。

(4) 键入程序段号，按"CURSOR"中的"↓"键，检索到所需的程序段号。

(5) 键入指令字或地址字，按"CURSOR"中的"↓"键，检索到所需的指令字或地址字。

3) 程序的编辑

程序的编辑主要包括对程序的修改或在程序中插入、删除字符等工作。打开程序保护开关"PROGRAM PROTECT"，将旋转方式选择开关"MODE SELECT"调到"EDIT"状态，按下"PRGMA"键，即可进行如下操作：

(1) 插入一个字符。通过检索将光标移到需插入位置的前一个字符处，键入新的字符，再按"INSRT"键，即在程序规定位置中插入了一个新的字符。

(2) 修改一个字符。通过检索将光标移到需修改字符的位置处，键入新的字符，再按"ALTER"键，即在程序规定位置中修改了一个字符。

(3) 删除一个字符。通过检索将光标移到需删除字符的位置处，再按"DELETE"键，即在程序规定位置中删除了一个字符。

(4) 删除一个程序段。检索要删除的程序段号，再按"DELETE"键，即可删除该程序段。

(5) 删除一个程序。检索要删除的程序号，再按"DELETE"键，即可删除该程序。

(6) 删除全部程序。键入 0~9999，再按"DELETE"键，即可删除全部程序。

8. 数控铣床一般操作步骤

(1) 编制程序。加工前应首先编制工件的加工程序。如果工件的加工程序较长且比较复杂时，最好不要在机床上编程，而采用编程机或电脑编程，这样可以避免占用机床时间过长，对于短程序也应写在程序单上。

(2) 打开机床。一般是先开机床再开系统，有的数控铣床是采用二者互锁的方式，即机床不通电就不能在 CRT 上显示信息。

(3) 回参考点。对于使用增量控制系统(使用增量式位置检测元件)的机床，必须首先执行这一步，以建立机床各坐标轴的移动基准。

(4) 输入程序。根据程序的存储介质(纸带或磁带、磁盘)，可以用相应的纸带阅读机、盒式磁带机、编程机或串口通信输入，若是简单程序可直接采用 MDI 键盘输入。另外，程序中用到的工件原点、刀具参数、偏置量以及各种补偿量在加工前也必须输入。

(5) 编辑程序。输入的程序若需要修改，则要进行编辑操作。此时，将方式选择开关置于编辑位置，利用编辑键进行增加、删除、更改。关于编辑方法可见相应数控铣床的说明书。

(6) 运行程序。此步骤是对程序进行检查。根据数控铣床检查程序的特有功能，可采用单段运行程序、空运行程序以及 CRT 仿真加工显示等措施，检查程序的正确性。若发现错误，则需重新对程序进行编辑。

(7) 找正对刀。选择合适的夹具装夹工件，并采用适当的找正工具对工件进行找正。对刀时采用手动增量移动、连续移动或采用手摇轮移动机床。将起刀点对到程序的起始处，并对好刀具的基准。

(8) 连续加工。一般是采用存储器中的程序加工。这种方式比采用纸带上程序加工故障率低。加工中的进给速度可采用进给倍率开关调节。加工中可以按进给保持按钮，暂停进给运动，观察加工情况或进行手工测量。随后再按下循环启动按钮，即可恢复加工。

(9) 操作显示。利用 CRT 的各个画面显示工作台或刀具的位置、程序的运行情况以及机床的工作状态，以使操作者监视加工情况。

(10) 程序输出。加工结束后，若程序有保存必要，则可以留在 CNC 系统的内存中。若程序太长，可以把内存中的程序输出给外部设备，例如穿孔机(磁带机、软盘驱动器)，在穿孔纸带(或磁带、磁盘)上加以保存。

(11) 关闭机床。关闭机床一般应先关机床再关 CNC 系统。

5.1.6　数控铣床加工中的刀具

数控铣床可以进行铣、镗、钻、扩、铰等多工序加工，所涉及的刀具种类较多，这里主要介绍数控铣削的常用刀具。

1．铣刀的种类

常用铣刀一般可按以下三种情况进行分类。

1) 按铣刀的形状分类

(1) 盘铣刀。盘铣刀又称为(端)面铣刀。一般采用在盘状刀体上机夹、焊接硬质合金刀片或其他刀头组成，如图 5-11 所示。这种铣刀常用于铣削较大的平面。

(2) 立铣刀。立铣刀是数控铣削加工中最常用的一种铣刀，广泛用于加工平面类零件，如图 5-12 所示。这种铣刀除了常用侧刃铣削外，也可用端刃铣削，有时端刃和侧刃可同时进行铣削。根据立铣刀直径的不同，其柄部可分为两种：一种是直柄，一般用于直径在$\phi 3 \sim \phi 20$ mm 范围的铣刀。另一种是锥柄，一般直径在$\phi 14 \sim \phi 50$ mm 范围的铣刀，采用莫氏锥度；一般直径在$\phi 25 \sim \phi 80$ mm 范围的铣刀，采用 7：24 锥度。

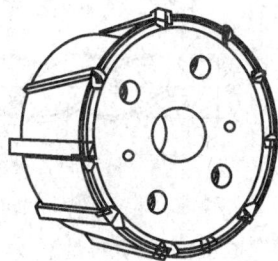

图 5-11　面铣刀

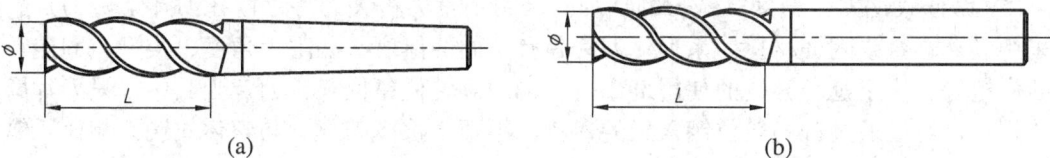

| (a) | (b) |

图 5-12　立铣刀

(3) 成型铣刀。成型铣刀一般都是为特定的工件或加工内容专门设计制造的，适用于加工平面类零件的特定形状，如角度面、凹槽面等，也适用于特形孔或凸台，如图 5-13 所示。

(a)　　　　　　(b)　　　　　　(c)　　　　　　(d)　　　　　　(e)

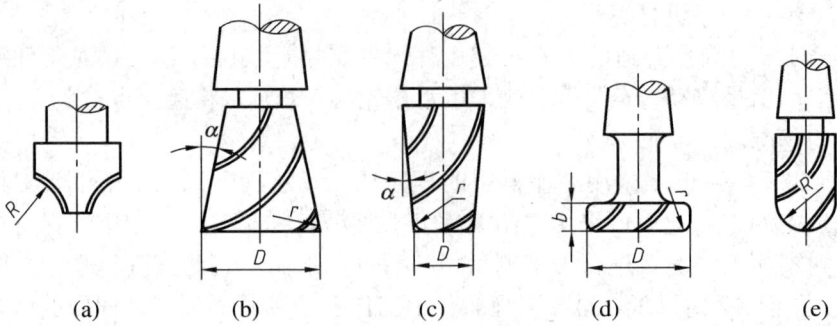

图 5-13　成型铣刀

(4) 球头铣刀。如图 5-14 所示，球头铣刀主要用于加工空间曲面，有时也用于平面类零件上有较大转接凹圆弧的过渡加工。球头铣刀与铣削特定曲率半径的成型曲面铣刀(见图 5-13(e))相比较，虽然加工对象都是曲面类零件，但两者有较大差别。其主要差别在于球头铣刀的球头半径通常小于加工曲面的曲率半径，而成型曲面铣刀的曲率半径与加工曲面的曲率半径相等。

(5) 鼓形铣刀。如图 5-15 所示，鼓形铣刀的切削刃分布在半径为 R 的圆弧面上，端面无切削刃。在加工时控制刀具上下位置，相应改变刀刃的切削位置，从而在工件上切出从负到正的不同斜角，即变斜角类工件。R 越小，鼓形铣刀所能加工的斜角范围越广，但所获得的表面质量越差。

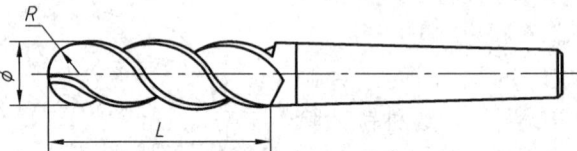

图 5-14　球头铣刀　　　　　　　　　图 5-15　鼓形铣刀

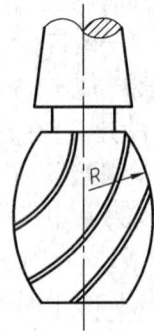

2) 按铣刀的结构分类

(1) 整体式铣刀。这种铣刀的切削刃与刀体做成一个整体。对于结构较简单的铣刀(如立铣刀)常用此结构。

(2) 镶嵌式铣刀。镶嵌式铣刀的切削刃采用不重磨机夹刀片镶嵌在刀体上，刀片一般都采用硬质合金或陶瓷材料。系列化刀片具有不同的厚度、切削刃角度、类型、固定形式与断屑槽等。为了延长刀具的使用寿命，常采用可转位镶嵌式铣刀，当其中一只刀片磨钝或缺损后，可以通过铣刀转位镶入新的刀片，不至于报废刀体。与整体式铣刀相比，镶嵌式铣刀可缩短生产准备周期，提高生产效率，并节省刀具费用。

(3) 可调式铣刀。可调式铣刀是指铣刀的刀杆长度和直径可根据加工需要而改变；也可将所需刀具的尾柄装入不同锥孔号数或内径的标准刀杆上，即采用模块化刀杆进行拼装组合的形式。在各系列刀杆模块之间，配合紧密、可靠，在刚性等方面不亚于整体式铣刀，而且装拆十分方便。

随着科学技术的迅速发展，机械加工领域日新月异，各种新材料、新工艺、新技术、新方法不断涌现，为刀具的制造和应用起到了积极的推动作用。其中镀层化铣刀就是在镀层化技术高速发展的情况下诞生的。镀层化铣刀是在铣刀表面镀上一层氮化钛或氧化铝等超硬薄膜，使铣刀的硬度和使用寿命显著提高。如对高速钢铣刀，当镀上氮化钛或氧化铝两种超硬薄膜后，刀具的使用寿命可提高 5～9 倍，并且可以切削 60HRC 以上硬度的材料，这种刀具不仅在切削性能上已与陶瓷刀具相差无几，而且在某些方面还优于陶瓷刀具。

2．铣刀的选择

1）铣刀的选择原则

铣刀的选择是数控铣床加工工艺中的重要内容之一，它不仅影响机床的加工效率，而且直接影响工件的加工质量。选择铣刀时应遵循的总原则是：在满足加工质量和要求的前提下，尽量发挥铣刀和机床的效能，显著提高生产效率。具体在选择铣刀时应综合考虑多种因素。

2）铣刀选择时应考虑的因素

(1) 在选择铣刀时应保证铣刀具有足够的刚性和耐用度。刚性好的铣刀能够在切削加工过程中采用大切削用量，从而提高生产效率，同时才能适应数控铣床加工过程中难以调整切削用量的特点。例如，当工件各处的加工余量相差悬殊时，普通铣床遇到这种情况很容易采取分层切削的方法加以解决，而数控铣床是以程序规定的走刀路线加工，遇到余量大时无法像普通铣床那样"随机应变"，除非在编程时能够预先考虑周全，否则铣刀必须返回原点，用改变切削面高度或加大刀具半径补偿值的方法从头开始加工，多走几刀。这样势必造成余量少的地方经常走空刀，降低了生产效率。并且，在普通铣床上加工时，若遇到刚性较差的刀具，也比较容易从振动、手感等方面及时发现并将切削用量作相应调整，而数控铣床加工则很难办到。

当一把铣刀加工的内容很多时，如果刀具不耐用而很快磨损，那么就会影响工件的表面质量和加工精度。采用换刀的办法虽可以解决此问题，但会增加调刀与对刀次数，也会使工件表面留下因再次对刀的误差而造成的接刀痕迹，降低了工件的表面质量。

(2) 在选择铣刀时应使铣刀的类型与工件表面形状和尺寸相适应。加工较大的平面时应选择盘铣刀；加工凹槽、较小的台阶面及平面轮廓时应选择立铣刀；加工空间曲面、模具型腔或凸模成形表面时一般选择球头铣刀；加工变斜角零件的变斜角面应选择鼓形铣刀；加工各种直的或圆弧形的凹槽、斜角面、特殊孔等一般选择成型铣刀。在选定铣刀的类型后，还要根据工件的材料和加工要求的不同，选择铣刀相应的几何参数。

(3) 在选择铣刀时应使铣刀的几何参数满足加工的要求。由于立铣刀是数控铣床加工中最为常用的一种刀具，因此，下面将以立铣刀为例介绍其几何参数的选择。

铣刀直径 D 的选择：一般情况下，为了在铣削过程中减少走刀次数、增大切削用量和提高加工效率，保证铣刀具有足够的刚性以及良好的散热条件，应尽量选择直径较大的铣刀。但选择铣刀直径往往受到工件材料、刚性和加工部位的几何形状、尺寸以及工艺要求等因素的限制。如图 5-16 所示，工件的内轮廓转接凹圆弧半径 R 较小时，铣刀直径 D 也随之较小，一般选择：$D = 2R$。若槽深或壁板高度 H 较大，势必造成细长铣刀，从而使铣刀在加工中的刚性变差。铣刀的刚性是以铣刀直径 D 与刃长 l 的比值来表示，一般取 $D/l \geqslant 0.4 \sim 0.5$。当铣刀的刚性不能满足 $D/l \geqslant 0.4 \sim 0.5$ 条件时，可采用直径大小不同的两把铣刀分别进行粗、精加工。先用直径较大的铣刀进行粗加工，然后再用 D、l 均符合图样要求的铣刀进行精加工。

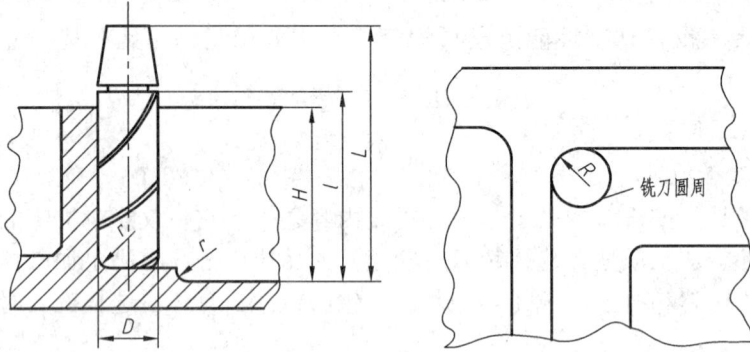

图 5-16　内轮廓转接圆弧

铣刀刀刃长度的选择：为了提高铣刀的刚性，铣刀的刀刃长度应在保证铣削过程中不发生干涉的情况下，尽量选择较短的尺寸。一般可根据以下两种情况进行选择。

加工深槽或盲孔时：

$$L_1 = H + 2$$

式中，L_1——铣刀刀刃长度(mm)；

　　　H——槽深度(mm)。

加工外形或通孔或通槽时：

$$L_1 = H + r + 2$$

式中，r——铣刀端刃圆角半径(mm)。

铣刀端刃圆角半径 r 的选择：铣刀端刃圆角半径 r 的大小应与零件上的要求一致。但粗加工铣刀因尚未切削到工件的最终轮廓尺寸，故可适当选得小些，有时甚至可选为"清角"（即 $r = 0 \sim 0.5$ mm），但在编程时需要认真考虑粗加工以后留下的余量，以保证精加工铣刀可以把图样所要求的 r 加工出来，不要造成根部"过切"的现象。

3．铣刀的补偿

1) 刀具半径补偿

(1) 刀具半径补偿的目的。在数控铣床上进行轮廓的铣削加工时，由于刀具半径的存在，刀具中心(刀位点)轨迹和工件轮廓不重合。如果数控系统不具备刀具半径自动补偿功能，则只能按刀位点进行编程，即在编程时给出刀具的中心轨迹(如图 5-17 所示的点画线轨迹)，其计算有时相当复杂，尤其是当刀具磨损、重磨或换新刀而使刀具直径变化时，必须重新计算刀位点的轨迹，并修改程序，这样既繁琐，又不易保证加工精度。当数控系统具备刀具半径自动补偿功能时，数控编程只需按工件轮廓进行(如图 5-17 所示的粗实线轨迹)，数控系统会自动计算刀位点的轨迹，使刀具偏离工件轮廓一个半径值，即进行刀具半径补偿。

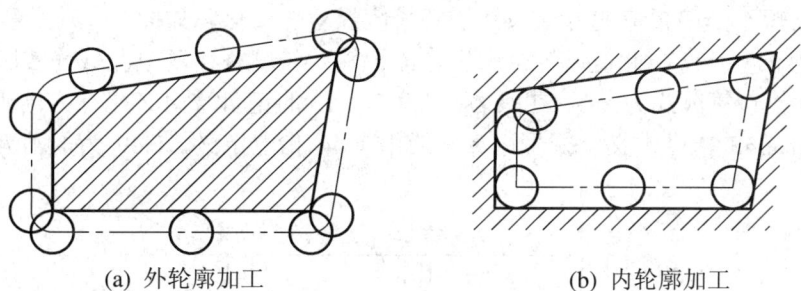

(a) 外轮廓加工　　　　　　　　　　　(b) 内轮廓加工

图 5-17　刀具的编程轨迹

(2) 刀具半径补偿的方法。数控系统的刀具半径补偿就是将计算刀具中心轨迹的过程由 CNC 系统完成，编程员假设刀具的半径为零，直接根据零件的轮廓形状进行编程，因此这种编程方法也称为对零件的编程，而实际的刀具半径则存放在一个可编程刀具半径偏置寄存器中。在加工过程中，CNC 系统根据零件程序和刀具半径自动计算刀具中心轨迹，完成对零件的加工。当刀具半径发生变化时，不需要修改零件程序，而只需修改存放在刀具半径偏置寄存器中的刀具半径值或选用存放在另一个刀具半径偏置寄存器中的刀具半径所对应的刀具即可。

现代 CNC 系统一般都设置有若干个可编程刀具半径偏置寄存器，并对其进行编号，专供刀具补偿之用。进行数控编程时，只需调用刀具半径补偿参数所对应的寄存器编号即可。加工时，CNC 系统将该编号对应的刀具半径偏置寄存器中存放的刀具半径值取出，对刀具中心轨迹进行补偿计算，生成实际的刀具中心运动轨迹。

数控铣削加工中的刀具半径补偿可分两种，即刀具半径左补偿(用 G41 指令定义)和刀具半径右补偿(用 G42 指令定义)。编程时，一般使用 D##(##为非零数值)代码选择正确的刀具半径偏置寄存器号。根据 ISO 标准，当刀具中心轨迹沿前进方向位于工件轮廓左边时称为刀具半径左补偿；反之，当刀具中心轨迹沿前进方向位于工件轮廓右边时称为刀具半径右补偿，如图 5-18 所示。当不需要进行刀具半径补偿时，则用 G40 指令取消刀具半径补偿。

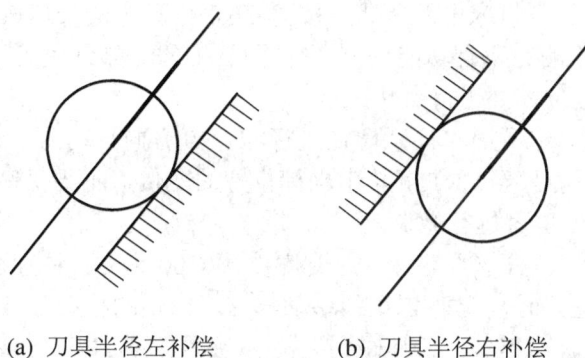

(a) 刀具半径左补偿　　　　　　(b) 刀具半径右补偿

图 5-18　刀具半径补偿

2) 刀具长度补偿

在数控立式铣床上，当刀具磨损或更换刀具时，Z 向刀位点与初始加工的编程位置产生偏差，为了保证加工深度仍然达到原设计位置，同时又不修改程序，必须在 Z 向进给中，通过伸长或缩短一个偏置量的方法来补偿其长度尺寸的变化。如图 5-19 所示，L_1 为程序给定值，L_2 为长度补偿，此值通过机床操作面板输入长度寄存器中，L_3 为实际加工的位移值，则长度补偿计算公式为：$L_3 = L_1 \pm L_2$。L_1、L_2、L_3 的正负号由 Z 坐标方向确定，式中加号运算一般由 G43 指令定义，减号运算一般由 G44 指令定义，G49 为取消刀具长度补偿状态。

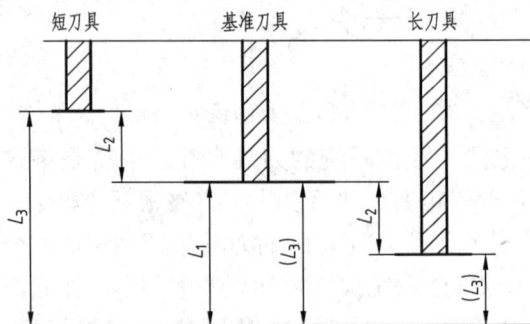

图 5-19　刀具长度补偿原理

5.1.7　数控铣床的维护与保养

数控铣床是一种自动化程度较高、结构较复杂的先进加工设备，在现代企业生产中有着至关重要的作用。为了充分发挥数控铣床的效能，重要的是要做好机床的预防性维护，使机床的机械部分和电气部分少出故障，特别是数控系统更应精心维护，以延长数控系统的平均无故障时间。预防性维护的关键是加强机床的日常维护与保养，并尽量避免操作中的失误。

1. 数控铣床操作过程中的注意事项

(1) 每次开机前检查一下数控铣床后面润滑油泵中的润滑油是否充裕，空气压缩机是否打开，切削液所用的机油是否足够等。

(2) 开机时，首先打开机床电源，然后按下 CNC 电源中的开启按钮，把急停按钮顺时针旋转，等数控铣床检测完所有功能后(下操作面板上的一排红色指示灯熄掉)，再按下机床按钮，使数控铣床复位，处于待命状态。

(3) 在手动操作时，必须时刻注意，在进行 X、Y 方向移动前，必须使 Z 轴处于抬刀位置。移动过程中，不能只看 CRT 屏幕中坐标位置的变化，而要观察刀具的移动，等刀具移动到位后，再看 CRT 屏幕进行微调。

(4) 在编程过程中，对于初学者来说，尽量少用 G00 指令，特别在 X、Y、Z 三轴联动中，更应注意。在走空刀时，应把 Z 轴的移动与 X、Y 轴的移动分开进行，即"多抬刀、少斜插"。因为在斜插时，容易使刀具碰到工件(或夹具)而发生刀具(或夹具)损坏。

(5) 在使用电脑进行串口通信时，要做到：先开铣床、后开电脑；先关电脑、后关铣床。避免铣床在开关的过程中，由于电流的瞬间变化而冲击电脑。

(6) 在利用 DNC(电脑与数控铣床之间相互进行程序的输送)功能时，要注意铣床的内存容量，一般从电脑向数控铣床传输的程序总字节数应小于 23 KB。如果程序比较长，则采用由电脑边传送边加工的方法，但程序段号不得超过 N9999。如果程序段超过一万个，可以借助 MasterCAM 中的程序编辑功能，把程序段号取消。

(7) 数控铣床出现报警时，要根据报警号查找原因，及时解除警报，不可关机了事，否则开机后仍处于报警状态。

2．数控铣床的维护与保养

1) 日常检查要点

(1) 清除工作台、基座等处污物和灰尘，除去机床表面上的机油、冷却液和切屑。

(2) 清除没有罩盖的滑动表面上的一切东西。

(3) 擦净丝杠的暴露部位。为了清除这些部位的灰尘和切屑，要用轻油或其他同类油冲洗。

(4) 清理风箱式护罩。

(5) 清理、检查所有限位开关、接近开关及其周围表面。

(6) 检查各润滑油箱及主轴润滑油箱的油面，使其保持在合适的油面位置。

(7) 确保空气滤杯内的水完全排除。

(8) 检查液压泵的压力是否足够。

(9) 检查机床主液压系统是否漏油。

(10) 检查冷却液软管及液面，清理管内及冷却液槽内的切屑等污物。

(11) 确保操作面板上所有指示灯为正常显示。

(12) 检查各坐标轴是否处在原点上。

(13) 检查主轴端面、刀夹及其他配件是否有毛刺、破裂或损坏现象，并将主轴周围清理干净。

2) 月检查要点

(1) 清理电气控制箱内部，使其保持干净。

(2) 校准工作台及床身基准的水平状态，必要时调整垫铁，拧紧螺母。

(3) 清洗空气滤网，必要时予以更换。

(4) 检查液压装置、管路及接头，确保无松动、无磨损现象。

(5) 清理导轨滑动面上的刮垢板。

(6) 检查各电磁阀、行程开关、接近开关，确保它们能正常工作。

(7) 检查液压箱内的油滤，必要时予以清洗。

(8) 检查各电缆及接线端子是否接触良好。

(9) 确保各联锁装置、时间继电器、继电器能正常工作。

(10) 确保数控装置能正常工作。

3) 半年检查要点

(1) 清理电气控制箱内部，使其保持干净。

(2) 更换液压装置内的液压油及润滑装置内的润滑油，清洗油滤及油箱内部。

(3) 检查各电机轴承是否有噪声，必要时予以更换。

(4) 检查机床的各有关精度。

(5) 直观检查所有电气部件及继电器是否可靠工作。

(6) 测量各进给坐标轴的反向间隙，必要时予以调整或进行补偿。

(7) 检查各伺服电机的电刷及换向器的表面，必要时予以修整或更换。

(8) 检查一个试验程序的完整运转情况。

4) CNC系统的日常维护与保养

CNC 系统的维护与保养在具体的数控铣床使用、维修说明书中，一般都有明确的规定，但总的来说，应注意以下几点：

(1) 制订 CNC 系统的日常维护的规章制度。根据各种部件的特点，确定各自保养条例。如明文规定哪些地方需要天天清理，哪些部件需要定期更换等。

(2) 应尽量少开数控柜和强电柜的门。

(3) 定时清理数控装置的散热通风系统。

(4) 定期维护 CNC 系统的输入/输出装置。如常见的输入装置：光电纸带阅读机，当其读带部分被污染，则会导致读入信息出错。因此，必须定期对它的主动滚轴、压紧滚轴、导向滚轴以及纸带压板和纸带通道等进行擦拭，并对导向滚轴、张紧臂滚轴等进行润滑。

(5) 定期检查和更换直流电机电刷。

(6) 经常监视 CNC 装置用的电网电压。CNC 装置通常允许电网电压在额定值的 $+10\%\sim-15\%$ 范围内波动。如果超出此范围就会造成系统不能正常工作，甚至会引起 CNC 系统内的电子元件损坏。

(7) 定期更换存储器的电池。

(8) CNC 系统长期不用时的维护。为了减少数控系统的故障率，数控铣床闲置不用是不可取的。若 CNC 系统处于长期闲置的情况下，应注意以下两点：一是经常给系统通电，特别是在环境湿度较大的时候，通过电子元件本身的发热来驱散数控装置内的湿气，保证电子元件的性能稳定可靠。二是对采用直流伺服电机来驱动的数控铣床，应将直流伺服电机的电刷取出，以免由于化学腐蚀作用，使换向器表面被腐蚀，造成换向器性能变坏。

3. 数控铣床常见故障及排除

数控铣床是一种集机械技术、电子技术、可编程控制技术及计算机技术等多项技术于一体的现代化机床，其故障的产生表现为多样性，原因也比较复杂，因此给数控铣床的故障诊断和排除带来了较大困难。现根据数控铣床的组成及结构特点，对其常见故障作简要分析。

1) 机械部分故障

由于数控铣床大量采用了电气控制，使其机械结构大为简化，因此机械故障较传统普通铣床大为减少。

(1) 主轴部件。主轴部件是数控铣床高速运转且承受载荷较大的重要部件，在长期使用过程中，主轴的自动拉紧刀柄装置、自动变速装置及主轴的运动精度等会出现问题。当发现不良现象时，应及时采取措施予以调整和维修。

(2) 进给传动链。数控铣床普遍采用滚珠丝杠螺母副，进给传动链的故障主要表现为运动品质下降，如定位精度降低、反向间隙增大、机械爬行、轴承噪声过大(一般是在撞车后出现)。为此,可采取调整预紧力及补偿环节的办法来消除故障。

(3) 限位行程开关。当限位行程开关本身的品质特性下降时,往往就丧失了"限位"的功能,造成撞刀、报警等故障。此时,应更换限位行程开关。

(4) 配套附件。当冷却液装置、排屑器、导轨防护罩、冷却液防护罩、主轴冷却恒温油箱和液压油箱等配套附件的可靠性下降时,应及时调整和更换相应附件。

2) CNC系统故障

CNC系统发生故障的现象和原因很多,这里仅列举最常见的,以供参考。

(1) 数控系统不能接通电源。数控系统的电源输入单元一般都有电源指示灯,若此灯不亮,可先检查电源变压器是否有交流电源输入。如果交流电源已输入,再检查输入单元的保险是否烧断。若输入单元的报警灯亮,应检查各直流工作电压以及电路是否有短路现象。机床操作面板的数控系统电源开关失灵,以及电源输入单元接触不良等,也会造成系统不能接通电源。

(2) 电源接通后CRT无灰度或无显示。此类故障多数是由下列因素所引起:

① 与CRT单元有关的电缆连接不良,应重新检查并连接。

② 检查CRT单元输入电压是否正常。但检查前要了解CRT所用的电源是交流还是直流,电压的高低是多少。

③ CRT单元本身的故障。CRT单元是由显示单元、调节器单元等部分组成,其中任何一个部分不良都会造成CRT无灰度或无图像。

④ 用示波器检查VIDEO(视频)信号输入,如无信号,则故障在CRT接口印刷线路板或主控制线路板。

⑤ 主控制印刷线路板发生报警指示,也可影响CRT显示。此时故障多不是CRT本身,可按报警信息来分析处理。

(3) CRT无显示时机床不能动作。其原因可能是主控制印刷线路板或存储系统控制软件的ROM板不良。

(4) CRT无显示而且机床仍能执行手动或自动操作。该现象说明系统控制部分能正常进行插补运算,仅显示部分或控制部分发生故障。

(5) CRT有显示但机床不能动作。就数控系统而言,引起这类故障的原因可分为两类:一是系统处于不正常的状态,如系统处于报警状态,或处于紧急停止状态,或是数控系统复位按钮处于被接通状态;二是设定错误,例如将进给速度设定为零值,再如将机床设定为锁住状态,此时如运行程序虽然在CRT上有位置显示变化而机床不能运动。

(6) 机床开机或运行过程中的随机故障。数控系统一接通电源就出现"没准备好"提示,过几秒钟就自动切断电源,有时数控系统接通电源后显示正常,但在运行的中途突然在CRT画面上出现"没准备好",随之电源被切断。造成这类故障的一个原因是PLC有故障,通过检查PLC的参数和梯形图来发现。

(7) 用户宏程序出错。当数控系统进入用户宏程序时出现超程报警或显示"程序停止",但当数控系统一旦退出宏程序运行后,则数控系统运行很正常。这类故障多出现在用户宏程序。如操作人员错按"复位"按钮,就会造成宏程序混乱。此时可采取全部清除数控系统的内存,重新输入NC与PLC的参数、宏程序变量、刀具编号及设定等来恢复。

(8) 机床不能正常返回参考点，且有报警显示。其原因一般是脉冲编码器一端的信号没有输入到主控制印刷线路板上，如脉冲编码器断线或脉冲编码器的连接电缆和插头断线等。另外，返回参考点时的机床位置距基准点太近也会产生此报警。

(9) 返回参考点过程中，数控系统突然变成"未准备好"状态，但又无报警产生。这种情况多为返回参考点用的减速开关失灵，触头压下后不能复位所致。

(10) 手摇脉冲发生器(即手摇盘)不能工作。这有两种情况：一是转动手摇脉冲发生器时 CRT 画面的位置显示发生变化，但机床不动。此时应通过自诊断功能检查系统是否处于机床锁住状态。如未锁住，则再由自诊断功能确认伺服断开信号是否被输入到数控系统内。如上述处理无效，则故障多会出现在伺服系统内。二是转动手摇脉冲发生器 CRT 画面的位置显示无变化，机床也不运动。此时可按以下顺序来检查：首先确认数控系统是否带有手摇脉冲发生器功能(通过核查参数变化来确认)，然后确认机床锁住信号是否已被输入(通过诊断功能检查)，再确认手摇脉冲发生器的方式选择信号已输入(通过诊断功能确认)，最后检查主板是否有报警。如以上均正常，则可能是手摇脉冲发生器不良或手摇脉冲发生器接口不良。

3) 伺服系统故障

(1) 主轴伺服系统故障。当主轴伺服系统发生故障时，通常有三种表现形式：一是 CRT 或操作面板上显示报警内容或报警信息；二是在主轴驱动装置上用报警灯或数码管显示主轴驱动装置的故障；三是主轴工作不正常，但无任何报警信息。常见的故障有：

① 外界干扰。当屏蔽和接地措施不良时，由于受电磁干扰，主轴转速指令信号或反馈信号将会受到影响，使主轴驱动出现随机性的波动。

② 过载。切削用量过大、频繁正/反转等均可引起过载报警。具体表现为主轴电动机过热、主轴驱动装置过载报警等。

③ 主轴定位抖动。主轴准停用于刀具交换、精镗退刀及齿轮换挡等场合，其具体实现方法有机械准停控制、磁性传感器的电气准停控制和光电编码器的准停控制。这些准停方式均要经过减速过程，如减速或增速等参数设置不当，均引起定位抖动。另外，机械准停中定位液压缸活塞移动的限位开关失灵，磁性传感器准停中发磁体和磁传感器之间的间隙发生变化或磁性传感器失灵均可引起抖动。

④ 主轴转速与进给不匹配。当进行螺纹切削或用每转进给指令切削时，会出现停止进给，而主轴仍继续运转的故障。要执行每转进给指令，主轴必须有每转一个脉冲的反馈信号。一般情况下为主轴编码器出现问题。

⑤ 转速偏移指令值。当主轴转速超过技术要求所规定的范围时，要考虑：
- 电动机过载。
- CNC 系统输出的主轴转速模拟量(通常为 0～±10 V)没有达到与转速指令所对应的值。
- 测试装置有故障或速度反馈信号断线。
- 主轴驱动装置出现故障。

⑥ 主轴异常噪声及振动。首先要区别异常噪声及振动是由机械部分引起还是电气驱动部分引起。若在减速过程中产生，一般是由驱动装置造成的，如交流驱动中的再生回路故障；若在恒速过程中产生，则可通过观察主轴电动机的自由停车过程中是否有噪声和振动，

如存在，则主轴机械部分有问题。检查振动周期是否与转速有关，如无关，一般是主轴驱动装置未调好；如有关，应检查主轴机械部分是否良好，测试装置是否良好。

⑦ 主轴电动机不转或达不到正常转速。CNC 系统至主轴驱动装置除了转速模拟量控制信号外，还有使能控制信号，一般为 DC+24 V 继电器线圈电压。

● 检查 CNC 系统是否有速度控制信号输出。

● 检查使能信号是否接通。通过 CRT 观察 I/O 状态，分析机床 PLC 梯形图(或流程图)，以确定主轴启动条件，如润滑、冷却是否满足。

● 主轴驱动装置出现故障。

● 主轴电动机出现故障。

(2) 进给伺服系统故障。当进给伺服系统发生故障时，通常也有三种表现形式：一是 CRT 或操作面板上显示报警内容或报警信息；二是在进给伺服驱动单元上用报警灯或数码管显示驱动单元的故障；三是进给运动不正常，但无任何报警信息。常见的故障有：

① 超程。当进给运动超过由软件设定的软限位或由限位开关决定的硬限位时，就会发生超程报警。一般在 CRT 上显示报警内容。根据数控系统说明书，即可排除故障，解除报警。

② 过载。当进给运动负载过大、频繁正/反运动以及进给传动链润滑状态不良等均可引起过载报警。一般会在 CRT 上显示伺服电机过载、过热或过流等报警内容，同时，在强电柜中的进给驱动单元上，用指示灯或数码管提示驱动单元过载、过流等信息。

③ 窜动。在进给时出现窜动现象，可能是由下列因素引起：

● 测速信号不稳定，如测速装置故障、测速反馈信号干扰等。

● 速度控制信号不稳定或受到干扰。

● 接线端子接触不良，如螺钉松动等，当窜动发生在正方向运动的瞬间，一般是由于进给传动链的反向间隙或伺服系统增益过大所致。

④ 爬行。爬行发生在启动加速段或低速进给时，一般是由于进给传动链的润滑状态不良、伺服系统增益过低及外加负载过大等因素所致。尤其要注意的是，伺服电机和滚珠丝杠连接用的联轴器，由于连接松动或联轴器本身的缺陷(如裂纹)等，造成滚珠丝杠转动和伺服电机的转动不同步，从而使进给运动忽快忽慢，产生爬行现象。

⑤ 振动。分析机床振动周期是否与进给速度有关。若与进给速度有关，则振动可能是该轴的速度环增益太高或速度反馈故障所致；若与进给速度无关，则振动可能是该轴的位置环增益太高或位置反馈故障所致。如果振动在加减速过程中产生，往往是系统的加减时间设定过小造成的。

⑥ 伺服电机不转。CNC 系统至进给驱动单元除了速度控制信号外，还有使能控制信号，一般为 DC + 24 V 继电器线圈电压。

● 检查使能信号是否接通。

● 通过 CRT 观察 I/O 状态，分析机床 PLC 梯形图(或流程图)，以确定进给轴启动的条件，如润滑、冷却是否满足。

● 进给伺服驱动单元故障。

● 伺服电机故障。

⑦ 位置误差。当伺服运动超过位置允差范围时，数控系统会产生位置误差过大报警，

包括跟随误差、轮廓误差和定位误差等。主要原因是：

- 系统设定的允差范围过小。
- 伺服系统增益设置不当。
- 位置检测装置有污染。
- 进给传动链累积误差过大。
- 主轴箱垂直运动时平衡装置(如平衡油缸等)不稳。

⑧ 漂移。当指令值为零时，坐标轴仍移动，从而造成位置误差。通过漂移补偿和驱动单元上的零速调整来消除。

⑨ 回参考点故障。一般可分为偏离参考点和找不到参考点两类。前一类故障往往是参考点挡块位置设置不当引起的，只要重调整即可。后一类故障主要是回参点减速开关产生的信号或零标志脉冲信号失效(包括信号未产生或在传输处理中丢失)所致。排除故障时首先要搞清楚机床回参考点的方式，再对照故障现象来分析，可采用先"外"后"内"和信号跟踪法查找故障部位。这里的"外"是指安装在机床外部的挡块和参考点开关，可以用PLC接口 I/O 状态指示直观查看信号的有无；"内"是指脉冲编码器中的零标志位或光栅尺上的零标志位，可用示波器检测。

(3) 位置检测装置故障。数控伺服系统最终是以位置控制为目的，对于闭环控制的伺服系统，位置检测元件的精度将直接影响到机床的位置精度。目前，用于闭环控制的位置检测元件多用光栅尺；用于半闭环控制的位置检测元件多用光电编码器。位置检测装置具有很高的工作频率，并与外设相连接，所以容易发生故障。常见的故障有：

① 位控环报警。该故障可能是测量回路开路；位控单元内部损坏，测量系统损坏。

② 不发指令就运动。该故障可能是漂移过高，正反馈、位控单元故障；测量元件损坏。

③ 测量元件故障。该故障一般表现为无反馈值；机床回不了参考点；高速时漏掉脉冲，产生报警，可能的原因是光栅或读头脏了；光栅坏了。

4) PLC故障

当数控铣床出现 PLC 故障时，一般通过下面三种方式来检查原因和排除故障：

(1) 通过 CNC 报警直接找到故障的原因。

(2) 虽有 CNC 报警，但不能反映故障的真正原因。

(3) 故障没有任何提示。

对于后两种情况，可以利用数控系统的自诊断功能，根据 PLC 的梯形图和输入/输出状态信息来分析和判断故障的原因，这是解决数控铣床外围故障的基本方法。

5.2　数控铣削的工艺分析

5.2.1　数控铣床铣削加工内容的选择

数控铣削加工工艺性分析是编程前的重要工艺准备工作之一。根据加工实践，数控铣削加工工艺分析所要解决的主要问题大致可归纳为以下几个方面。

1．选择并确定数控铣削加工部位及工序内容

在选择数控铣削加工内容时，应充分发挥数控铣床的优势和关键作用。主要选择的加工内容有：

(1) 工件上的曲线轮廓，特别是由数学表达式给出的非圆曲线与列表曲线等曲线轮廓，如图 5-20 所示的正弦曲线。

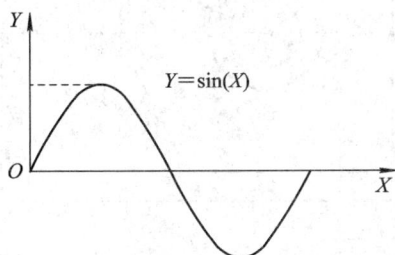

图 5-20　$Y=\sin(X)$ 曲线

(2) 已给出数学模型的空间曲面，如图 5-21 所示的球面。

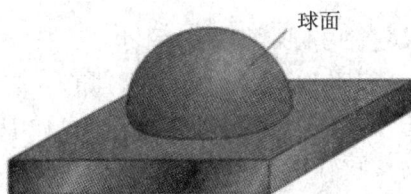

图 5-21　球面

(3) 形状复杂、尺寸繁多、划线与检测困难的部位。

(4) 用通用铣床加工时难以观察、测量和控制进给的内外凹槽。

(5) 以尺寸协调的高精度孔和面。

(6) 能在一次安装中顺带铣出来的简单表面或形状。

(7) 用数控铣削方式加工后，能成倍提高生产率、大大减轻劳动强度的一般加工内容。

2．零件图样的工艺性分析

根据数控铣削加工的特点，对零件图样进行工艺性分析时，应主要分析与考虑以下一些问题。

1) 零件图样尺寸的正确标注

由于加工程序是以准确的坐标点来编制的，因此各图形几何元素间的相互关系(如相切、相交、垂直和平行等)应明确，各种几何元素的条件要充分，应无引起矛盾的多余尺寸或者影响工序安排的封闭尺寸等。例如零件在用同一把铣刀、同一个刀具半径补偿值编程加工时，由于零件轮廓各处尺寸公差带不同，如图 5-22 所示，就很难同时保证各处尺寸在尺寸公差范围内。这时一般采取的方法是：兼顾各处尺寸公差，在编程计算时，改变轮廓尺寸并移动公差带，改为对称公差，采用同一把铣刀和同一个刀具半径补偿值加工，对图 5-22 中括号内的尺寸，其公差带均作了相应改变，计算与编程时用括号内尺寸进行。

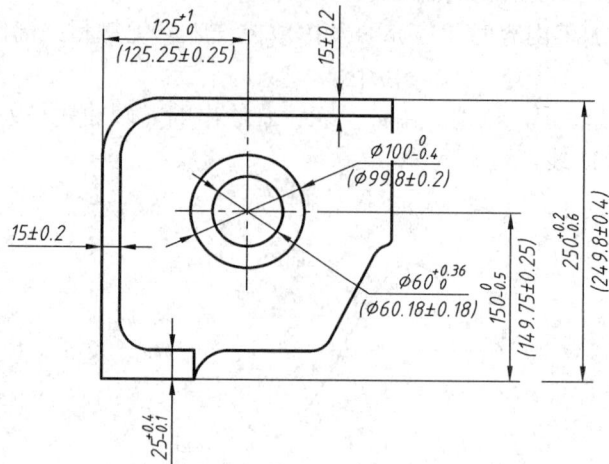

图 5-22　零件尺寸公差带的调整

2) 统一内壁圆弧的尺寸

加工轮廓上内壁圆弧的尺寸往往限制刀具的尺寸。

(1) 内壁转接圆弧半径 R。如图 5-23 所示，当工件的被加工轮廓高度 H 较小、内壁转接圆弧半径 R 较大时，可采用刀具切削刃长度 L 较小、直径 D 较大的铣刀加工。这样，底面 A 的走刀次数较少，表面质量较好，因此，工艺性较好。反之如图 5-24 所示情况，铣削工艺性则较差。通常，当 $R < 0.2H$ 时，属工艺性较差。

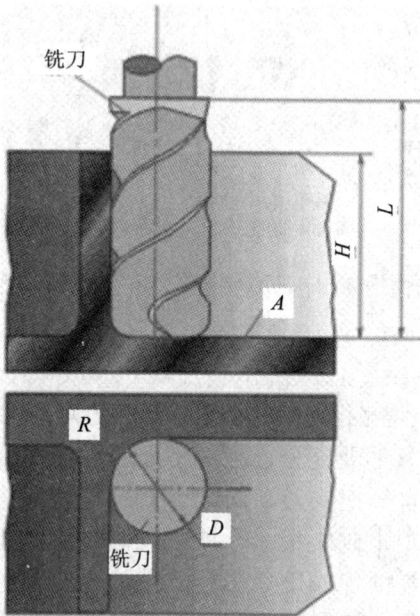

图 5-23　R 较大时

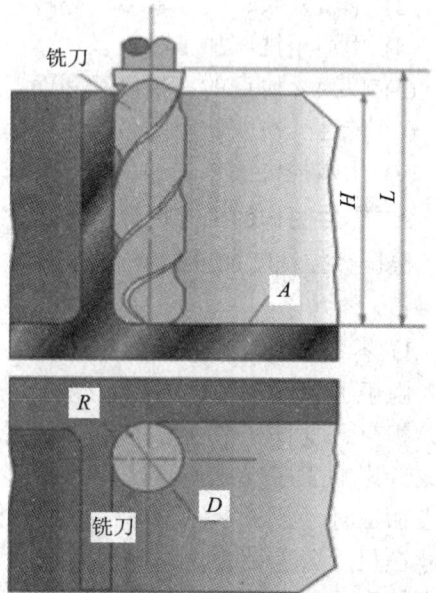

图 5-24　R 较小时

(2) 内壁与底面转接圆弧半径 r。如图 5-25 所示，铣刀直径 D 一定时，工件的内壁与底面转接圆弧半径 r 越小，铣刀与铣削平面接触的最大直径 $d = D - 2r$ 也越大，铣刀端刃铣削平面的面积越大，则加工平面的能力越强，因而，铣削工艺性越好。反之，工艺性越差，如图 5-26 所示。

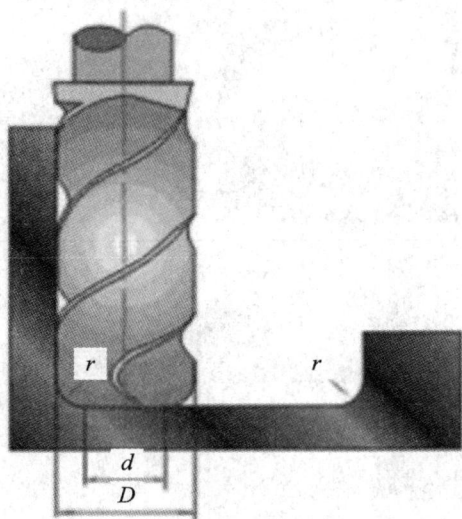

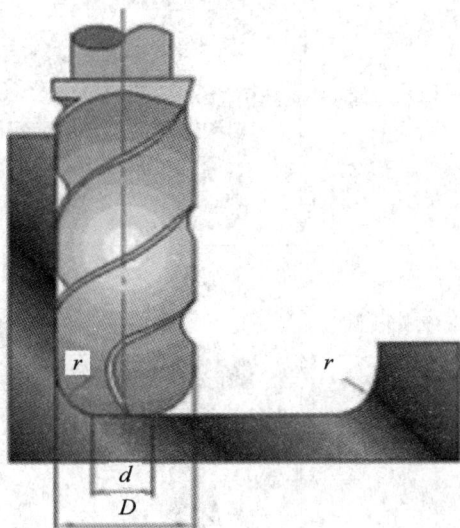

图 5-25　r 较小　　　　　　　　　　图 5-26　r 较大

当底面铣削面积大，转接圆弧半径 r 也较大时，只能先用一把 r 较小的铣刀加工，再用符合要求 r 的刀具加工，分两次完成切削。

总之，一个零件上内壁转接圆弧半径尺寸的大小和一致性，影响着加工能力、加工质量和换刀次数等。因此，转接圆弧半径尺寸大小要力求合理，半径尺寸尽可能一致，至少要力求半径尺寸分组靠拢，以改善铣削工艺性。

3) 保证基准统一的原则

有些工件需要在铣削完一面后，再重新安装铣削另一面，由于数控铣削时，不能使用通用铣床加工时常用的试切方法来接刀，因此，最好采用统一基准定位。

4) 分析工件的变形情况

工件在铣削加工时的变形，将影响加工质量。这时，可采用常规方法如粗、精加工分开及对称去余量法等，也可采用热处理的方法，改善工件的切削加工性，如对钢件进行调质处理，对铸铝件进行退火处理等。加工薄板时，切削力及薄板的弹性退让极易产生切削面的振动，使薄板厚度尺寸公差和表面粗糙度难以保证，这时，应考虑合适的工件装夹方式。

总之，加工工艺取决于产品零件的结构形状，尺寸和技术要求等。表 5-1 中给出了改进零件结构提高工艺性的一些实例。

表 5-1　改进零件结构提高工艺性实例

提高工艺性方法	结构		结果
	改进前	改进后	
铣 削 加 工			
改进内壁形状			可采用较高刚性刀具
统一圆弧尺寸			减少刀具数量和更换刀具次数,减少辅助时间
选择合适的圆弧半径 R 和 r			提高生产效率
用对称结构			减少编程时间,简化编程
合理改进凸台分布			减少加工劳动量

续表

提高工艺性方法	结　构		结果
	改进前	改进后	
铣　削　加　工			
改进结构形状		≤0.3	减少加工劳动量
		≤0.3	减少加工劳动量
改进尺寸比例	$\dfrac{H}{b}>10$　H	$\dfrac{H}{b}\leqslant10$　H	可用较高刚度刀具加工，提高生产率
在加工和不加工表面间加入过渡		0.5...1.5　　0.5...1.5	减少加工劳动量
改进零件几何形状			斜面筋代替阶梯筋，节约材料

5.2.2　零件的加工路线

1．铣削轮廓表面

在铣削轮廓表面时一般采用立铣刀侧面刃口进行切削。对于二维轮廓加工，通常采用的加工路线为：

从起刀点下刀到下刀点沿切向切入工件；轮廓切削；刀具向上抬刀，退离工件；返回起刀点。

2．顺铣和逆铣对加工的影响

在铣削加工中，采用顺铣还是逆铣方式是影响加工表面粗糙度的重要因素之一。逆铣时切削力 F 的水平分力 F_X 的方向与进给运动 V_f 方向相反，顺铣时切削力 F 的水平分力 F_X 的方向与进给运动 V_f 的方向相同。铣削方式的选择应视零件图样的加工要求，工件材料的性质、特点以及机床、刀具等条件综合考虑。通常由于数控机床传动采用滚珠丝杠结构，其进给传动间隙很小，顺铣的工艺性就优于逆铣。

如图 5-27(a)所示为采用顺铣切削方式精铣外轮廓，图 5-27(b)所示为采用逆铣切削方式精铣型腔轮廓，图 5-27(c)所示为顺、逆铣时的切削区域。

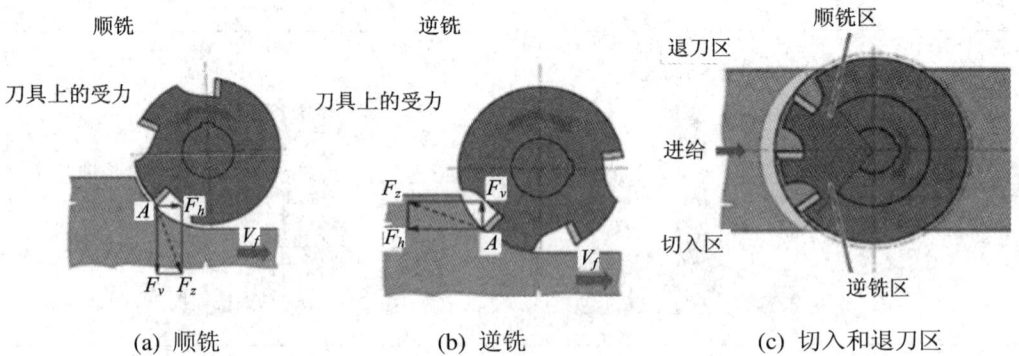

图 5-27　顺铣和逆铣切削方式

为了降低表面粗糙度值，提高刀具耐用度，对于铝镁合金、钛合金和耐热合金等材料，尽量采用顺铣加工。但如果零件毛坯为黑色金属锻件或铸件，表皮硬而且余量较大，这时采用逆铣较为合理。

5.3　数控铣削基本编程指令

本节将以 XK5032 立式数控铣床为基础，介绍数控铣床程序编制的基本方法。XK5032 立式数控铣床所配置的是 FANUC-0MC 数控系统。该系统的主要特点是：轴控制功能强，其基本可控制轴数为 X、Y、Z 三轴，扩展后可联动控制轴数为四轴；编程代码通用性强，编程方便，可靠性高。常用文字码及其含义见表 5-2。

表 5-2　常用文字码及其含义

功　能	文 字 码	含　义
程序号	O：ISO/：EIA	表示程序名代号(1～9999)
程序段号	N	表示程序段代号(1～9999)
准备机能	G	确定移动方式等准备功能
坐标字	X、Y、Z、A、C	坐标轴移动指令(±99 999.999 mm)
	R	圆弧半径(±99 999.999 mm)
	I、J、K	圆弧圆心坐标(±99 999.999 mm)
进给功能	F	表示进给速度(1～1000 mm/min)
主轴功能	S	表示主轴转速(0～9999 r/min)
刀具功能	T	表示刀具号(0～99)
辅助功能	M	冷却液开、关控制等辅助功能(0～99)
偏移号	H	表示偏移代号(0～99)
暂停	P、X	表示暂停时间(0～99 999.999s)
子程序号及子程序调用次数	P	子程序的标定及子程序重复调用次数设定(1～9999)
宏程序变量	P、Q、R	变量代号

5.3.1　加工坐标系的建立

1) G92——设置加工坐标系

编程格式：G92 X__ Y__ Z__

G92 指令是将加工原点设定在相对于刀具起始点的某一空间点上。若程序格式为

G92 X a Y b Z c

则将加工原点设定到距刀具起始点距离为 X= –a，Y= –b，Z= –c 的位置上。

例：G92 X20 Y10 Z10

其确立的加工原点在距离刀具起始点 X=–20，Y=–10，Z=–10 的位置上，如图 5-28 所示。

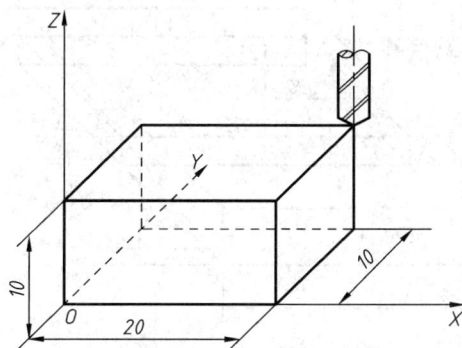

图 5-28　G92 设置加工坐标系

2) G53——选择机床坐标系

编程格式：G53 G90 X__ Y__ Z__

G53 指令使刀具快速定位到机床坐标系中的指定位置上，式中 X、Y、Z 后的值为机床坐标系中的坐标值，其尺寸均为负值。

例：G53 G90 X-100　Y-100　Z-20

程序执行后，刀具在机床坐标系中的位置如图 5-29 所示。

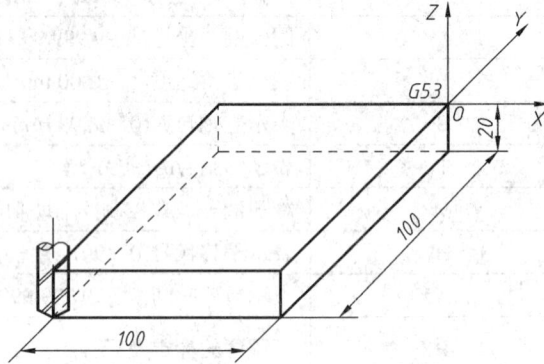

图 5-29　G53 选择机床坐标系

3) G54、G55、G56、G57、G58、G59——选择1～6号加工坐标系

这些指令可以分别用来选择相应的加工坐标系。

编程格式：G54 G90 G00 (G01) X__ Y__ Z__ (F__)

该指令执行后，所有坐标值指定的坐标尺寸都是选定的工件加工坐标系中的位置。1～6号加工坐标系是通过 CRT/MDI 方式设置的。

例：在图 5-30 中，用 CRT/MDI 在参数设置方式下设置两个加工坐标系：

G54：X-50　Y-50　Z-10

G55：X-100　Y-100　Z-20

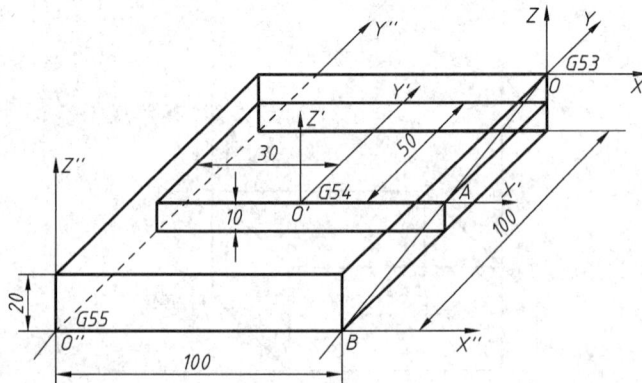

图 5-30　设置加工坐标系

这时，建立了原点在 O′的 G54 加工坐标系和原点在 O″的 G55 加工坐标系。若执行下述程序段：

    N10   G53   G90   X0   Y0   Z0
    N20   G54   G90   G01   X50   Y0   Z0   F100
    N30   G55   G90   G01   X100   Y0   Z0   F100

则刀尖点的运动轨迹如图 5-30 中 OAB 所示。

4) 注意事项

(1) G54 与 G55～G59 的区别。G54～G59 设置加工坐标系的方法是一样的，但在实际情况下，机床厂家为了用户的不同需要，在使用中有以下区别：利用 G54 设置机床原点的情况下，进行回参考点操作时机床坐标值显示为 G54 的设定值，且符号均为正；利用 G55～G59 设置加工坐标系的情况下，进行回参考点操作时机床坐标值显示零值。

(2) G92 与 G54～G59 的区别。G92 指令与 G54～G59 指令都是用于设定工件加工坐标系的，但在使用中是有区别的。G92 指令是通过程序来设定、选用加工坐标系的，它所设定的加工坐标系原点与当前刀具所在的位置有关，这一加工原点在机床坐标系中的位置是随当前刀具位置的不同而改变的。

(3) G54～G59 的修改。G54～G59 指令是通过 MDI 在设置参数方式下设定工件加工坐标系的，一旦设定，加工原点在机床坐标系中的位置是不变的，它与刀具的当前位置无关，除非再通过 MDI 方式修改。

(4) 应用范围。本书介绍的加工坐标系的设置方法，仅是 FANUC 系统中常用的方法之一，其余不一一列举。其他数控系统的设置方法应按机床说明书执行。

(5) 常见错误。当执行程序段"G92 X10 Y10"时，常会认为刀具是在运行程序后到达 X 10 Y 10 点上。其实，G92 指令程序段只是设定加工坐标系，并不产生任何动作，这时刀具已在加工坐标系中的 X10 Y10 点上。

G54～G59 指令程序段可以和 G00、G01 指令组合，如执行 G54 G90 G01 X 10 Y10 时，运动部件在选定的加工坐标系中进行移动。程序段运行后，无论刀具当前点在哪里，它都会移动到加工坐标系中的 X10 Y10 点上。

5.3.2 刀具半径补偿功能 G40、G41、G42

数控机床在实际加工过程中是通过控制刀具中心轨迹来实现切削加工任务的。在编程过程中，为了避免复杂的数值计算，一般按零件的实际轮廓来编写数控程序，但刀具具有一定的半径尺寸，如果不考虑刀具半径尺寸，那么加工出来的实际轮廓就会与图纸所要求的轮廓相差一个刀具半径值。因此，需采用刀具半径补偿功能来解决这一问题。

1) 刀具半径补偿功能的定义及编程格式

刀具半径补偿功能的定义及编程格式在 5.1.6 节已讨论过，这里不详述。在针对具体零件编程中，要注意正确选择 G41、G42，以保证顺铣和逆铣的加工要求。

2) 刀具半径补偿设置方法

在机床控制面板上，按"OFFSET"键，进入 WEAR 界面，在所指定的寄存器内输入刀具半径值即可。

5.3.3　坐标系旋转功能 G68、G69

G68、G69 指令可使编程图形按照指定旋转中心及旋转方向旋转一定的角度，其中 G68 表示开始坐标系旋转，G69 用于撤销旋转功能。

1) 基本编程方法

编程格式：G68 X__ Y__ R__
　　　　　　...
　　　　　　G69

式中，X、Y——旋转中心的坐标值(可以是 X、Y、Z 中的任意两个，它们由当前平面选择指令 G17、G18、G19 中的一个确定)。当 X、Y 省略时，G68 指令认为当前的位置即为旋转中心。

R——旋转角度，逆时针旋转定义为正方向，顺时针旋转定义为负方向。

当程序在绝对方式下时，G68 程序段后的第一个程序段必须使用绝对方式移动指令，才能确定旋转中心。如果这一程序段为增量方式移动指令，那么系统将以当前位置为旋转中心，按 G68 给定的角度旋转坐标。现以图 5-31 为例，应用旋转指令的程序为

```
N10 G92 X-5 Y-5            //建立图 5-31 所示的加工坐标系
N20 G68 G90 X7 Y3 R60      //开始以点(7，3)为旋转中心，逆时针旋转 60°的旋转
N30 G90 G01 X0 Y0 F200     //按原加工坐标系描述运动，到达(0，0)点
(G91 X5 Y5)                //若按括号内程序段运行，将以(-5,-5)的当前点为旋转中心旋转 60°
N40 G91 X10                //X 向进给到(10，0)
N50 G02 Y10 R10            //顺圆进给
N60 G03 X-10 I-5 J-5       //逆圆进给
N70 G01 Y-10               //回到(0，0)点
N80 G69 G90 X-5 Y-5        //撤销旋转功能，回到(-5，-5)点
M02                        //结束
```

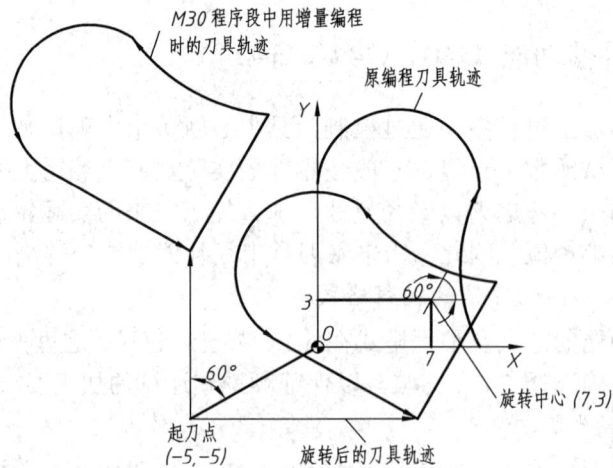

图 5-31　坐标系的旋转

2) 坐标系旋转功能与刀具半径补偿功能的关系

旋转平面一定要包含在刀具半径补偿平面内。以图 5-32 为例。程序如下：

```
N10 G92 X0 Y0
N20 G68 G90 X10 Y10 R-30
N30 G90 G42 G00 X10 Y10 F100 H01
N40 G91 X20
N50 G03 Y10 I-10 J 5
N60 G01 X-20
N70 Y-10
N80 G40 G90 X0 Y0
N90 G69 M30
```

当选用半径为 R5 的立铣刀时，设置：H01=5。

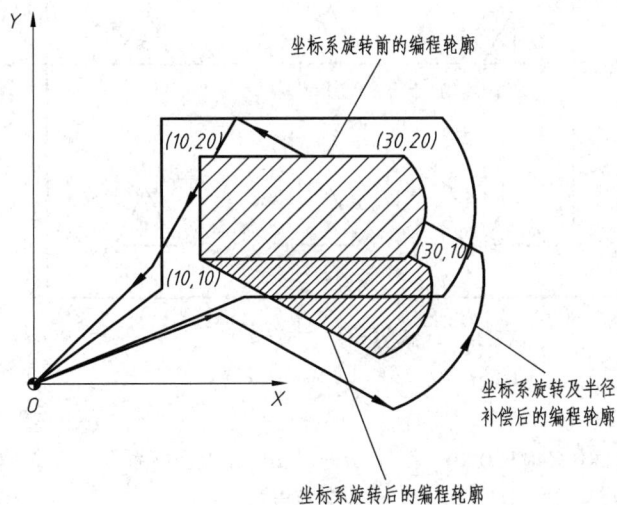

图 5-32　坐标旋转与刀具半径补偿

3) 与比例编程方式的关系

在比例模式时，再执行坐标旋转指令，旋转中心坐标也执行比例操作，但旋转角度不受影响。这时各指令的排列顺序如下：

```
G51 …
G68 …
G41/G42 …
G40 …
G69 …
G50 …
```

5.3.4　子程序调用

编程时，为了简化程序的编制，当一个工件上有相同的加工内容时，常用调子程序的方法进行编程。调用子程序的程序叫做主程序。子程序的编号与一般程序基本相同，只是程序结束字为 M99 表示子程序结束，并返回到调用子程序的主程序中。

调用子程序的编程格式

　　　　M98 P__ ；

式中，P——表示子程序调用情况。P 后共有 8 位数字，前 4 位为调用次数，省略时为调用一次；后 4 位为所调用的子程序号。

例：如图 5-33 所示，在一块平板上加工 6 个边长为 10 mm 的等边三角形，每边的槽深为 –2 mm，工件上表面为 Z 向零点。其程序的编制就可以采用调用子程序的方式来实现(编程时不考虑刀具补偿)。

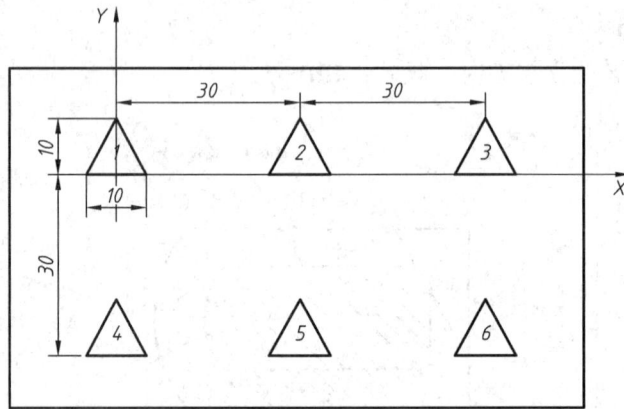

图 5-33　零件图样

主程序：

```
OO010
N10 G54 G90 G01 Z40 F2000          //进入工件加工坐标系
N20 M03 S800                        //主轴启动
N30 G00 Z3                          //快进到工件表面上方
N40 G01 X 0 Y8.66                   //到 1 号三角形上顶点
N50 M98 P20                         //调 20 号切削子程序切削三角形
N60 G90 G01 X30 Y8.66              //到 2 号三角形上顶点
N70 M98 P20                         //调 20 号切削子程序切削三角形
N80 G90 G01 X60 Y8.66              //到 3 号三角形上顶点
N90 M98 P20                         //调 20 号切削子程序切削三角形
N100 G90 G01 X 0 Y -21.34          //到 4 号三角形上顶点
N110 M98 P20                        //调 20 号切削子程序切削三角形
N120 G90 G01 X30 Y -21.34          //到 5 号三角形上顶点
N130 M98 P20                        //调 20 号切削子程序切削三角形
N140 G90 G01 X60 Y -21.34          //到 6 号三角形上顶点
N150 M98 P20                        //调 20 号切削子程序切削三角形
N160 G90 G01 Z40 F2000             //抬刀
```

```
    N170 M05                        //主轴停
    N180 M30                        //程序结束
子程序：
    O20
    N10 G91 G01 Z -2 F100           //在三角形上顶点切入(深)2 mm
    N20 G01 X -5 Y-8.66             //切削三角形
    N30 G01 X 10 Y 0                //切削三角形
    N40 G01 X 5 Y 8.66              //切削三角形
    N50 G01 Z 5 F2000               //抬刀
    N60 M99                         //子程序结束
```

设置 G54：X = –400，Y = –100，Z = –50。

5.3.5　比例及镜向功能

比例及镜向功能可使原编程尺寸按指定比例缩小或放大；也可让图形按指定规律产生镜像变换。

G51 为比例编程指令，G50 为撤销比例编程指令。G50、G51 均为模式 G 代码。

1) 各轴按相同比例编程

编程格式：

    G51 X__ Y__ Z__ P__
    …
    G50

式中，X、Y、Z——比例中心坐标(绝对方式)；

P——比例系数，最小输入量为 0.001，比例系数的范围为 0.001~999.999。该指令以后的移动指令，从比例中心点开始，实际移动量为原数值的 P 倍。P 值对偏移量无影响。

例如，在图 5-34 中，P_1~P_4 为原编程图形，P_1'~P_4' 为比例编程后的图形，P_0 为比例中心。

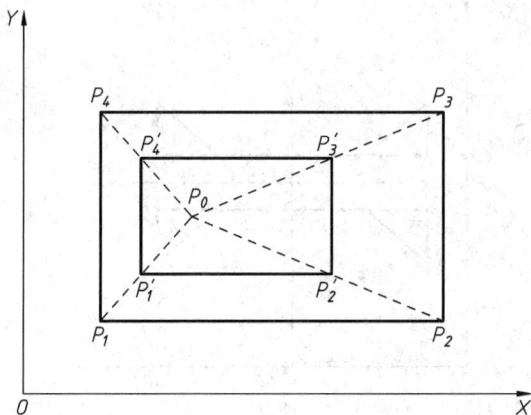

图 5-34　各轴按相同比例编程

2) 各轴以不同比例编程

各轴可以按不同比例来缩小或放大。当给定的比例系数为 −1 时，可获得镜像加工功能。

编程格式：

G51 X__ Y__ Z__ I__ J__ K__

…

G50

式中，X、Y、Z——比例中心坐标；

I、J、K——对应 X、Y、Z 轴的比例系数，在±0.001～±9.999 范围内。本系统设定 I、J、K 不能带小数点，比例为 1 时，应输入 1000，并在程序中都应输入，不能省略。比例系数与图形的关系见图 5-35。其中：b/a：X 轴系数；d/c：Y 轴系数；O：比例中心。

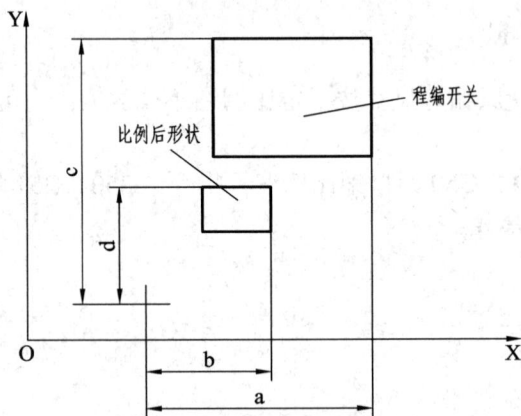

图 5-35　各轴以不同比例编程

3) 镜像功能

再举一例来说明镜像功能的应用。见图 5-36，其中槽深为 2 mm，比例系数取为 +1000 或 −1000。

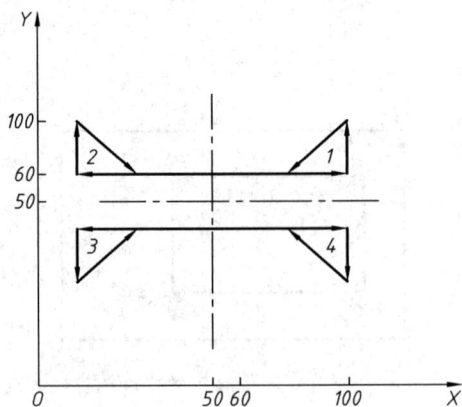

图 5-36　镜像功能

设刀具起始点在 O 点，程序如下：

子程序：O9000

```
N10 G00 X60 Y60              //到三角形左顶点
N20 G01 Z-2 F100             //切入工件
N30 G01 X100 Y60             //切削三角形一边
N40 X100 Y100                //切削三角形第二边
N50 X60 Y60                  //切削三角形第三边
N60 G00 Z4                   //向上抬刀
N70 M99                      //子程序结束
```

主程序：

```
OO100
N10 G92 X0 Y0 Z10            //建立加工坐标系
N20 G90                      //选择绝对方式
N30 M98 P9000                //调用 9000 号子程序切削 1 号三角形
N40 G51 X50 Y50 I-1000 J1000 //以 X50 Y50 为比例中心，以 X 比例为-1、Y 比例为
                             //+1 开始镜像
N50 M98 P9000                //调用 9000 号子程序切削 2 号三角形
N60 G51 X50 Y50 I-1000 J-1000 //以 X50 Y50 为比例中心，以 X 比例为-1、Y 比例为
                             //-1 开始镜像
N70 M98 P9000                //调用 9000 号子程序切削 3 号三角形
N80 G51 X50 Y50 I 1000 J-1000 //以 X50 Y50 为比例中心，以 X 比例为+1、Y 比例为
                             //-1 开始镜像
N90 M98 P9000                //调用 9000 号子程序切削 4 号三角形
N100 G50                     //取消镜像
N110 M30                     //程序结束
```

4) 设定比例方式参数

(1) 在操作面板上选择 MDI 方式；

(2) 按下 PARAM DGNOS 按钮，进入设置页面，其中：

PEV　X——为设定 X 轴镜像，当 PEV　X 置 "1" 时，X 轴镜像有效；当 PEV　X 置 "0" 时，X 轴镜像无效。

PEV　Y——为设定 Y 轴镜像，当 PEV　Y 置 "1" 时，Y 轴镜像有效；当 PEV　Y 置 "0" 时，Y 轴镜像无效。

5.4　5S 安全生产管理

数控铣床 5S 安全生产管理规程如下：

(1) 操作者必须熟悉机床使用说明书和机床的一般性能、结构，严禁超性能使用。

(2) 工作前穿戴好个人的防护用品，长发(男、女)操作者戴好工作帽，头发压入帽内，切削时戴防护眼镜，严禁戴手套。

(3) 开机前要检查润滑油是否充裕、冷却液是否充足，发现不足应及时补充。

(4) 打开数控铣床电气柜上的电气总开关。

(5) 按下数控铣床控制面板上的"ON"按钮，启动数控系统，等自检完毕后进行数控铣床的强电复位。

(6) 手动返回数控铣床参考点。首先返回+Z 方向，然后返回+X 和+Y 方向。

(7) 手动操作时，在 X、Y 移动前，必须使 Z 轴处于安全位置，以免撞刀。

(8) 数控铣床出现报警时，要根据报警号，查找原因，及时排除警报。

(9) 更换刀具时应注意操作安全。在装入刀具时应将刀柄和刀具擦拭干净。

(10) 在自动运行程序前，必须认真检查程序，确保程序的正确性。在操作过程中必须集中注意力，谨慎操作。运行过程中，一旦发生问题，及时按下复位按钮或紧急停止按钮。

(11) 加工完毕后，应把刀架停放在远离工件的换刀位置。

(12) 实习学生在操作时，旁观的同学禁止按控制面板的任何按钮、旋钮，以免发生意外及事故。

(13) 严禁任意修改、删除机床参数。

(14) 生产过程中产生的废机油和切削油，要集中存放到标识为废液桶中，倾倒过程中防止滴漏到桶外，严禁将废液倒入下水道污染环境。

(15) 关机前，应使刀具处于安全位置，把工作台上的切屑清理干净，把机床擦拭干净。

(16) 关机时，先关闭系统电源，再关闭电气总开关。

(17) 做好机床清扫工作，保持清洁，认真执行交接班手续，填好交接班记录。

5.5   铣削类零件数控工艺与加工实践

任务一：固定定位块的铣削工艺与加工实践(项目一零件)

1. 固定定位块的数控工艺与数控编程

1) 固定定位块的数控工艺分析

固定定位块零件图如图 5-37 所示，现需要进行外形轮廓加工(外形已粗加工，各面留余量 1 mm)，毛坯为 35 mm×18 mm×7 mm 板材，材料为 45 钢。

(1) 零件图纸工艺分析。如图 5-37 所示固定定位块零件，固定定位块组成轮廓的各几何要素关系清楚，条件充分，所需要基点坐标容易计算。零件材料为 45 钢，切削工艺性较好。

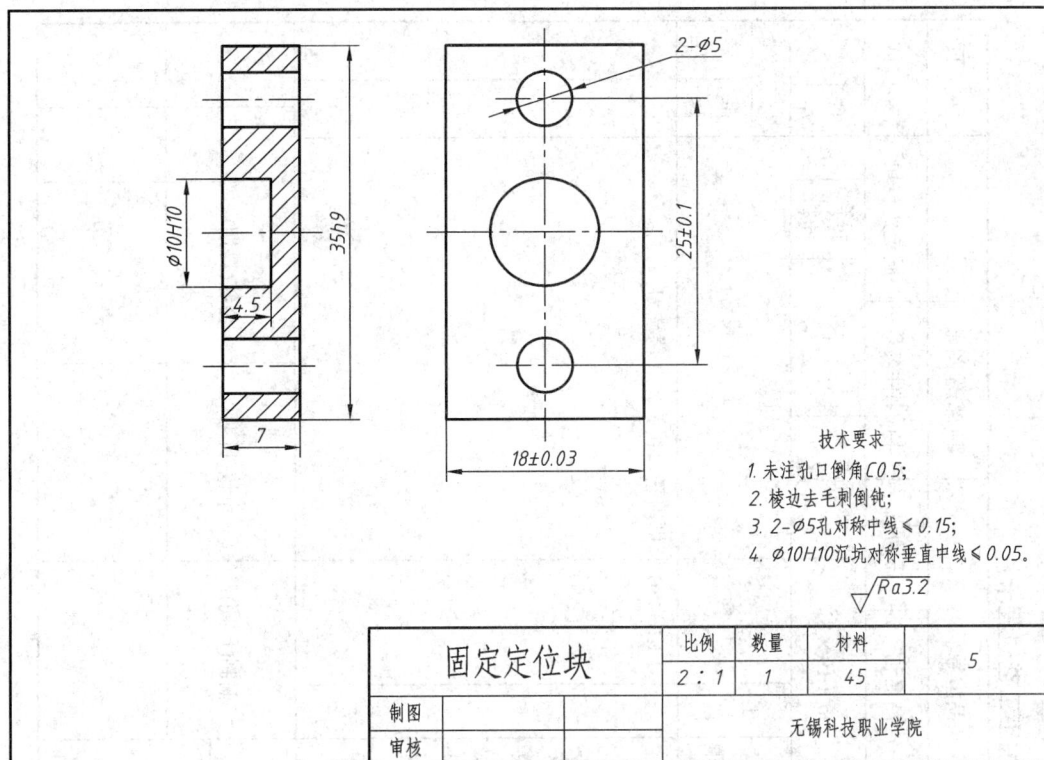

图 5-37　固定定位块

(2) 加工工艺路线设计。固定定位块平面铣削加工顺序按照先粗后精的原则确定。为使固定定位块表面具有较好的加工表面质量，采用顺铣方式铣削，即对外轮廓按顺时针方向铣削。深度进给按坡走铣法逐渐进刀到既定深度。

(3) 机床选择。数控铣削固定定位块平面，一般采用两轴以上联动的数控铣床。因此，首先要考虑的是零件的外形尺寸和重量，使其在机床的允许范围之内；其次考虑数控铣床的精度是否能满足固定定位块的设计要求。根据上述要求，数控铣床 XK6325B 即可满足。

(4) 装夹方案及夹具选择。由于固定定位块零件的各面已在前面工序粗加工完成，因此，固定定位块零件的定位可采用机用和钳装夹定位。

(5) 刀具选择。根据零件结构特点，铣削固定定位块零件各平面时，考虑到 45 钢属于优质碳素钢，加工性能较好，故选用 $\phi 50$ mm 硬质合金端铣刀。

(6) 固定定位块零件的数控工工艺过程见表 5-3。

2) 数控编程

在 FANUC0i-MD 系统的铣床中，铣平面常采用 G0 与 G1 配合编程，提高效率。如果铣削余量大，可采用子程序进行分层切削，精简程序数量。

选取固定定位块工件上表面中心为原点，FANUC0i-MD 系统数控铣削加工程序如表 5-4所示。

表 5-3　固定定位块机械加工工艺过程卡片

	机械加工工艺过程卡片			产品型号		零(部)件图号			共 页
				产品名称	36×19×8	零(部)件名称	固定定位块		第 页
材料牌号	45 钢	毛坯种类	板材	毛坯外形尺寸		每毛坯件数		每台件数	1	备注

工序号	工序名称	工序内容	车间	工段	设备	工艺装备	工时（准终／单件）
1	铣大平面	取毛坯，确认合格后夹持毛坯，露出钳口 5 mm，铣 36×18 面，平面铣出即可；去除边角毛刺翻面装夹，继续铣 36×18 另一面，高度至 7。	数控实训室	铣	XK6325B	机用平口钳，φ50 端铣刀	
2	铣中平面	去除边角毛刺装夹工件，露出机用钳口 5 mm，铣 36×8 面，平面铣出即可；去除边角毛刺翻面装夹，继续铣 36×8 另一面，高度至 18。					
3	铣小平面	去除边角毛刺装夹工件，露出机用钳口 5 mm，铣 18×8 面，平面铣出即可；去除边角毛刺翻面装夹，继续铣 18×8 另一面，高度至 36。					
4	去除毛刺	去除锐边棱角毛刺，并按工艺要求进行质量检查。					

				编制(日期)	审核(日期)	会签(日期)

标记	处记	更改文件号	签字	日期	标记	处记	更改文件号	签字	日期

表 5-4 FANUC0i-MD 数控铣削加工程序

O20001(铣大平面):	O20002(铣中平面):
G54G90G80G40G49G0Z-80; 建立工件坐标系	G54G90G80G40G49G0Z-80;
X-35Y0; Z 轴下刀位置	X-30Y0; Z 轴下刀位置
G91G28Z0; 返回 Z 轴参考点	G91G28Z0; 返回 Z 轴参考点
M06T1; 换刀(φ50 端铣刀)	M06T1; 换刀(φ50 端铣刀)
M03S800; 主轴正转	M03S800;
M08; 切削液打开	M08;
G90G43G0Z20H01; 建立 1 号刀具补偿	G90G43G0Z20H01; 建立 1 号刀具补偿
G1Z-0.5F100; Z 轴下刀	G1Z-0.5F100;
X35; 铣大平面	X30; 铣中平面
G0Z20; Z 轴抬刀	G0Z20;
G49G0Z-80; 取消 1 号刀具补偿	G49G0Z-80; 取消 1 号刀具补偿
G0 Y100;	G0 Y100;
M09; 切削液关闭	M09;
M05; 主轴停止	M05;
M30; 程序停止并返回开始处	M30;
O20003(铣小平面):	
G54G90G80G40G49G0Z-80;	
X-30Y0; Z 轴下刀位置	
G91G28Z0; 返回 Z 轴参考点	
M06T1; 换刀(φ50 端铣刀)	
M03S800;	
M08;	
G90G43G0Z20H01; 建立 1 号刀具补偿	
G1Z-0.5F100;	
X30; 铣小平面	
G0Z20;	
G49G0Z-80; 取消 1 号刀具补偿	
G0 Y100;	
M09;	
M05;	
M30;	

2. 固定定位块零件的数控铣削加工

XK6325B 数控铣床操作加工由老师示范。

任务二：上支撑横梁的铣削工艺与加工实践(项目一零件)

1. 上支撑横梁的数控工艺与数控编程

1) 上支撑横梁的数控工艺分析

上支撑横梁零件图如图 5-38 所示，现需要进行外形精加工(内螺纹和安装孔后面工序加工)，毛坯为 20 mm × 20 mm × 79 mm 板材，材料为 45 钢。

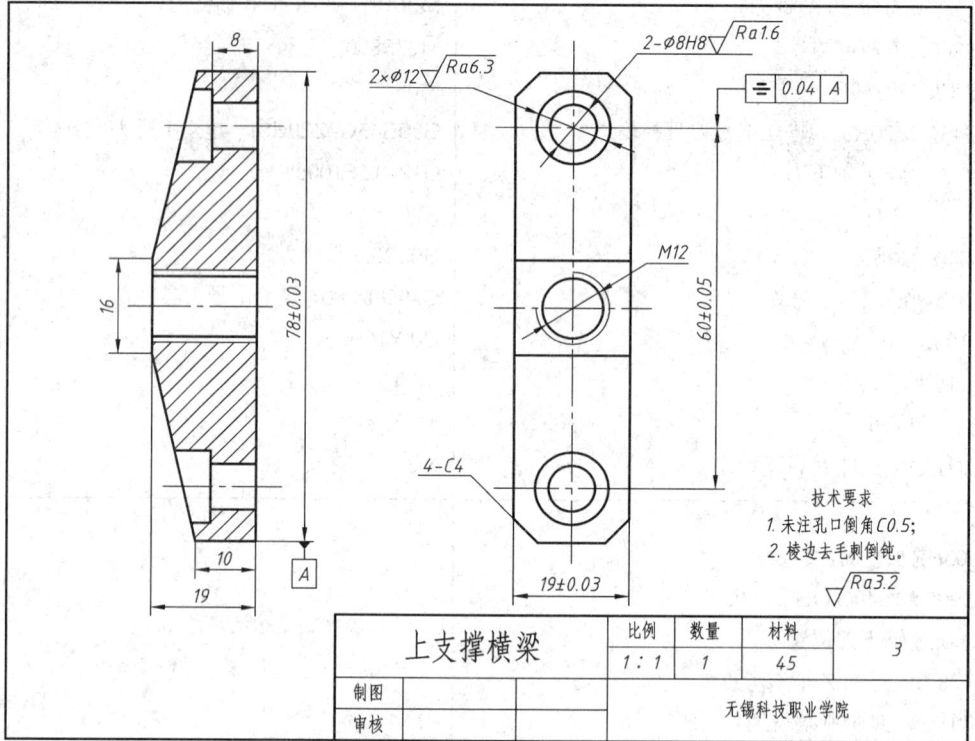

图 5-38　上支撑横梁

(1) 零件图纸工艺分析。如图 5-38 所示上支撑横梁零件，其组成轮廓的各几何要素关系清楚，条件充分，所需要基点坐标容易计算。零件材料为 45 钢，切削工艺性较好。

(2) 加工工艺路线设计。上支撑横梁平面铣削加工顺序按照先粗后精的原则确定。为使上支撑横梁表面具有较好的加工表面质量，采用顺铣方式铣削，即对外轮廓按顺时针方向铣削。

(3) 机床选择。数控铣削上支撑横梁平面，一般采用两轴以上联动的数控铣床。因此，首先要考虑的是零件的外形尺寸和重量，使其在机床的允许范围之内；其次考虑数控铣床的精度是否能满足上支撑横梁的设计要求。根据上述要求，数控铣床 XK6325B 即可满足。

(4) 装夹方案及夹具选择。由于工件的各面已在前面工序粗加工完成，因此，工件的定位可采用机用平口钳装夹定位。同时，考虑到上支撑横梁上两斜面加工，需要设计与之相配的斜(楔)块，保证斜面水平加工，保证加工要求。

(5) 刀具选择。根据零件结构特点，铣削上支撑横梁零件各平面时，考虑到 45 钢属于优质碳素钢，加工性能较好，故选用 ϕ50 mm 硬质合金端铣刀。

(6) 上支撑横梁零件的数控工艺过程见表 5-5。

表5-5　上支撑横梁机械加工工艺过程卡片

机械加工工艺过程卡片	产品型号		零(部)件图号		共　页
	产品名称		零(部)件名称	上支撑横梁	第　页

材料牌号	毛坯种类	毛坯外形尺寸	压力机 / 每毛坯件数	每台件数	备注
45钢	板材	20×20×79	1	1	

工序号	工序名称	工序内容	车间	工段	设备	工艺装备	工时 准终	工时 单件
1	铣大平面	取毛坯，确认合格后夹持毛坯，平面铣出即可；去除边角毛刺翻面装夹，铣 78×19 面，继续铣 78×19 另一面，铣另一相同面。	数控实训室	铣	XK6325B	机用平口钳，φ50端铣刀		
2	铣小平面	去除边角毛刺装夹工件，露出机用钳口 5 mm，平面铣出即可；去除边角毛刺翻面装夹，铣 19×19 面，继续铣 19×19 另一面，高度至 78。						
3	铣斜面	去除边角毛刺，将工件安装置于斜(楔)块上，安装工件，铣一侧斜面至图纸要求；重复上述工步，再铣另一斜面至图纸要求。				专用斜(楔)块		
4	去除毛刺	去除锐边棱角毛刺，并按工艺要求进行质量检查。						

	编制(日期)	审核(日期)	会签(日期)

标记	处记	更改文件号	签字	日期	标记	处记	更改文件号	签字	日期

2) 数控编程

在 FANUC0i-MD 系统的铣床中，铣平面常采用 G0 与 G1 配合编程，提高效率。如果铣削余量大，可采用子程序进行分层切削，精简程序数量。

选取上支撑横梁工件上表面中心为原点，FANUC0i-MD 系统数控铣削加工程序如表 5-6 所示。

表 5-6　FANUC0i-MD 数控铣削加工程序

O30001(铣大、小平面); G54G90G80G40G49G0Z-80; 建立工件坐标系 X-36Y0; Z 轴下刀位置 G91G28Z0; 返回 Z 轴参考点 M06T1; 换刀(ϕ50 端铣刀) M03S800; 主轴正转 M08; 切削液打开 G90G43G0Z20H01; 建立 1 号刀具长度补偿 G1Z-0.5F100; Z 轴下刀 X36; 铣平面 G0Z20; G49G0Z-80; 取消 1 号刀具长度补偿 G0 Y100; M09; 关闭切削液 M05; 主轴停止 M30; 程序停止并返回开始处	
O30002(铣斜面); G54G90G80G40G49G0Z-80; 建立工件坐标系 X-30Y0; 下刀位置 G91G28Z0; 返回 Z 轴参考点 M06T1; 换刀(ϕ50 端铣刀) M03S800; M08; G90G43G0Z20H01; 建立 1 号刀具长度补偿 G0Z0.36; M98P93003; 调用子程序 3003，共 9 次 G0Z20; G49G0Z-80; 取消 1 号刀具长度补偿 G0 Y100; M09; M05; M30;	O30003(子程序); G91G1Z-1F100; Z 轴下刀 X60; 铣平面 Z1; Z 轴抬刀 X-60; 刀具返回起始点 G0Z-1; Z 轴返回起始点 M99; 子程序结束

2. 上支撑横梁零件的数控铣削加工

XK6325B 数控铣床操作加工由老师示范。

任务三：垫块的铣削工艺与加工实践(项目二零件)

垫块零件图如图 5-39 所示，其铣削工艺与加工实践由学生自主练习。

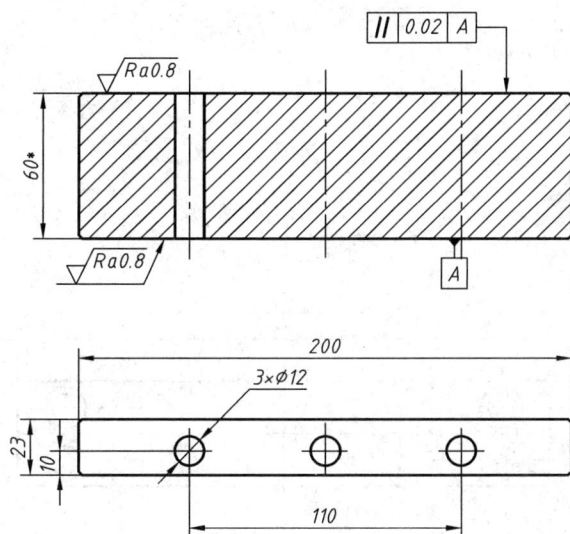

技术要求
1. 热处理: 28~32 HRC;
2. 未注倒角1.5×45°;
3. 保证两件尺寸60*等高。

$\sqrt{Ra3.2}$

垫块			比例	数量	材料	13
			2 : 1	2	45	
制图			无锡科技职业学院			
审核						

图 5-39　垫块

任务四：推杆固定板的铣削工艺与加工实践(项目二零件)

推杆固定板零件图如图 5-40 所示，其铣削工艺与加工实践由学生自主练习。

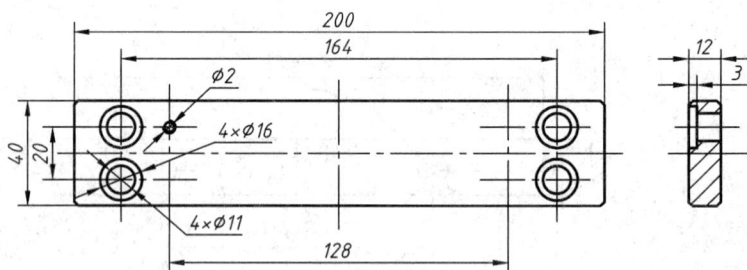

技术要求
1. 热处理: 28~32 HRC;
2. 未注倒角1.5×45°。

$\sqrt{Ra1.6}$

推杆固定板		比例	数量	材料	3
		2 : 1	1	45	
制图			无锡科技职业学院		
审核					

图 5-40　推杆固定板

任务五：顶板的铣削工艺与加工实践(项目二零件)

顶板零件图如图 5-41 所示，其铣削工艺与加工实践由学生自主练习。

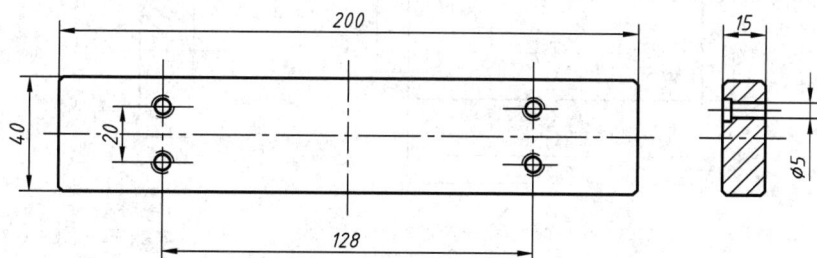

技术要求
1. 热处理: 28~32 HRC;
2. 未注倒角1.5×45°。

√Ra1.6

顶板	比例	数量	材料	2
	2 : 1	1	45	
制图			无锡科技职业学院	
审核				

图 5-41　顶板

任务六：底板孔系的加工(项目一零件)

1. 底板孔系的数控工艺与数控编程

1) 底板孔系的数控工艺分析

底板零件图如图 5-42 所示，现需要对底板上各类孔进行加工(外形已在上次工序加工)，毛坯为 78 mm × 60 mm × 11 mm 板材，材料为 45 钢。

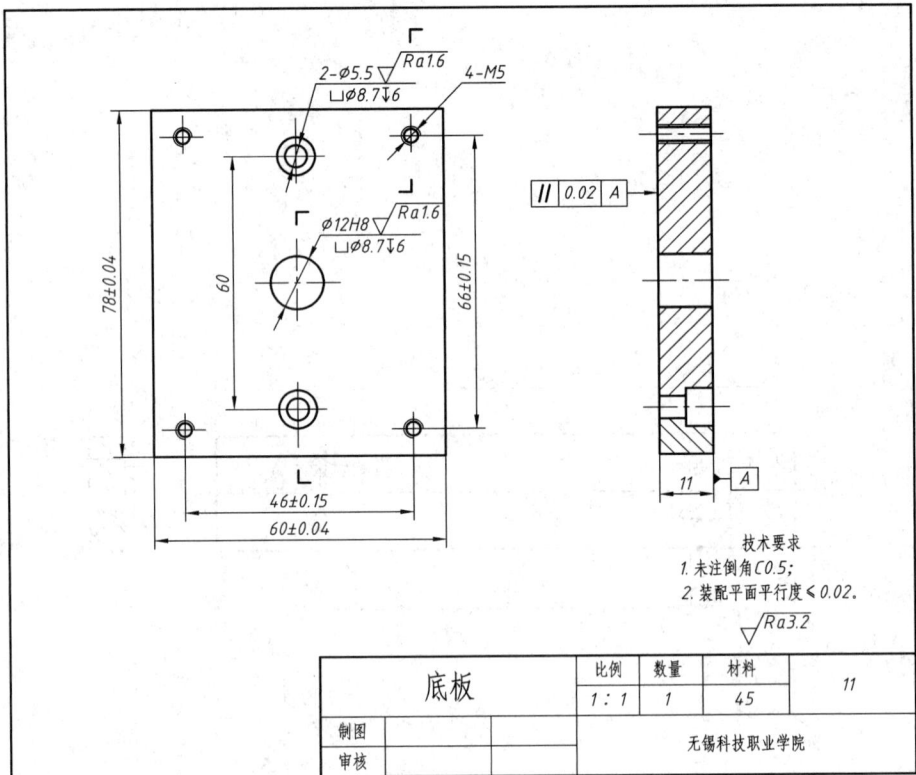

图 5-42　底板

(1) 零件图纸工艺分析。底板上各孔轮廓的几何要素关系清楚，所需要基点坐标容易计算。零件材料为 45 钢，切削工艺性较好。

(2) 加工工艺路线设计。底板孔钻削加工顺序按照点孔(孔定位)、预钻孔、扩孔、铰孔(铣孔或锪沉孔)、攻螺纹的工艺原则确定。

(3) 机床选择。数控钻削底板孔系，一般采用两轴以上联动的数控铣床或钻削加工中心。因此，首先要考虑的是零件的外形尺寸和重量，使其在机床的允许范围之内；其次考虑数控铣床或钻削加工中心的精度是否能满足底板孔系的设计要求。根据上述要求，数控铣床 XK6325B 或哈斯 VF-1 加工中心即可满足。

(4) 装夹方案及夹具选择。由于底板的外形已在前面工序加工完成。因此，其定位可采用机用钳口装夹定位，即可保证加工要求。

(5) 刀具选择。根据底板上孔的特点，钻削底板上各孔时，考虑到 45 钢属于优质碳素钢，加工性能较好，故选用高速钢或硬质合金材质的刀具即可。

(6) 底板孔系的数控工艺过程见表 5-7。

表5-7　底板孔系机械加工工艺过程卡片

	机械加工工艺过程卡片	产品型号		零(部)件图号		共 页
		产品名称	78×60×11	零(部)件名称 1	底板孔系	第 页

材料牌号	毛坯种类	毛坯外形尺寸		每毛坯件数		每台件数 1	备注
45钢	板材						

工序号	工序名称	工序内容	车间	工段	设备	工艺装备	工时(准终/单件)
1	点定位孔	取毛坯、确认合格后夹持毛坯，露出钳口5 mm(工件下木可放置垫块)，钻孔φ12H8、2-φ5.5、4-M5 的底孔的定位孔。	数控实训室		钻 VF-1	机用平口钳、φ10定位钻(T1)；φ4.3麻花钻(T2)；φ5.5麻花钻(T3)；φ8.7锪孔钻(T4)；φ8(T5)、φ11.8麻花钻(T6)；φ16倒角钻(T7)；φ12H8铰刀(T8)；M5丝攻(T9)	
2	钻螺纹孔	钻孔φ12H8、2-φ5.5 的预钻孔至φ4.3，4-M5 的底孔钻至φ4.3。					
3	钻孔φ5.5	扩孔 2-φ5.5 的孔至φ5.5。					
4	锪沉孔	锪 2-φ5.5 孔的沉孔至φ8.7，深6。					
5	扩孔	扩孔φ12H8 的孔至φ8、φ11.8(两次扩)孔，分两工步。					
6	孔口倒角	孔φ12H8、沉孔φ8.7、4-M5 的底孔孔口倒角。					
7	铰孔	铰孔φ12H8 的孔至图纸尺寸要求。					
8	攻螺纹	攻4-M5 至图纸尺寸要求。					
9	去除毛刺	去除锐边棱毛刺，并按工艺要求进行质量检查。					

编制(日期)　审核(日期)　会签(日期)

标记	处记	更改文件号	签字	日期

2) 数控编程

(1) 孔加工常用编程指令。数控钻镗编程时，数值计算比较简单，程序中只需要给出被加工孔的中心位置、孔的深度及孔在加工过程中刀具的几个关键位置就可以了。一般一条加工指令仅完成一个加工动作，但孔的加工需要一套连续的几个固定动作才能完成。

孔循环一般包括 6 个动作：在 XY 面定位；快速移动到 R 平面；孔加工；孔底动作；返回到 R 平面；返回到起始点。

图 5-43 所示浅孔加工：刀具在初始平面快速定位至孔中心，再快速下至安全平面位置，然后以钻孔进给速度加工至孔底，最后再快速抬刀，完成一浅孔的加工。对孔加工的几个连续动作，数控系统均以子程序的形式事先存储在子程序存储器中，在需要时可用一组"固定循环"指令代码去调用相应的子程序，执行不同的孔加工操作，使钻镗加工程序大大简化。

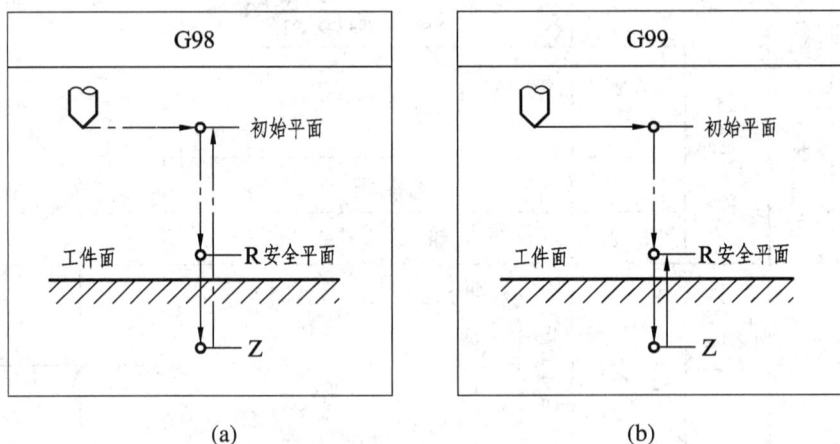

图 5-43　浅孔加工

常用的孔加工固定循环指令有 13 个：G73、G74、G76、G80、G81～G89。其中 G80 为取消固定循环指令，其调用格式为

　　　　G98/G99 G_ X_ Y_ Z_ R_ P_ Q_ L_ F_

说明：

G98 表示自动抬高至初始平面高度；

G99 表示自动抬高至安全平面高度；

G 为 G73、G74、G76、G81～G89 中的任一个代码；

X 和 Y 为孔中心位置坐标；

Z 为孔底位置或孔的深度；

R 为安全平面高度；

P 为刀具在孔底停留时间，用于 G76、G82、G88、G89；

Q 为深孔加工(G73、G83)时，每次下钻的进给深度，镗孔(G76、G87)时，为刀具的横向偏移量，Q 的值永远为正值；

L 为子程序调用次数，L=0 时，只记忆加工参数，不执行加工，只调用一次时，L=1 可以省略；

F 为钻孔的进给速度。

① G81 主要用于定位孔和一般浅孔加工。

编程指令：G81 X_ Y_ Z_ R_ F_

② G82 主要用于锪孔。所用刀具为锪刀或锪钻，是一种专用刀具，用于对已加工的孔刮平孔端面或加工出圆柱形或者是锥形沉头孔。

编程指令：G82 X_ Y_ Z_ R_ P_ F_

其加工过程与 G81 类似，唯一不同的是，刀具在进给加工至深度 Z 后，暂停 P 秒，然后再快速退刀。

③ G73 为高速深孔加工指令。

　　G73 X_ Y_ Z_ R_ Q_ F_

G73 加工高度深孔加工采用间断进给，有利于断屑、排屑。每次进给钻孔深度为 Q，一般取 3～10 mm，快速抬高 d，末次进刀深度≤Q。d 为间断进给时的抬刀量，由机床内部设定，一般为 0.2～1 mm。

④ G83 为一般深孔加工指令。

　　G83 X_ Y_ Z_ R_ Q_ F_

G83 与 G73 的区别在于：G73 每次以进给速度钻进 Q 深度后，快速抬高 d，再由此处以进给速度钻孔至第二个 Q 深度，依次重复，直至完成整个深孔的加工；而 G83 则是在每次进给钻进一个 Q 深度后，均快速退刀至安全平面高度，然后快速下降至前一个 Q 深度之上 d 处，再以进给速度钻孔至下一个 Q 深度。

⑤ G74 为左螺纹加工指令。

　　G74 X_ Y_ Z_ R_ F_

　　G98 返回 R 安全平面

　　G99 返回初始平面

丝锥在初始平面高度快速平移至孔中心 XY 处，然后再快速下降至安全平面 R 高度，反转启动主轴，以进给速度(导程/转)F 切入至 Z 处，主轴停转，再正转启动主轴，并以进给速度退刀至 R 平面，主轴停转，然后快速抬刀至初始平面。

⑥ G84 为右螺纹加工指令。

　　G84 X_ Y_ Z_ R_ F_

与 G74 不同的是，在快速降至安全平面 R 后，正转启动主轴，丝锥攻入孔底后停转，再反转退刀。

⑦ G85、G86、G88、G89 为粗镗循环指令。

　　G85 X_ Y_ Z_ R_ F_

在初始高度，刀具快速定位至孔中心 XY，接着快速下降至安全平面 R 处，再以进给速度 F 镗至孔底 Z，然后以进给速度退刀至安全平面，再快速抬至初始平面高度。

G86 参数格式与 G85 相同，与 G85 固定循环动作不同的是，当镗至孔底后，主轴停转，快速返回安全平面(G99 时)或初始平面(G98 时)后，主轴重新启动。

G88 X_Y_Z_R_P_F_

其固定循环动作与 G86 类似，不同的是，刀具在镗至孔底后，暂停 P 秒，然后主轴停止转动，退刀是在手动方式下进行的。

G89 X_Y_Z_R_P_F_

其固定循环动作与 G85 的唯一差别是在镗至孔底时暂停 P 秒。

⑧ G76 为精镗循环指令。

精镗循环与粗镗循环的区别是：刀具镗至孔底后，主轴停转，并向反刀尖方向偏移，使刀具在退出时不划伤精加工孔的表面。

其指令参数格式为

G76 X_Y_Z_R_Q_P_F_

镗刀在初始平面高度快速移至孔中心 X、Y，再快速降至安全平面 R，然后以进给速度 F 镗孔至孔底 Z，暂停 P 秒，然后刀具抬高一个回退量 d，主轴停止转动，然后向反刀尖方向快速偏移 Q，再快速抬刀至安全平面(G99 时)或初始平面(G98 时)，再沿刀尖方向平移 Q。

⑨ G87 为背镗(又称反镗)循环指令。

背镗中的镗孔进给方向与一般孔加工方向相反。一般加工时，刀具主轴沿 Z 轴负向向下加工进给，安全平面 R 在孔底 Z 的上方；背镗时，刀具主轴沿 Z 轴正向向上加工进给，安全平面 R 在孔底 Z 的下方。

G87 的指令参数格式为

G87 X_Y_Z_R_Q_P_F_

刀具在初始平面高度快速移至孔中心 X、Y，主轴停转，然后快速沿反刀尖方向偏移 Q，再沿 Z 轴负向快速降至安全平面 R，然后沿刀尖正向偏移 Q 值，主轴正转启动，再沿 Z 轴正向以进给速度向上反镗至孔底 Z，暂停 P 秒，然后沿 Z 轴负向回退 d，主轴定向停转，向反刀尖方向偏移 Q，并快速沿 Z 轴正向退刀至初始平面高度，再沿刀尖正向横移 Q 回到初始孔中心位置后，主轴再次启动。

(2) 使用固定循环指令注意事项。

① 固定循环指令是模态变量。G73、G74、G76、G81～G89 等固定循环指令均具有长效延续性能，在未出现 G80(取消固定循环指令)及 01 组的准备功能代码 G00、G01、G02、G03 时，其固定循环指令一直有效；固定循环指令中的参数除 L 外也均具有长效延续性能，如果加工的是一组相同孔径，相同孔深的孔时，仅需给出新孔位置 X、Y 的变化值，而 Z、R、Q、P、F 均无需重复给出，一旦取消固定循环指令，其参数的有效性也随之结束，X、Y、Z 恢复至三轴联动的轮廓位置控制状态。

② 孔中心位置的确定。在调用固定循环指令时，其参数没有 X、Y 时，孔中心位置为调用固定循环指令时刀尖所处的位置。

③ 固定循环指令的重复调用。在固定循环指令的格式中，L 是表示重复调用次数的参数，如果有孔间距相同的若干相同的孔需要加工时，在增量输入方式(G91)下，使用重复调用次数 L 来编程，可使程序大大简化。

(3) 底板零件孔系数控加工程序。

如图 5-42 所示的底板零件，选取工件上表面中心为原点，VF-1 哈斯数控系统钻削加工程序如表 5-8 所示。

表 5-8 VF-1 哈斯数控系统钻削加工程序

O40001;	M09;
G54G90G80G40G49G0Z-80; 建立工件坐标系	M05;
X0Y0;	G91G28Z0;
G91G28Z0; 返回 Z 轴参考点	M06T3; 换刀(φ5.5 中心钻)
M06T1; 换刀(φ10 中心钻)	M03S1000;
M03S1200; 主轴正转	M08;
M08; 切削液打开	G90G43G0Z20H03; 建立 3 号刀具长度补偿
G90G43G0Z20H01; 建立 1 号刀具长度补偿	G98G81X-30Y0Z-13R5F30; 钻2-φ5.5 孔
G98G81X0Y0Z-1R5F30; 模态调用钻孔循环，底	X30;
X-30; 板孔系孔定位	G80;
X30;	G0Z20;
X33Y23;	G49G0Z-80; 取消 3 号刀具长度补偿
Y-23;	M09;
X-33;	M05;
Y23;	G91G28Z0;
G80; 取消模态调用	M06T4; 换刀(φ8.7 沉孔钻)
G0Z20;	M03S700;
G49G0Z-80; 取消 1 号刀具长度补偿	M08;
M09; 关闭切削液	G90G43G0Z20H04; 建立 4 号刀具长度补偿
M05; 主轴停止	G98G81X-30Y0Z-6R5F30; 钻2-φ8.7 沉孔
G91G28Z0;	X30;
M06T2; 换刀(φ4.3 中心钻)	G80;
M03S1000;	G0Z20;
M08;	G49G0Z-80; 取消 4 号刀具长度补偿
G90G43G0Z20H02; 建立 2 号刀具长度补偿	M09;
G98G81X0Y0Z-13R5F30; φ12H8 孔预钻	M05;
X-30; 2-φ5.5 孔预钻	G91G28Z0;
X30;	M06T5; 换刀(φ8 麻花钻)
G80;	M03S800;
G0Z20;	M08;
G49G0Z-80; 取消 2 号刀具长度补偿	G90G43G0Z20H05; 建立 5 号刀具长度补偿

续表

G98G81X0Y0Z-14R5F30；ϕ12H8 孔扩钻至ϕ8	G80；
G80；	G0Z20；
G0Z20；	G49G0Z-80；取消 7 号刀具长度补偿
G49G0Z-80；取消 5 号刀具长度补偿	M09；
M09；	M05；
M05；	G91G28Z0；
G91G28Z0；	M06T8；换刀（ϕ12H8 铰刀）
M06T6；换刀（ϕ11.8 麻花钻）	M03S200；
M03S600；	M08；
M08；	G90G43G0Z20H08；建立 8 号刀具长度补偿
G90G43G0Z20H06；建立 6 号刀具长度补偿	G98G81X0Y0Z-14R5F100；铰孔ϕ12H8
G98G81X0Y0Z-14R5F30；　ϕ12H8 孔扩钻	G80；
G80；　　　　　　　　至ϕ11.8	G0Z20；
G0Z20；	G49G0Z-80；取消 8 号刀具长度补偿
G49G0Z-80；取消 6 号刀具长度补偿	M09；
M09；	M05；
M05；	G91G28Z0；
G91G28Z0；	M06T9；换刀(M5 丝攻)
M06T7；换刀(ϕ16 倒角钻)	M03S400；
M03S1000；	M08；
M08；	G90G43G0Z20H09；建立 9 号刀具长度补偿
G90G43G0Z20H07；建立 7 号刀具长度补偿	G98G84X33Y23Z-3R5F320；模态调用攻螺纹
G98G81X0Y0Z-7R5F30；ϕ12H8 孔口倒角	Y-23；　　　　　　　循环，攻 4-M5
G80；	X-33；
G98G81X-30Y0Z-3.75R5F30；2-ϕ5.5 孔口倒角	Y23；
X30；	G80；
G80；	G0Z20；
G98G81X33Y23Z-3R5F30；4-M5 螺纹孔口倒角	G49G0Z-80；取消 9 号刀具长度补偿
Y-23；	M09；
X-33；	M05；
Y23；	M30；程序停止并返回开始处

2. 底板零件孔系的数控钻孔加工

VF-1 加工中心操作加工由老师示范。

任务七：动模座板的铣削工艺与加工实践(项目二零件)

图 5-44 所示动模座板零件铣削工艺与加工实践由学生自主练习。

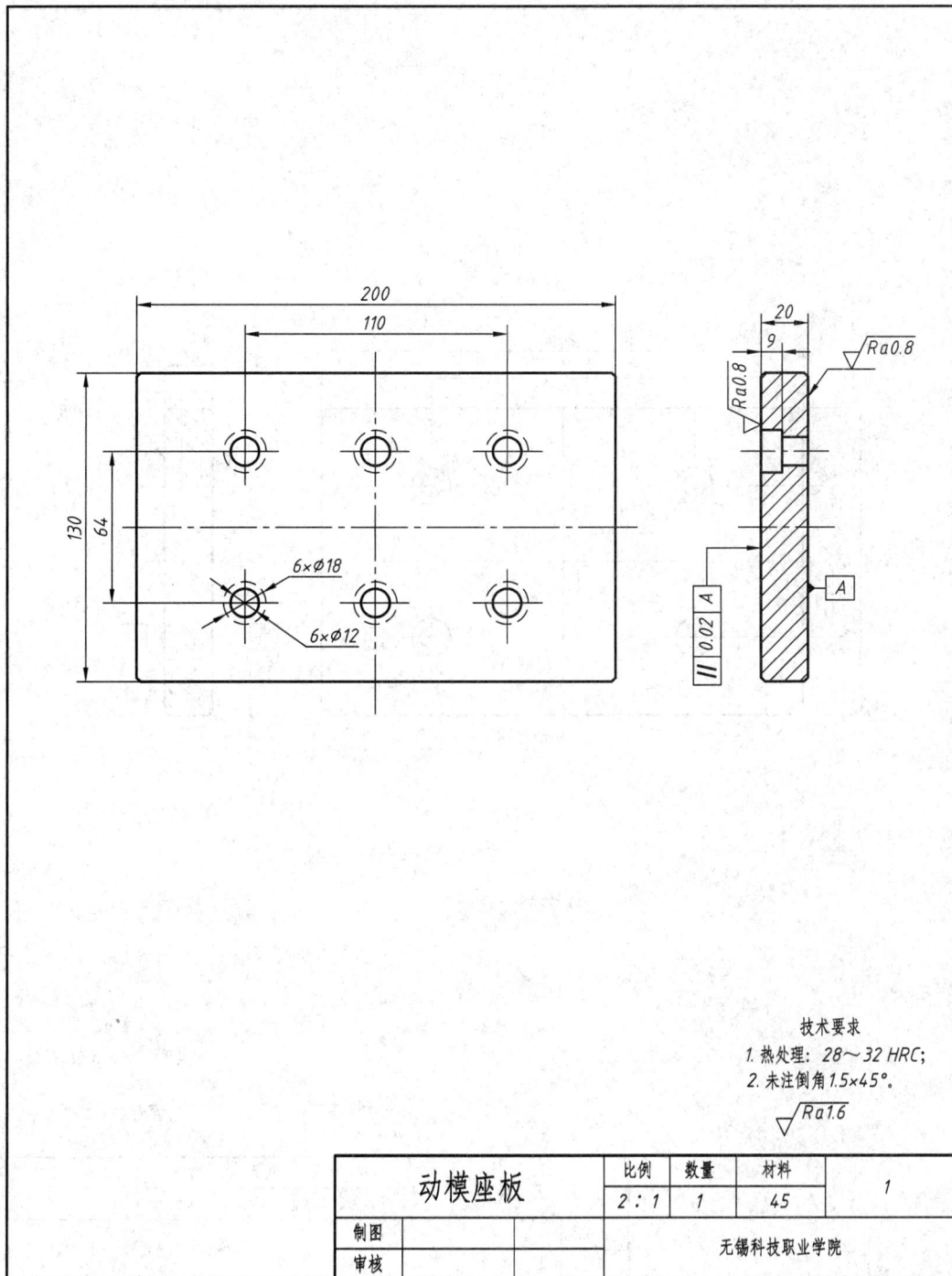

技术要求
1. 热处理: 28～32 HRC;
2. 未注倒角1.5×45°。

$\sqrt{Ra1.6}$

动模座板	比例	数量	材料	1
	2：1	1	45	
制图			无锡科技职业学院	
审核				

图 5-44　动模座板

任务八：定模座板的铣削工艺与加工实践(项目二零件)

图 5-45 所示定模座板零件铣削工艺与加工实践由学生自主练习。

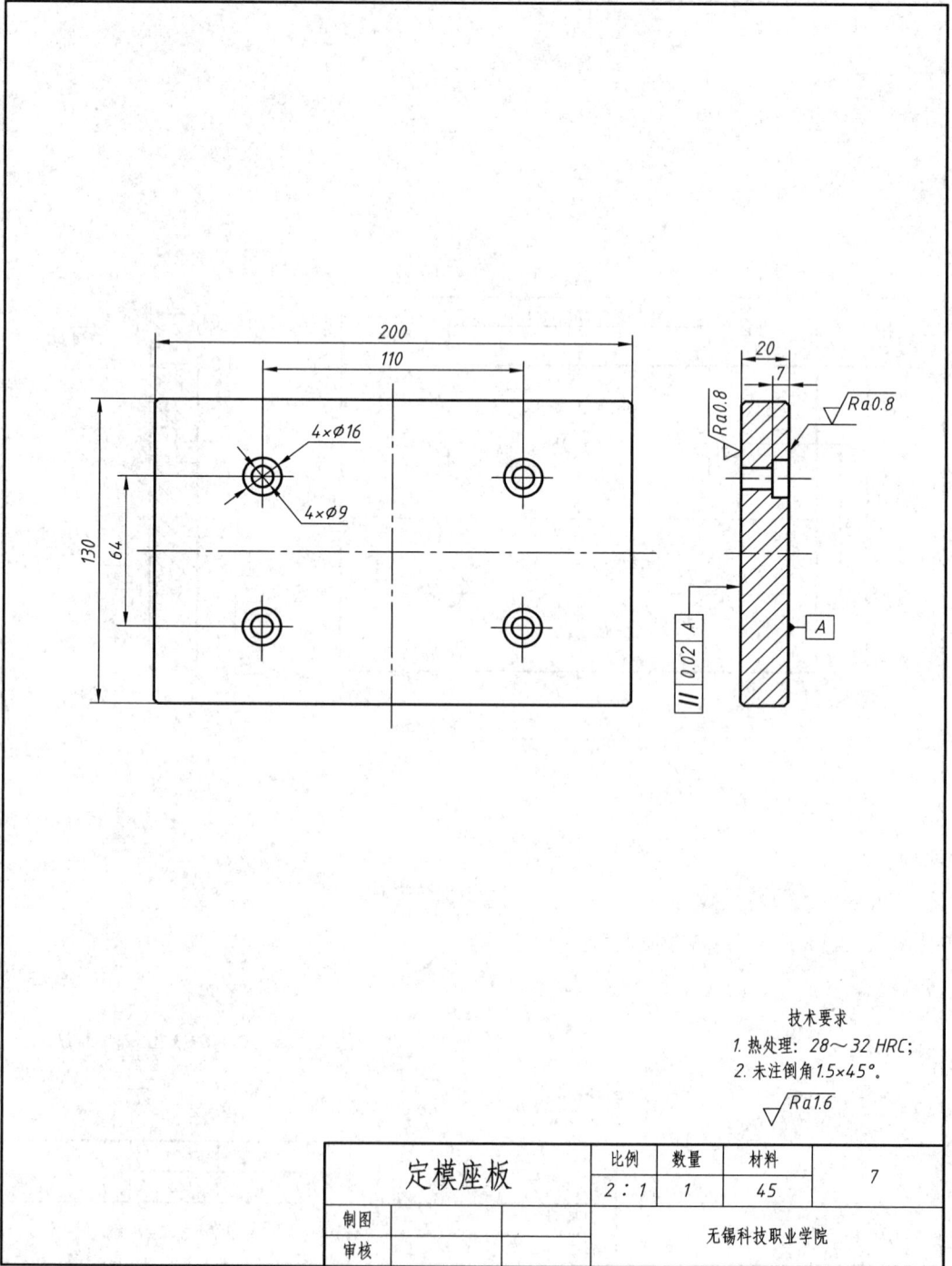

技术要求
1. 热处理：28～32 HRC；
2. 未注倒角1.5×45°。

$\sqrt{Ra1.6}$

定模座板	比例	数量	材料	7
	2：1	1	45	
制图				
审核		无锡科技职业学院		

图 5-45　定模座板

任务九：定模套板的铣削工艺与加工实践(项目二零件)

图 5-46 所示定模套板零件铣削工艺与加工实践由学生自主练习。

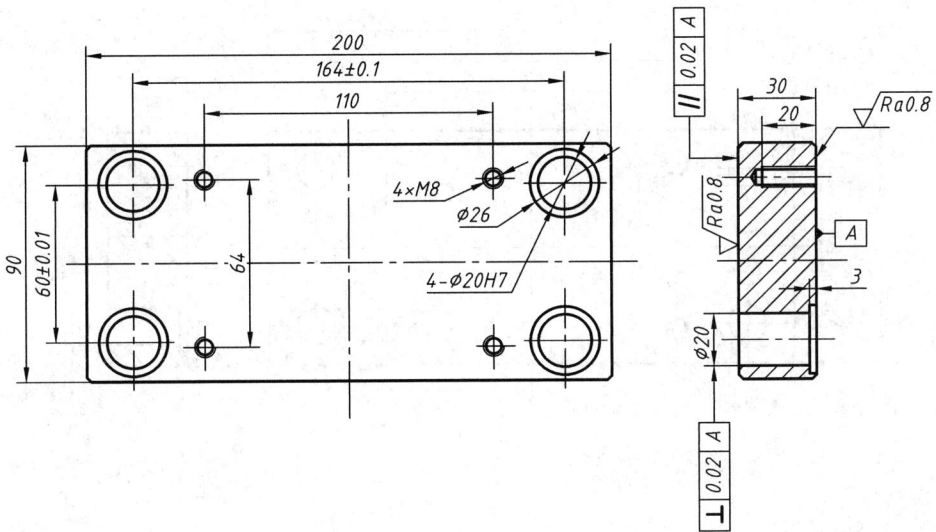

技术要求
1. 热处理：28～32 HRC；
2. 未注倒角 1.5×45°。

$\sqrt{Ra1.6}$

定模套板		比例	数量	材料	9
		2：1	1	45	
制图				无锡科技职业学院	
审核					

图 5-46　定模套板

任务十：动模套板的铣削工艺与加工实践(项目二零件)

图 5-47 所示动模套板零件铣削工艺与加工实践由学生自主练习。

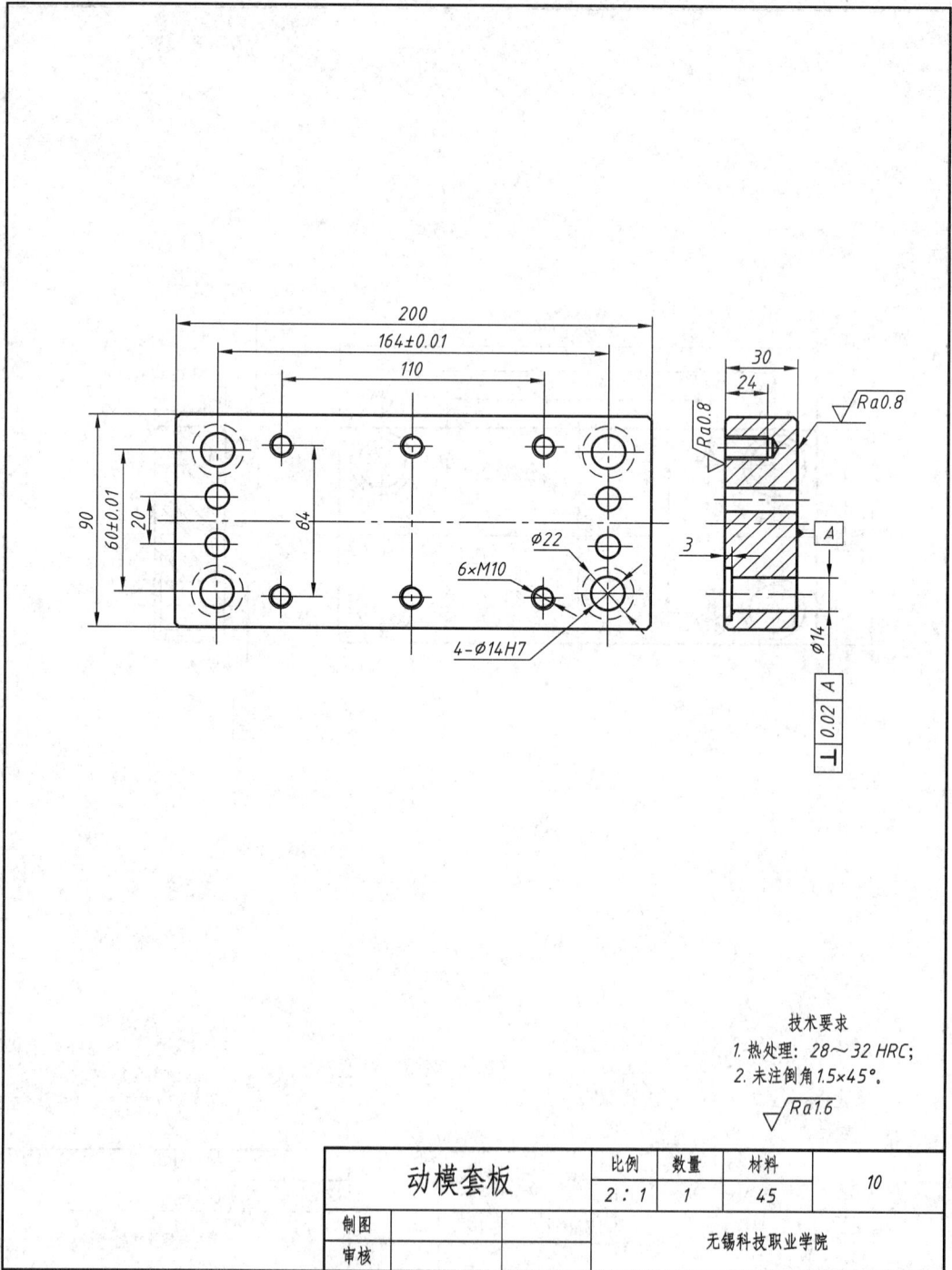

技术要求
1. 热处理：28～32 HRC；
2. 未注倒角1.5×45°。

	动模套板		比例	数量	材料	
			2：1	1	45	10
制图						
审核			无锡科技职业学院			

图 5-47　动模套板

第三篇

数控电火花加工

模块六　数控电火花线切割加工

任务目标 ✍

(1) 熟悉数控电火花线切割机床的工艺特点及应用范围；

(2) 掌握 DK7740 型数控电火花线切割机床的结构及各部分的作用；

(3) 掌握 DK7740 型数控电火花线切割机床的操作步骤及安全注意事项；

(4) 掌握数控电火花线切割机床的程序编制方法；

(5) 掌握数控电火花线切割机床加工、装夹方法；

(6) 掌握数控电火花线切割机床穿丝孔加工方法；

(7) 掌握数控电火花线切割机床的日常维护及保养。

6.1　数控电火花线切割机床概述

6.1.1　数控电火花线切割机床的基本组成

数控电火花线切割机床由床身、坐标工作台、走丝机构、锥度切割装置、工作液循环系统、脉冲电源、数控装置、附件和夹具等几部分组成。

1. 床身

床身一般为铸件，是坐标工作台、绕丝机构及丝架的支承和固定基础，通常采用箱式结构，具有足够的强度和刚度。床身内部安置电源和工作液箱，考虑电源的发热和工作液泵的振动，有些机床将电源和工作液箱移出床身外另行安放。

2. 坐标工作台

坐标工作台由步进电动机、滚珠丝杠和导轨组成。将电动机的旋转运动变为工作台的直线运动，带动工件实现 X，Y 两个坐标方向各自的进给运动，可合成获得各种平面图形曲线轨迹。

3. 走丝机构

通过与储丝筒同轴的走丝电机的正反旋转使电极丝往复运行并保持一定的张力，储丝筒在旋转的同时作轴向移动。

4. 工作液循环系统

工作液循环系统是电火花机床的重要组成部分，包括工作液泵、工作液箱、过滤器及管道等。其作用是向加工区域输送干净的工作液，以满足电火花加工对液体介质的要求，同时根据加工的要求，实现各种冲抽液方式。

5. 锥度切割装置

电极丝由丝架支撑，通过两个导轮使电极丝工作部分与工作台保持一定的几何角度。当直壁切割时，电极丝与工作台面垂直。需要锥度切割时，采用偏移上下导轮的方法，可使电极丝倾斜一定的几何角度，其加工锥度一般较小。

6. 脉冲电源

脉冲电源提供工件和电极丝之间的放电加工能量，对加工质量和加工效率有直接的影响。受加工表面粗糙度和电极丝允许承载电流的限制，线切割加工脉冲电源的脉宽较窄($2\sim60\ \mu s$)，单个脉冲能量、平均电流一般较小，所以线切割加工总是采用正极性加工。

7. 数控装置

数控装置主要作用是在电火花线切割加工过程中，按加工要求自动控制电极丝相对工件的运动轨迹和进给速度来实现对工件的形状和尺寸加工。

6.1.2 数控电火花线切割机床的工作原理

1. 电火花加工原理

电火花加工是一种利用电能与热能进行电蚀加工的方法，其加工原理是：在加工过程中，通过电极和工件之间不断产生高频脉冲电火花放电，靠放电时局部瞬间产生的高温(达10 000℃以上)、高压使金属熔化或汽化，从而把工件上的金属蚀除掉。

2. 数控电火花线切割机床的工作原理

数控线切割加工是利用金属(紫铜、黄铜、钨、钼和各种合金)丝或各种镀层金属丝作为负电极，导电或半导电材料的工件作为正电极，并对其进行电腐蚀加工。在加工中，电极丝一方面相对工件不断地上(下)运动(慢走丝是单向运动，快走丝是往返双向运动)；另一方面，安装工件的工作台，由数控伺服电机驱动，在 X、Y 坐标轴方向实现插补进给运动，使电极丝沿程序编制的加工轨迹，对工件进行切割加工。同时在电极丝和工件之间喷洒矿物油、乳化液或去离子水等工作液，以达到降温、消电离及除垢的目的。数控电火花线切割机床的工作原理如图 6-1 所示。

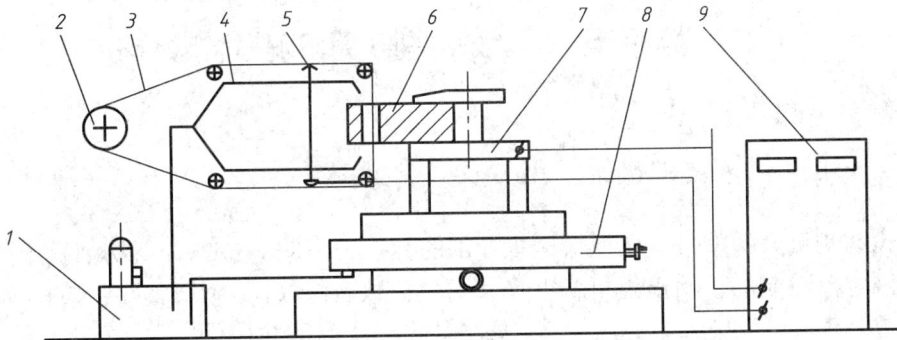

1—工作液箱；2—储丝筒；3—电极丝；4—供液管；5—进电块；6—工件；

7—夹具；8—工作台拖板；9—脉冲电源

图 6-1　数控电火花线切割机床的工作原理

6.1.3　数控电火花机床的特点和用途

1. 数控电火花加工的特点：

(1) 便于普通机械方法难以或无法完成的材料加工，如淬火钢、硬质合金、耐热合金等材料的加工。

(2) 由于电极和工件在加工过程中不接触，两者间的宏观作用力很小，便于加工小孔、深孔、窄缝零件，而不受电极和工件刚度的限制；对于各种型孔、立体曲面、复杂形状的工件，均可采用成型电极一次加工；工件装夹方便。

(3) 电极材料不必比工件材料硬，故电极制造比较容易。

(4) 直接利用电、热能进行加工，便于实现加工过程的自动控制。

由于数控电火花加工独特的优点，加上电火花加工工艺技术水平的不断提高及数控电火花加工机床的普及，其应用领域日益扩大，主要应用在模具加工、特殊材料加工、微细精密加工及各种刀具、工具加工。

2. 数控电火花线切割加工的特点

(1) 不需要制作电极，直接用线状的电极丝作电极，可节约电极设计、制造费用。

(2) 能方便地加工复杂截面的型柱、型孔、大孔、小孔和窄缝等。

(3) 脉冲电源的加工电流较小，脉冲宽度较窄，属中、精加工范畴。

(4) 由于电极是运动着的长金属丝，单位长度电极丝损耗较小，所以当切割面积的周边长度不长时，对加工精度影响较小。

(5) 只对工件进行图形加工，故余料还可以使用。

(6) 工作液使用水基乳化液，而不是煤油，不易引发火灾，且可以节省能源。

(7) 自动化程度高，操作方便，加工周期短，成本低，较安全。

(8) 加工基本上是一次加工成型。

6.2　数控电火花线切割机床的基本操作

6.2.1　数控电火花线切割机床的型号及其含义

国产线切割机床的型号是按原机械工业部的标准 JB 1838—76《金属切削机床型号编制方法》的规定而编制的，由汉语拼音字母和阿拉伯数字组成，分别表示机床的类别、特性和基本参数。表 6-1 为机床的类别代号，表 6-2 为机床的特性代号。

表 6-1　机床的类别代号

类别	车床	钻床	镗床	磨床	齿轮加工机床	螺纹加工车床	铣床	刨床插床	拉床	电加工机床	切断机床	其他机床
代号	C	Z	T	M	Y	S	X	B	L	D	G	Q
读音	车	钻	镗	磨	牙	丝	铣	刨	拉	电	割	其

表 6-2　机床的特性代号

特性	高精度	精度	自动	半自动	数控	仿形	加重型	轻型	简易	自动换刀
代号	G	M	Z	B	K	F	C	Q	J	H
读音	高	密	自	半	控	仿	重	轻	简	换

例如，型号为 DK7740 的线切割机床各个字母和数字的含义如下。

D——机床类别代号(电加工机床)。

K——机床的特性代码(数控机床)。

7——组别代号(电火花加工机床)。

7——型别代号(线切割机床)。

40——基本参数代号(工作台横向行程为 400 mm)。

注：电极丝运动速度在 8～10 m/s 之间为高速走丝，在 10～15 m/min 之间为低速走丝。

6.2.2　国产 DK7740 型数控电火花线切割机床的基本操作

现以国产 DK7740 型数控电火花线切割机床为例，介绍其基本操作。

1．机床基本操作

1) 通电后开机步骤

(1) 接通电源总开关(总闸)；

(2) 打开电脑，双击启动 YH 数控系统；

(3) 旋转松开急停开关按钮(红色)；

(4) 按下储丝筒按钮(绿色)，开启储丝筒；

(5) 按下冷却液按钮(绿色)，开启工作液泵；

(6) 接通相应管数，调整脉宽、脉间至合理的脉冲参数(建议最佳工作电流为 2～2.5 A)。

2) 断电后关机步骤

(1) 按下急停开关按钮(红色)；

(2) 关闭脉冲电源开关；

(3) 关闭工作液泵，按下关闭开关(红色)；

(4) 关闭储丝筒，按下关闭开关(红色)；

(5) 关闭 YH 数控系统，关闭电脑；

(6) 断开电源总开关(总闸)。

3) 手轮操作

在高频电源没有开启的情况下，可对线切割机床进行手轮操作。

(1) 摇动机床横向的手轮，可对机床 X 轴进行手动移动；

(2) 摇动机床纵向的手轮，可对机床 Y 轴进行手动移动。

线切割机床无 Z 轴手轮,因为无需 Z 向移动。X 轴、Y 轴手轮上每一小格对应为 0.1 mm。

2. 机床的控制面板的操作

DK7740 型数控线切割机床的控制面板的操作包括面板、储丝筒操作面板等操作。

1) 各组件功能

各组件功能如表 6-3 所示。

表 6-3 国产 DK7740 型数控线切割机床各组件功能

组件名称	功 能 说 明
电压表	显示高频脉冲电源的加工电压
电流表	显示高频脉冲电源的加工电流
电源主开关	合上后，机床与外接线路通电
启动按钮	绿色，按下后灯亮，机床数控系统接通
急停按钮	红色，加工中出现紧急故障应立即按此按钮关机
CRT 显示器	显示人-机交互界面及加工中的各种信息
键盘	输入程序或指令，与普通计算机键盘的操作方法相同
鼠标	在绘制零件轮廓图时使用，与普通计算机鼠标的操作方法相同
手动变频调整旋钮	加工中调整脉冲频率以选择适当的切割速度
软盘驱动器	与外界计算机和控制系统交换数据

2) 储丝筒操作面板

储丝筒操作面板如图 6-2 所示，各控制开关功能如下：

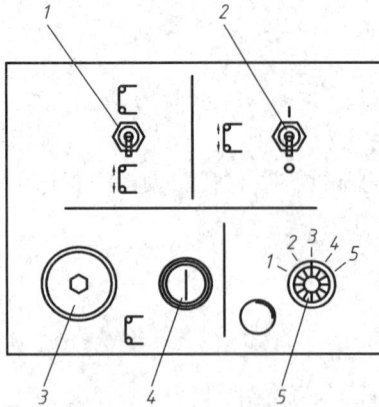

1—断丝检测开关；
2—张丝电机开关；
3—储丝筒停止按钮；
4—储丝筒开启按钮；
5—调整开关

图 6-2　储丝筒操作面板

(1) 断丝检测开关。此开关用来控制断丝检测回路，运丝路径上两个与电极丝接触的导电块作为检测元件。当运丝系统正常运转时，两个导电块通过电极丝短路，检测回路正常；当工作中断丝时，两个导电块之间形成开路，检测回路即发出信号，控制储丝筒及电源柜程序停止。

(2) 张丝电机开关。上丝操作时开启此开关，丝盘在上丝电机带动下产生恒定反扭矩将丝张紧，使电极丝能均匀、整齐并以一定的张力缠绕在储丝筒上。

(3) 储丝筒启、停按钮。控制储丝筒的开启和停止。用于在上丝、穿丝等非程序运行中控制储丝筒的运转。上丝和穿丝操作时，务必按下红色蘑菇头停止按钮并锁定，防止误操作启动丝筒造成意外事故。开启丝筒前应先弹起停止按钮，再按启动按钮。

(4) 储丝筒调整开关。储丝筒电机有五挡转速，用此旋钮调挡可使电极丝速在 2.5～9.2 m/s 之间转换。"1"挡转速最低，专用于半自动上丝，"2"、"3"挡用于切割较薄的工件，"4"、"5"挡用于切割较厚的工件。

3) 机床数控系统的基本操作

机床使用线切割专用 YH 控制软件，开机后进入加工主画面，如图 6-3 所示。

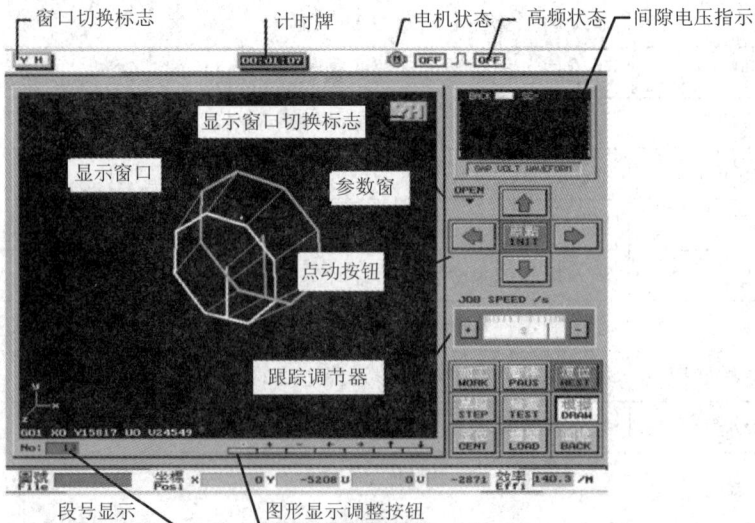

图 6-3　加工主画面(YH 控制屏幕)

本系统所有的操作按钮、状态、图形显示全部在屏幕上实现。各种操作指令均可用鼠标或相应的按钮完成。

(1) 显示窗口。该窗口下显示：加工工件的图形轮廓、加工轨迹或相对坐标、加工代码。用鼠标器点取(或按"F10"键)显示窗口切换标志，红色【YH】可改变显示窗口的内容。系统进入时，首先显示图形，以后每点取一次该标志，依次为"相对坐标"、"加工代码"、"图形"……其中相对坐标方式，以大号字体显示当前加工代码的相对坐标。

(2) 间隙电压指示。显示放电间隙的平均电压波形(也可设定为指针式电压表方式，参见"参数设定"一节)。在波形显示方式下，指示器两边各有一条 10 等分线段。空载间隙电压定为 100%(即满幅值)，等分线段下端的黄色线段指示间隙短路电压的位置。波形显示的上方有两个指示标志：短路回退标志"BACK"，该标志变红色，表示短路；短路率指示SC，表示间隙电压在设定短路值以下的百分比。

(3) 电机开关状态。在电机标志右边有状态指示标志，ON(红色)或 OFF(黄色)。ON 状态，表示电机上电锁定(进给)；OFF 状态为电机释放。用光标点取该标志可改变电机状态(或用数字小键盘区的"Home"键)。

(4) 高频开关状态。在脉冲波形图符右侧有高频电压指示标志。ON(红色)表示高频开启，OFF(黄色)表示高频关闭；用光标点取该标志可改变高频状态(或用数字小键盘区的"PgUp"键)。在高频开启状态下，间隙电压指示显示间隙电压波形。

(5) 工作台点动按钮。屏幕右中部有上下左右四个方向按钮可用来控制机床点动运行。每次点动时，机床的运行步数可以预先设定。在电机为 ON 的状态下，点取以上四个按钮，可控制机床工作台的点动运行：上下左右四个方向分别代表 +Y/ +V、–Y/–V、–X/–U、+X/+U。X-Y 或 U-V 轴系的选取可以设定。

(6) 原点(INIT)。用光标点取该按钮(或按"I"键)进入回原点功能。若电机为 ON 状态，系统将控制丝架回到最近的加工起点(包括 U-V 坐标)，返回时取最短路径；若电机为 OFF 状态，光标返回坐标系原点，图形重画。

(7) 加工(WORK)。用光标点取该按钮(或按"W"键)进入加工方式(自动)。首先自动打开电机和高频电源，然后进行插补加工。

(8) 暂停(PAUS)。用光标点取该按钮(或按"P"键或数字小键盘区的"Del"键)，系统将中止当前的功能(如加工、单段、控制、定位、回退)。

(9) 复位(REST)。用光标点取该按钮(或按"R"键)将中止当前的一切工作，清除数据，关闭高频和电机(注：加工状态，复位功能无效)。

(10) 单段(STEP)。用光标点取该按钮(或按"S"键)，系统自动打开电机、高频，进入插补工作状态，加工至当前代码段结束，自动停止运行，关闭高频。

(11) 检查(TEST)。用光标点取该按钮(或按"T"键)，系统以插补方式运行一步，若电机处于 ON 状态，机床拖板将作相应的一步动作。该功能主要用于专业技术人员检查系统。

(12) 模拟(DRAW)。用光标点取该按钮(或按"D"键)，系统以插补方式运行当前的有效代码，显示窗口绘出其运行轨迹；若电机为 ON 状态，机床拖板将随之运动。

(13) 定位(CENT)。用光标点取该按钮(或按"C"键)，系统可作对中心、定端面的操作。

(14) 读盘(LOAD)。用光标点取该按钮(或按"L"键)，可读入数据盘上的 ISO 或 3B 代码文件，快速画出图形。

(15) 回退(BACK)。用光标点取该按钮(或按"B"键)，系统作回退运行，至当前段退完时停止；若再按该键，继续前一段的回退。该功能自动开启电机和高频，可根据需要由用户事先设置。

(16) 跟踪调节器。该调节器用来调节跟踪的速度和稳定性，调节器中间红色指针表示调节量的大小；表针向左移为跟踪加强(加速)，向右移动为跟踪减弱(减速)。指示表两侧有两个按钮，"+"按钮("End"键)加速，"－"按钮(或"PgDn"键)减速；调节器上方英文字母 JOB SPEED/S 后面的数字量表示加工的瞬时速度，单位为步数/秒。

(17) 段号显示。此处显示当前加工的代码段号，也可用光标点取该处，在弹出屏幕小键盘后，键入需要起割的段号。(注：锥度切割时，不能任意设置段号)

(18) 局部观察窗。该按钮可在显示窗口的左上方打开一局部窗口，其中将显示放大十倍的当前插补轨迹；重按该按钮时，局部观察窗关闭。

(19) 图形显示调整按钮。这六个按钮有双重功能，在图形显示状态时，其功能依次为

"+"或"F2"键，图形放大。

"－"或"F3"键，图形缩小。

"←"或"F4"键，图形向左移动。

"→"或"F5"键，图形向右移动。

"↑"或"F6"键，图形向上移动。

"↓"或"F7"键，图形向下移动。

(20) 坐标显示。屏幕下方"坐标"部分显示 X、Y、U、V 的绝对坐标值。

(21) 效率。此处显示加工的效率，单位：毫米/秒；系统每加工完一条代码，即自动统计所用的时间，并求出效率。将该值乘上工件厚度，即为实际加工效率。

(22) 窗口切换标志。光标点取该标志或按"ESC"键，系统转换成 YH 绘图式编程屏幕。

若系统处于加工、单段或模拟状态，则控制与编程的切换，或在 DOS 环境下(按"CTRL"+"Q"可返回 DOS 状态)的其他操作，均不影响控制系统本身的工作。

6.3　数控电火花线切割加工工艺及编程

6.3.1　数控电火花线切割加工的工艺

线切割加工的工艺指标如下：

1) 线切割速度 V_i

在保持一定表面粗糙度的切割加工过程中，单位时间内电极丝中心在工件上切过的面积总和称为切割速度，单位为 mm²/min。切割速度是反映加工效率的一项重要指标，数值上等于电极丝中心沿图形加工轨迹的进给速度乘以工件厚度。通常高速走丝线切割速度为40～80 mm²/min，慢走丝线切割速度可达 350 mm²/min。

2) 表面粗糙度

线切割加工中的工件表面粗糙度通常用轮廓算术平均值偏差 Ra 值表示。高速走丝切割的 Ra 值一般为 1.25～2.5 μm，最低可达 0.63～1.25 μm；慢走丝切割的 Ra 值可达 0.3 μm。

3) 切割精度

线切割加工后，工件的尺寸精度、形状精度和位置精度的总称为切割精度。快走丝线切割精度可达 0.01 mm，一般为正负 0.015～0.02 mm；慢走丝线切割精度达正负 0.001 mm 左右。

6.3.2　数控电火花线切割机床的程序编制

要使数控电火花线切割机床自动完成切割加工，首先必须编制加工程序。数控线切割机床编程格式以前较多使用的是 3B 格式，现在大多已使用符合国际标准的 ISO 格式。

1．ISO 格式

数控线切割机床 ISO 格式编程与其他数控机床一样，准备功能中的 G00、G01、G02、G03 及一些辅助功能(如 M02 等)与一般数控机床的功能完全相同，下面着重介绍指令形式相同但功能有所区别的指令和数控线切割机床特有的指令。

(1) 加工起点确定指令　G92。

编程格式：G92 X_Y_

功能：确定程序的加工起点。

说明：X、Y 表示起点在编程坐标系中的坐标。

例如，G92　X5000 Y5000

表示起点在编程坐标系中为 X 方向 5 mm，Y 方向 5 mm。

(2) 镜像加工指令　G05～G12。

在加工和其他工件形状对称的工件时，可以利用原来的程序加上镜像加工指令，即可方便地得到新程序。镜像加工指令单独成为一个程序段，在该程序段以下的程序段中 X、Y 坐标按照一定关系式变化，直到取消镜像指令为止。

编程格式：G05

功能：X 轴镜像。

关系式：X = –Y

编程格式：G06

功能：Y 轴镜像。

关系式：Y = –Y

例如，原程序段：

```
N10   G92   X0          Y0
N20   G01   X10 000     Y25 000
N30   G01   X20 000
```

X 轴镜像后程序段：

```
N10    G92    X0              Y0
N20    G05
N30    G01    X10 000         Y25 000
N40    G01    X20 000
```

执行镜像后加工路线如图 6-4 所示。

编程格式：G07

功能：X、Y 轴交换

关系式：X = Y、Y = X

例如，原程序段：

```
N10    G92    X0              Y0
N20    G01    X10 000         Y30 000
N30    G01    X20 000
```

X、Y 轴交换后程序段：

```
N10    G92    X0              Y0
N20    G07
N30    G01    X10 000         Y30 000
N40    G01    X20 000
```

执行 X、Y 轴交换后加工路线如图 6-5 所示。

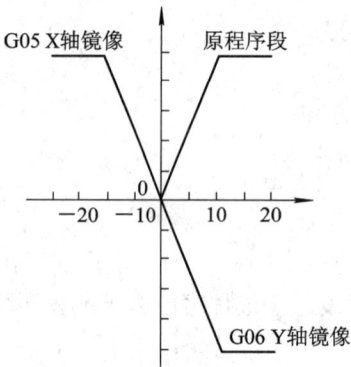

图 6-4　X 轴镜像和 Y 轴镜像

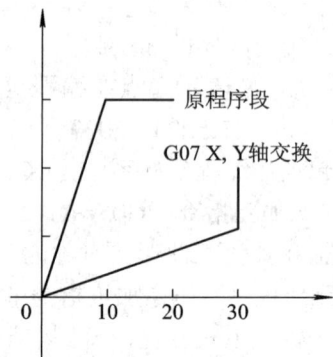

图 6-5　X、Y 轴交换

编程格式：G08

功能：X 轴镜像、Y 轴镜像(相当于同时执行 G05、G06)。

关系式：X = −X、Y = −Y

编程格式：G09

功能：先 X 轴镜像，再 X、Y 轴交换(相当于执行了 G05 后再执行 G07)。

关系式：X = −X，然后 X = Y，Y = X

编程格式：G10

功能：先 Y 轴镜像，再 X、Y 轴交换(相当于执行了 G06 后再执行 G07)。

关系式：Y = −Y，然后 X = Y，Y = X

编程格式：G11

功能：先 X、Y 轴分别镜像，再 X、Y 轴交换。

关系式：X = –X，Y = –Y，然后 X = Y

编程格式：G12

功能：取消镜像。

(3) 电极丝半径和放电间隙补偿指令　G41、G42、G40。

编程格式：G41　D_

功能：左补偿。

说明：D 为电极丝半径和放电间隙之和。

编程格式：G42　D_

功能：右补偿。

编程格式：G40

功能：取消补偿。

2．3B 程序格式

3B 程序格式如表 6-4 所示，即 BX BY BJ G Z。

表 6-4　3B 程序格式

字母	B	X	B	Y	B	J	G	Z
含义	分隔符号	X 坐标值	分隔符号	Y 坐标值	分隔符号	计数长度	计数方向	加工指令

3B 指令不具有间隙补偿功能和锥度补偿功能。程序描述的是钼丝中心的运动轨迹，它与钼丝切割轨迹(即所得工件的轮廓线)之间差一个偏移量ΔR，这一点在轨迹计算时必须特别注意。

分隔符号 B。因为 X、Y、J 均为数码，用分隔符号 B 将其隔开，以免混淆。

坐标值 X、Y。为了简化数控装置，规定只输入坐标的绝对值，其单位为μm，μm 以下应四舍五入。

计数方向 G。计数方向的选取应保证加工精度。

计数长度 J。计数长度 J 为计数方向上从起点到终止滑板移动的总距离，即加工图线在计数方向上投影长度的总和。

加工指令 Z。加工指令 Z 用来传送关于被加工图形的形状，所在象限和加工方向等信息。控制台根据这些指令，选用正确的偏差计算公式进行偏差计算，并控制工作台的进给方向，从而实现机床的自动化加工。

(1) 加工斜线或直线时，以终点坐标值大的拖板方向作为计数方向。例如，当$|x_A| < |y_A|$时，则计数方向就取 G_Y(y_A是 Y 轴上的终点坐标)；当$|x_A| > |y_A|$时，则计数方向取 G_X(x_A是 X 轴上的终点坐标)。当$|x_A| = |y_A|$时，则计数方向可任意选取，如图 6-6 所示。

(2) 加工圆弧时，以终点坐标值小的方向作为计数方向。即当$|x_A| > |y_A|$时，计数方向取 G_Y；而当$|x_A| < |y_A|$时，计数方向取 G_X。同样，当$|x_A| = |y_A|$时，计数方向可任意选取，如图 6-7 所示。

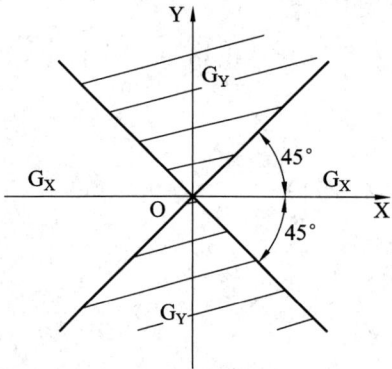

图 6-6　斜线计数方向的选定

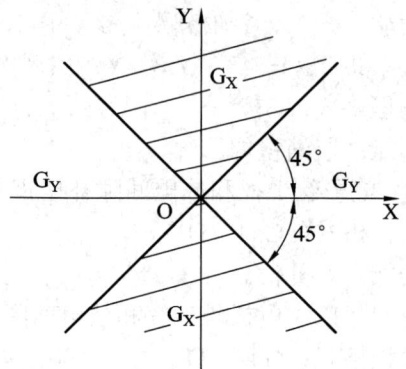

图 6-7　圆弧计数方向的选定

(3) 计数长度 J 的确定。计数长度应取从起点到终点某拖板移动的总距离。当计数方向确定后，计数长度则为被加工线段或圆弧在该方向坐标轴上投影长度的总和。

① 对于斜线而言，当计数方向为 G_X 时，$J = x_A$；而计数方向为 G_Y 时，$J = y_A$，如图 6-8 所示。

② 对于圆弧而言，它可能跨越几个象限，如图 6-9 和图 6-10 所示，圆弧都是从 A 点加工到 B 点。计数方向确定后，计数长度应取圆弧各段在该方向上投影的总

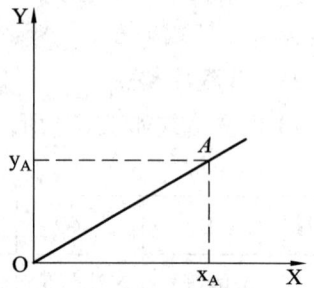

图 6-8　斜线示意图

和。在图 6-9 中 B 点为圆弧终点，由于 $x_B < y_B$，故计数方向取 G_X，计数长度 $J = J_{X1} + J_{X2}$；图 6-10 中 $x_B > y_B$，计数方向取 G_Y，AB 圆弧段在 Y 轴上各段投影分别为：AC 圆弧段投影为 $J_{Y1} = 8000$，CD 圆弧段投影 $J_{Y2} = $ 圆半径 $= \sqrt{2000^2 + 8000^2} = 8246$，$DB$ 圆弧段投影为 $J_{Y3} = $ 圆弧半径 $- 2000 = 6246$。所以，AB 圆弧段在 Y 轴上各段投影的总和为 $J = J_{Y1} + J_{Y2} + J_{Y3} = 8000 + 8246 + 6246 = 22\,492$。

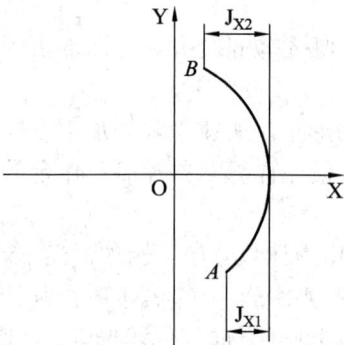

图 6-9　圆弧示意图(一)

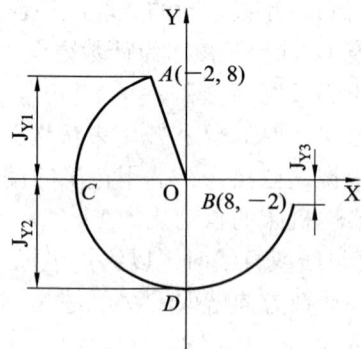

图 6-10　圆弧示意图(二)

(4) 加工指令 Z 共有 12 种，其中圆弧加工指令有 8 种，即顺圆 I～IV 象限和逆圆 I～IV 象限，分别用 SR 表示顺圆，NR 表示逆圆；直线加工指令有 4 种，用 L 表示直线，以上两种情况均用脚标 1～4 表示象限位置，如图 6-11 所示。对于与坐标轴重合的直线段，正 X 轴为 L_1，正 Y 轴为 L_2，负 X 轴为 L_3，负 Y 轴为 L_4。

(a)　　　　　　　　　　　　　　　　　　(b)

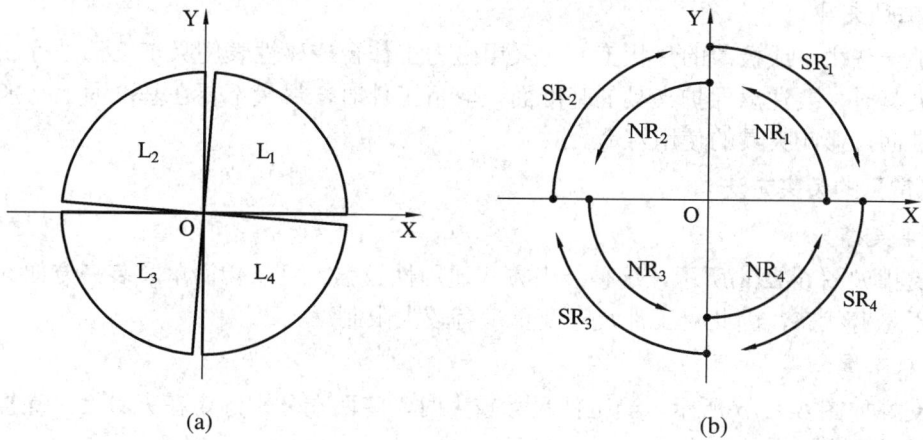

图 6-11　加工指令

3．YH 系统自动编程加工

目前，比较常用的是用 YH 数控系统进行自动编程加工，它的优点是比较快捷方便，只需按加工零件图样上标注的尺寸在计算机屏幕上作出该图形，就可以编出线切割用的代码程序，详细操作过程请参照后面实例。

6.3.3　常用夹具和工件装夹方法简介

1．常用夹具

1) 压板式夹具

压板式夹具主要用于固定平板式工件。当工件尺寸较大时，则应成对使用，如图 6-12 所示。当如图 6-12(b)成对使用时，夹具基准面的高度要一致。否则，因毛坯倾斜，使切割出的工件型腔与工件的端面倾斜而无法正常使用。如果在夹具基准面上加工一个 V 形槽，则可用来夹持轴类工件。

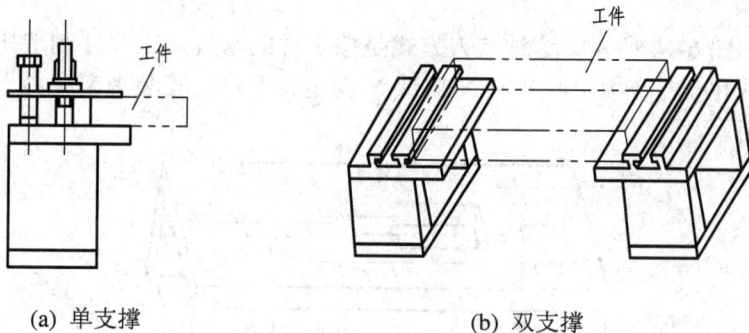

(a) 单支撑　　　　　　　　　　　(b) 双支撑

图 6-12　压板式夹具

2) 分度夹具

分度夹具主要用于加工电机定子、转子等多型孔的旋转型工件，可保证较高的分度精度。近年来，因为大多数线切割机床具有对称、旋转等功能，所以此类分度夹具已较少使用。

3) 磁性夹具

对于一些微小或极薄的片状工件，采用磁力工作台或磁性表座吸牢工件进行加工。使用磁性夹具时，要注意保护夹具的基准面，取下工件时，尽量不要在基准面上平拖，以防拉毛基准面，影响夹具的使用寿命。

2. 常见的装夹方法

1) 单支撑

单支撑如图 6-12(a)所示，这种装夹方式通用性较强，且结构简单，装夹方便。但由于工件处于悬臂状态，因此对工件尺寸及重量有较大限制。

2) 双支撑

双支撑如图 6-12(b)所示，当工件尺寸较大时，将两端分别固定在夹具上，支撑稳定可靠，定位精度高。

3) 桥式支撑

桥式支撑如图 6-13 所示，它是采用两条垫铁架在两端支撑夹具体上，跨度宽窄可根据工件大小随意调节。特别是对于带有相互垂直的定位基准面的夹具体，这样侧面有平面基准的工件就可省去找正的工序，若找正与加工基准是同一平面，则可间接推算和确定出电极丝中心与加工基准的坐标位置。这种装夹方式有利于外形和加工基准相同的工件，可实现成批加工。

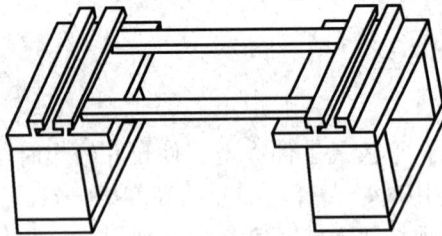

图 6-13　桥式支撑

4) 板式支撑

板式支撑如图 6-14 所示，这种装夹方式是按工件的常规加工尺寸制造托板，托板上加工出矩形孔或圆孔，并在板上配备有 X 向或 Y 向定位基准。其装夹精度易于保证，适宜在常规生产中使用。

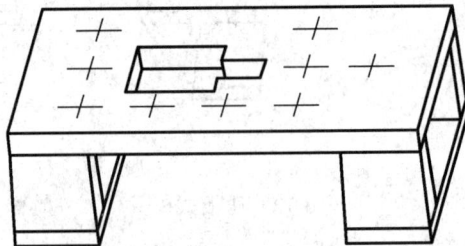

图 6-14　板式支撑

5) 复式支撑

复式支撑如图 6-15 所示，这种方式是将桥式和板式支撑复合，只不过板式支撑的托板换成了专用夹具。这种夹具可以方便地实现工件的批量生产，又能快速的装夹工件，节约辅助工时，保证成批工件加工的一致性。

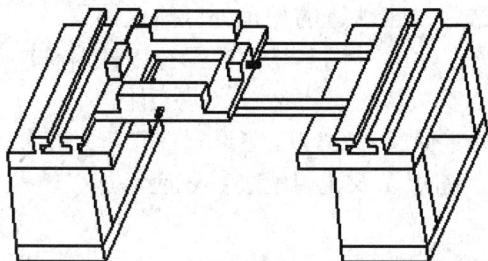

图 6-15 复式支撑

6) 特殊专用夹具

在实际加工中，若遇到工件的尺寸或结构较特别时，则可采用相应的特殊专用夹具。如当工件夹持部分尺寸太少，几乎没有夹持余量时，可采用如图 6-16 所示的夹具。由于在右侧夹具块下方固定了一块托板，使工件犹如两端支撑(托板上平面与工作台面在一个平面上)，保证加工部位与工件上下表面相垂直。

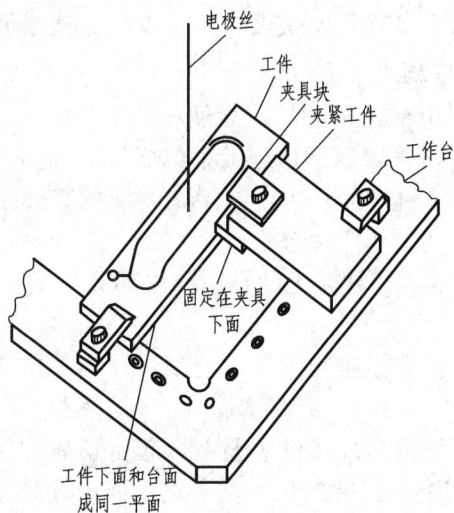

图 6-16 小余量工件的专用夹具

6.3.4 穿丝孔加工及其位置选择原则

1. 加工穿丝孔的必要性

(1) 凹型类的封闭形工件在切割前必须有穿丝孔，才可保证工件形状的完整性。

(2) 凸型类的工件在切割时，距边缘处应力大，当坯料被切开时，因内应力平衡被破坏而易产生较大变形，有时会造成夹丝、断丝。

(3) 对于具有自动打穿丝孔功能的慢走丝线切割机床，为了节约机床的机动工时，也有必要将众多型腔的穿丝孔预先加工出来。

2. 穿丝孔的位置选择原则

(1) 当切割凸模类零件时，为避免将毛坯外形切断引起变形，通常在毛坯件内部外形附近预制穿丝孔，位置可选在加工轨迹的拐角处以简化编程。

(2) 切割凹模类和孔类零件时，将穿丝孔设置在工件对称中心时对编程计算和电极丝定位较为方便，但切入无用轨迹较长，不适合大型工件。

(3) 在加工大型凹模类零件时，穿丝孔应设置在靠近加工轨迹边角处或选在已知坐标点上，可使编程运算简便，缩短切入无用轨迹。还应沿加工轨迹多设置几个穿丝孔，以便发生断丝时能就近重新穿丝。

(4) 穿丝孔的直径不宜太小或太大，通常为 $\phi 3 \sim \phi 6\,\mathrm{mm}$，以钻削最为简便。穿丝孔的直径最好选取整数值，以简化用穿丝孔作为加工基准时运算的工作量。在加工穿丝孔时，一定要保证穿丝孔的位置精度与尺寸精度，以免切割出的型腔位置超差或者在凹模、凸模边缘留有穿丝孔壁。

6.3.5 提高加工质量的途径

影响线切割机床加工质量的因素是多方面的。其中较多影响因素在前面已经做过分析，这里将说明另一些影响因素及其在切割实践中所采取的相应措施。

1. 减小电极丝振动的措施

在加工过程中，若出现电极丝振动，则会使加工工件的表面质量下降，加工中可能发生短路或断丝现象。为此，可采取以下措施减小电极丝的振动。

(1) 经常检查电极丝张紧机构的张力，对手工绕丝的高速走丝装置，则应注意在绕丝过程中凭手感控制张力进行"紧丝"工作。

(2) 注意检查导轮支撑轴承和导轮上的导向槽根部圆弧 R 是否磨损，若磨损则应及时更换。

(3) 加工时，工作液应将电极丝圆周均匀包围，发现工作液喷洒歪斜时，应及时进行调整或更换破损的喷头。

(4) 加工薄片工件时，可将多片坯件重叠在一起压紧后加工。为防止薄片未压紧部分受弹性变形影响而出现凸凹空间，并产生新的振动，有时还须采取多点压紧或多点铆接压紧处理后再加工，工件由薄变厚后，有利于减小电极丝的振幅。

2. 多次切割工艺

由于线切割加工的特殊性，工件切割后的变形不可避免，加之受工件材料及热处理等因素的影响，有时对较大轮廓可能出现芯部(凸模或废芯)被其外框变形收缩而卡死的现象。采用多次切割加工工艺，则是提高其加工精度和整体质量的有效措施。

3. 消除"突尖"和避免"凹坑"的方法

在线切割机床加工中，工件表面上常常会出现一条高出或低于该表面的明显线痕，其外凸形的称为"突尖"，内凹形的称为"凹坑"。这是因为受电极丝圆弧和火花间隙的影响，致使电极丝在加工轮廓面的交接处而发生的现象。在慢走丝时用粗电极则比较严重。常采用以下方法进行处理：

(1) 在编制加工程序时，应尽量安排其交接处位于轮廓的拐角(或其他轮廓线交点位置)处，并避免在平面中间或圆滑过渡轮廓(如相切位置)上设置交接点。

(2) 处理方法除可采用多次切割工艺外，还可采取预留凸尖的方法，将圆滑表面上可能产生的凹坑转嫁到预留的凸尖上，如图 6-17 所示。当预留凸尖的尺寸确定后，编入加工程序中执行；凸尖位置安排在不重要表面或曲率半径较大的表面上。

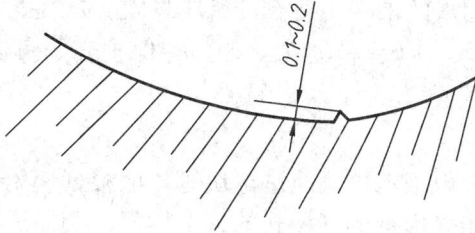

图 6-17　预留凸尖

4．"完工件"损伤的预防

"完工件"是指切割完毕后得到的内表面工件和外表面工件。加工过程稍有疏忽或不慎，都可能在加工轮廓的交接处造成损伤，甚至报废工件。其常用预防方法是：

(1) 在坯件轮廓切割结束的下方适当位置，放入一备用的等高辅助工作台托住工件或废芯，待电极丝返回工艺孔或停机后再取出。

(2) 在最后一条轮廓加工结束的程序段末尾，增加一个停机码。以控制轮廓切割刚一结束就立即切断高频电源。待工件或废芯取出后，再执行其后返回工艺孔的各程序段。

6.4　数控电火花线切割机床的维护与保养

6.4.1　数控电火花线切割机床的使用规则

线切割机床是技术密集型产品，属于精密加工设备，操作人员在使用机床前必须经过严格的培训并取得合格的操作证明后才能上机工作。

为了安全、合理和有效地使用机床，要求操作人员必须遵守以下规则：

(1) 对自用机床的性能、结构有较充分的了解，掌握操作规程和遵守安全生产制度。

(2) 在机床的允许规格范围内进行加工，不要超重或超行程工作。

(3) 经常检查机床的电源线、超程开关和换向开关是否安全可靠，不允许带故障工作。

(4) 按机床说明书所规定的润滑部位，定时注入规定的润滑油或润滑脂，以保证机构运转灵活，特别是导轮和轴承，要定期检查和更换。

(5) 加工前检查工作液箱中的工作液是否足够，水管和喷嘴是否通畅。

(6) 下班后清理工作区域，擦净夹具和附件等。

(7) 定期检查机床电气设备是否受潮和可靠，并清除尘埃，防止金属物落入。

(8) 遵守定人定机制度，定期维护保养。

6.4.2　数控电火花线切割机床的维护与保养

线切割机床维护保养的目的是为了保持机床能正常可靠地工作，延长其使用寿命。维护保养是指定期润滑、定期调整机件、定期更换磨损较严重的配件等。

1) 定期润滑

线切割机床上需定期润滑的部件主要有：机床导轨、丝杠螺母、传动齿轮、导轮轴承等。润滑油一般用油枪注入，轴承和滚珠丝杠如有保护套，可以经半年或一年以后拆开注油。

2) 定期调整

对于丝杠螺母、导轨、电极丝挡块及进电块等，应根据使用时间、间隙大小或沟槽深浅进行调整。如线切割机床采用锥形开槽式的调节螺母，则需适当地拧紧一些，凭经验和手感确定间隙，保持转动灵活。滚动导轨的调整方法为松开工作台一边的导轨固定螺钉，调节螺钉，依靠百分表，使其仅靠另一边。挡丝块和进电块如使用日久摩擦出沟痕，应转动或移动，以改变接触部位。

3) 定期更换

线切割机床上的导轮、馈电电刷(有的为进电块)、挡丝块和导轮轴承等均为易损件，磨损后应更换。导轮的装拆技术要求较高。电刷更换较易，螺母拧出后换上同型号的新电刷即可。目前常用硬质合金制作挡丝块，所以只需要改变位置，避开已磨损的部位。

6.5　5S 安全生产管理

数控线切割机床的 5S 安全生产管理规程如下：

(1) 进入车间实习时，要穿好工作服，袖口要扎紧，衬衫要系入裤内。女同学要戴工作帽，并将发辫纳入帽内。不得穿凉鞋、拖鞋、高跟鞋、背心、裙子和戴围巾进入操作区。

(2) 操作前必须熟悉数控线切割机床的操作知识，选取适当的加工参数，按规定步骤操作机床。在掌握整个操作过程前，不要进行机床的操作和调节。

(3) 开动机床前，要检查机床电气控制系统是否正常，工作台和传动丝杆润滑是否充分。检查冷却液是否充足，然后开慢车空转 3~5 分钟，检查各传动部件是否正常，确认无故障后，才可正常使用。

(4) 装卸电极丝时，注意防止电极丝扎手，废丝要放在规定的容器里，防止混入系统中引起短路、触电等事故。不准用手或电动工具接触电源的两极，以免触电。

(5) 加工零件前，应进行无切削轨迹仿真运行，并应安装好防护罩，工件应消除残余应力，防止切削过程中夹丝、断丝，甚至工件迸裂伤人。

(6) 加工过程中，操作者不得擅自离开机床，应保持思想高度集中，观察机床的运行状态。若发生不正常现象或事故时，应立即终止程序运行，切断电源并及时报告指导老师，不得进行其他操作。

(7) 机床附近不得放置易燃、易爆物品，防止因电火花引起火灾等事故。应备有四氯化碳等合适的灭火器材，万一失火，首先应切断电源，立即用四氯化碳灭火器灭火，禁止用水灭火。

(8) 操作人员不得随意更改机床内部参数。实习学生不得调用、修改其他非自己所编的程序。机床控制微机上，除进行程序操作和传输及程序拷贝外，不允许作其他操作。

(9) 保持机床清洁，经常用煤油清洗导轮及导电块。当机床长期不使用时，在擦净机床后，要润滑机床传动部分，并在加工区域涂抹防护油脂。

(10) 数控线切割机床属于大精设备，除工作台上安放工装和工件外，机床上严禁堆放任何工、夹、刃、量具、工件和其他杂物。

(11) 工作完后，应切断电源，清扫切屑，擦净机床，在导轨面上，加注润滑油，各部件应调整到正常位置，打扫现场卫生，填写设备使用记录。

6.6 数控线切割类零件数控工艺与加工实践

任务一：数控电火花线切割机床的基本操作

在本节中，学生在老师的指导下，进行数控电火花线切割机床的基本操作，主要内容包括：

(1) 规范开机关机。

(2) X 轴、Y 轴手轮操作。

(3) 控制面板的操作。

(4) 储丝筒面板的操作。

(5) 机床 YH 数控系统的基本操作。

学生在操作过程中注意安全生产，服从指导老师的管理，并按要求完成实训报告。

任务二：双圆凸凹模零件的线切割工艺与加工实践

1. 双圆凸凹模零件的数控线切割工艺与数控编程

如图 6-18(a)所示为凸模零件，工件厚度为 15 mm，加工表面粗糙度为 $Ra3.2\,\mu m$，其双边配合间隙为 0.02 mm，电极丝为 $\phi0.13$ mm 的钼丝，双面放电间隙为 0.02 mm，要求编写出 3B 程序。

1) 工艺分析

(1) 选择机床和电参数。根据加工条件和加工要求，采用 DK7740 型数控线切割机床加工，选择脉冲电源的参数，即脉冲波形：矩形脉冲，脉冲宽度：20 μs，脉冲间隙：4 μs，功放管数：3 个。

(2) 确定计算坐标系。如图 6-18(b)所示。

(3) 确定补偿距离。补偿距离Δt = 0.13/2 + 0.02/2 = 0.075 mm。

(4) 确定走丝路线。切割型孔时，在 AD 中点 E 钻孔，从 E 开始切割。电极丝中心的切割路线为：$EA{\rightarrow}BC{\rightarrow}CD{\rightarrow}DA$。电极丝中心轨迹如图 6-18(b)虚线所示。

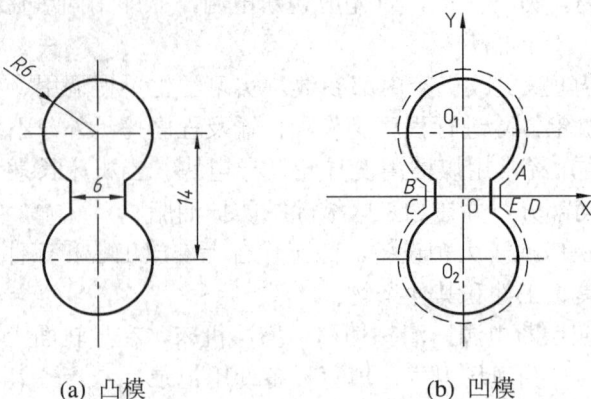

(a) 凸模　　　　　　　　　(b) 凹模

图 6-18　凸、凹模零件图

2) 计算编程参数

(1) 交点坐标值。将电极中心轨迹划分成单一的直线段或圆弧段，得到 A、B、C、D 交点和圆心 O_1、O_2 的坐标值。

圆心 O_1 的坐标为(0, 7000)，圆心 O_2 的坐标为(0, −7000)。

交点 A 的坐标为：$X_A = 3000 - \Delta t = 3075$

$$Y_A = 7000 - \sqrt{(6000 + 75)^2 - X_A^2} = 1761$$

即交点 A 的坐标值为 $A(3075, 1761)$，同理可得 $B(-3075, 1761)$，$C(-3075, -1761)$，$D(3075, -1761)$。

(2) 计数长度。根据切割型孔的切割路线，将其分为四段。因圆弧 AB 的终点 B 的坐标值 $X_B < Y_B$，所以计数长度取各段圆弧在 X 方向上投影总和，即

$$J = (6075 - X_A) + 2 \times 6075 + (6075 - X_A) = 18\,150$$

则圆弧 CD 的计算方向取 G_X，$J = 18\,150$。

3) 编制程序

根据以上的计算结果，编制切割程序单如表 6-5 所示。

表 6-5　切割程序单

序号	B	X	B	Y	B	J	G	Z
1	B	3075	B	1761	B	003075	G_X	L_1
2	B	3075	B	5239	B	018150	G_X	NR_4
3	B	3075	B	1761	B	003522	G_Y	L_4
4	B	3075	B	5239	B	018150	G_X	NR_4
5	B	3075	B	1761	B	003522	G_Y	L_2
6				D				

2. 双圆凸凹模零件的数控线切割加工

DK7740 型数控线切割机床的操作加工以老师示范为准。

任务三：三圆弧凸板零件的线切割工艺与加工实践

1. 三圆弧凸板零件的数控线切割工艺与数控编程

图 6-19 所示为线切割加工的典型零件，编写出 ISO 格式 G 代码程序。

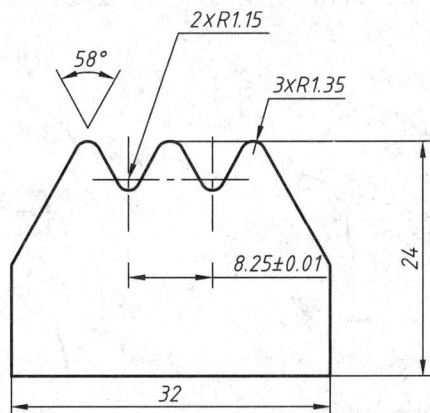

图 6-19　编程加工实例图

G 代码程序如下：

```
G92  X16000   Y-18000
G01  X16100   Y-12100
G01  X-16100  Y-12100
G01  X 16100  Y-521
G01  X-9518   Y11 353
G02  X-6982   Y11353   I1268  J-703
G01  X-5043   Y7856
G03  X-3207   Y7856    I918   509
G01  X-1268   Y11353
G02  X1268    Y11353   I1268  J-703
G01  X3207    Y7856
G03  X5043    Y7856    I918   J509
G01  X6982    Y11353
G02  X9518    Y11353   I1268  J-703
G01  X16100   Y-521
G01  X16100   Y-12100
G01  X16000   Y-18000
M02
```

2. 三圆弧凸板零件的数控线切割加工

DK7740 型数控线切割机床的操作加工由老师示范。

任务四：异形对称凸板零件的线切割工艺与加工实践

1. 异形对称凸板零件的数控线切割工艺与数控编程

图 6-20(a)所示为圆、直线和过渡圆构成与 Y 轴对称异形零件，为凸件。钼丝半径 $R_{丝} = 0.06$ mm，间隙补偿 $f = 0.07$ mm，这里利用 YH 数控系统软件自动加工出该零件。

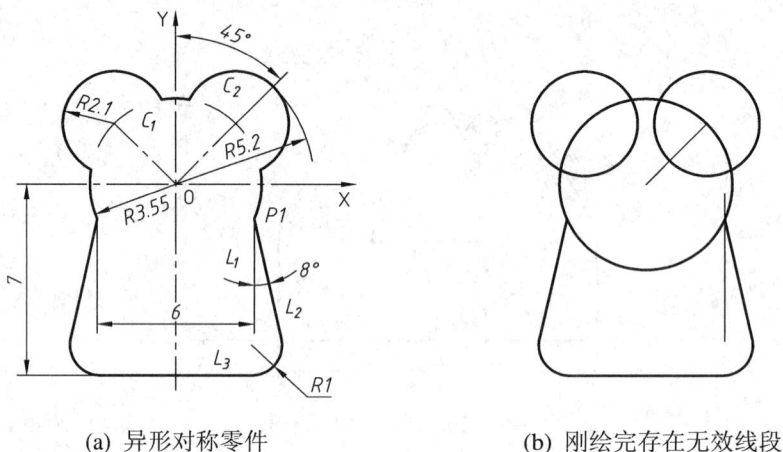

(a) 异形对称零件　　　　　　(b) 刚绘完存在无效线段

图 6-20　典型图形

1) 绘图

(1) 绘图 C_1 和 C_2。单击"圆"图标，移光标到原点上使其变为"X"形，按下命令键(不能放)，移光标时，出现一个逐渐增大的圆，至适当大小时放开命令键，在弹出的"直线参数窗"中，输入圆 C_1 的半径 3.55。单击半径后面的数值，用弹出的小键盘输入 3.55 并回车，半径修改完毕，单击"yes"按钮作出圆 C_1。圆 C_2 的圆心直角坐标值不知道，但知道它在 45° 直线上距坐标原点 3.1，现作一条过原点、斜角 = 45°、长 3.1 的线，其端点即 C_2 的圆心。

绘圆 C_2 的步骤：单击"辅助线"图标，移光标到坐标原点上时，变为"X"形，按下命令键(不要放)向 45° 方向移动光标至适当位置时，放开命令键，在弹出的"直线参数窗"中，修改斜角和线程值。具体做法是：单击斜角后的数值，用弹出的小键盘输入 45 并回车，单击线程后的数值，用弹出的小键盘输入 3.1 并回车，此时线的终点会自动变为正确的值，即 X、Y 均为 2.192，单击"Yes"按钮，作出这条蓝色的辅助线。单击"圆"图标，移光标至辅助线终点时，使其变为"X"形，按下命令键(不要放)，往外移动光标时，出现一个逐渐增大的圆，至适当大小时，放开命令键，在弹出的"圆参数窗"中修改半径为单击半径后面的数值，用弹出的小键盘输入 2.1 并回车，单击"Yes"按钮，作出圆 C_2。

(2) 作辅助线 L_1。该辅助线的法线 $P = 3$ mm，法向角 = 0°，采用大键盘输入。

单击"辅助线"图标，移光标至"键盘命令框"上时，出现数据输入框(长条)，采用法线式输入，用大键盘输 3.0 并回车，作出与 Y 轴平行的辅助线 L_1。

(3) 作直线 L_2 和 L_3。直线 L_2 是过辅助线 L_1 与圆 C_1 的下交点 P_1、斜角为 98° 的直线，直线 L_3 是法线，长为 7、法向角为 270°。单击"直线"图标，光标移至点 P_1 时变为"X"

形，按下命令键(不要放)，向右下方移动光标至适当位置后放开命令键，在弹出的"直线参数窗"中，输入正确的斜角 270°，线程可改为 7(估计数)，具体做法和前面类似，作出直线 L_2。光标移至(−5，−7)后按下命令键(不要放)，向右移动至与直线 L_2 相交后，放开命令键，作出直线 L_3。

(4) 做右下角 $R=1$ 的过渡圆弧。单击"过渡圆"图标，光标移至直线 L_2 和 L_3 的交点上，变为"X"形，按下命令键(不要放)，往左上方(L_2 和 L_3 之间)移动光标时，出现浅蓝色"R="的提示，用弹出的小键盘输入 1 并回车，作出 $R=1$ 的右边过渡圆弧。

(5) 右半图形对 Y 轴对称。单击屏幕上部的"编辑"按钮，在弹出菜单中，单击"镜像"，在弹出子菜单中单击"垂直轴"，右上角提示"镜像"，光标移至要对称的图段(光标呈田字)，按下命令键，得到对称后的图形如图 6-20(b)所示。此图上有一些无用的无效线段，应用下面方法将其删除掉。

2) 删除

删除辅助线，单击"清理"图标(左下角处)，光标移进屏幕时，辅助线全部自动消失。单击"删除"图标，用鼠标从工具包中取出剪刀形光标，在移至多余的线段时，光标变成手指形，该线段变红色，按下命令键时，该红色线段被删除，用同样方法删除所有无用线段，移光标单击"工具包"放回剪刀。单击"重画"图标，把图形描深。

3) 图形存盘

将绘好并修整好的图形存盘，以备使用。

用光标单击"图号"后面的矩形框，用弹出的小键盘输入图号 111000 并回车(图号不得超过 8 个符号)，该图形就被存盘了。

4) 编程

编 3B 程序，确定代码制式、穿丝孔位置及补偿 F。单击"编辑"按钮，在弹出的菜单中，单击"切割编程"，左下角出现的工具包中有一个丝架形的光标，右上角提示"丝孔"，如丝孔拟设在(0，5)，光标移至圆 C_1 与左边小圆的交点上时，光标变成"X"形。放开命令键，在工件切入点处出现一个红色▼指示牌，屏幕上弹出加工参数设定窗；如图 6-21 所示，单击代码制式后边的 3B，下面出现一条红线，即选定编 3B 程序，孔位输(0，5)，补偿量输 0.07，平滑(尖角修圆)输 0，之后单击"Yes"按钮，该窗消失，出现切割路径选择窗，如图 6-22 所示。

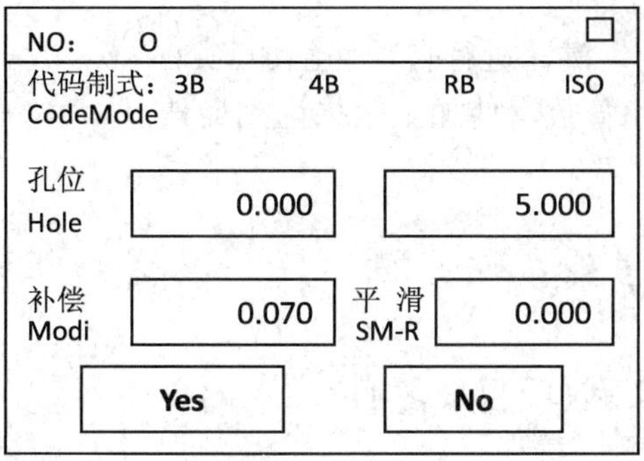

图 6-21 代码制式、穿丝孔位置等

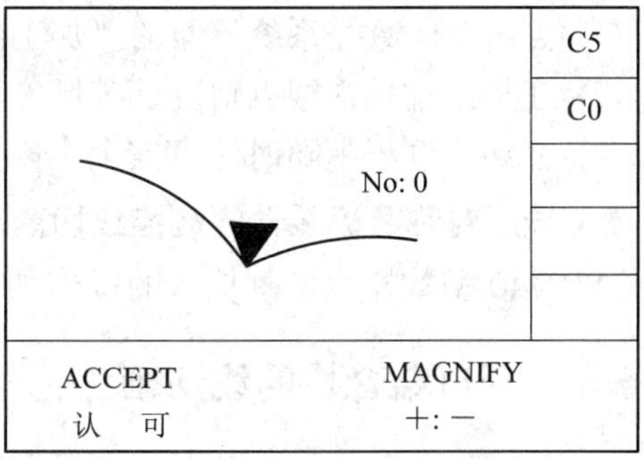

图 6-22 切割路径选择窗

在红色▼指示牌处是工件上的起割点，左右的线段分别在窗右上方用序号代表(C 表示圆弧，L 表示直线，后面的数字表示该线段作出时的序号 0～N)，窗口中"+"表示可以将▼形两边线段放大的按钮，"－"表示缩小的按钮，根据需要单击一次，可放大或缩小一次。路径选择时，根据确定的切割方向为图形的顺时针方向切割，移光标至右边线段上时，光标变手指形，同时出现该线段的序号 NO：0，单击此线段时，右边它所对应的线段序号 C0 的底色变黑，光标单击"认可"。即完成了切割路径的选择，路径选择窗消失，同时图中火花沿着所选择的切割路径方向进行模拟切割，至终点时显示"OK"结束。在屏幕右上角有两个三角形(▲▼)方向相反的指示牌，两个三角形分别代表在图形上切割的逆/顺时针方向，蓝底黑色三角形为系统自动判断方向，现为顺时针方向，与火花切割方向一致，则所加的补偿量正负相反，此时应单击红底蓝箭头，使其变为蓝底黑三角箭头。单击左下角工具包，显示厚度(工件厚度)，用弹出的小键盘输入 10 并回车，显示厚度 10，长 36.9，面积 369，单击"退出"编程结束。

显示 3B 程序。单击"编程"按钮，在弹出的菜单中单击"代码输出"，单击弹出菜单中的"代码显示"，屏幕上显示出该图的 3B 程序，可将它打印出来。

5) 工件安装及找正

本例中需要毛坯尺寸为 50 mm × 50 mm × 20 mm 钢材，加工用的钼丝为自贡硬质合金有限公司生产的 ϕ0.12 mm 的长城牌钼丝。毛坯首先要用百分表分别对工件两侧面进行定位找正，以防止装夹倾斜，工件找正后方可进行工件的定位装夹。工件安装在工作台工作杆上，工件上方用螺栓拧紧。

6) 对刀操作

开启高频电源(建议工作电流为 2～2.5 A)，开启储丝筒。在工件的合适位置用钼丝慢慢靠边，待出现火花后，分别将 X 轴和 Y 轴的两手轮进行归零后拧紧螺栓固定。

7) 程序的调试

在未加工之前，可以用模拟加工来验证一下加工过程是否可行。

(1) 点击 YH 数控系统界面的"模拟(DRAW)"键。

(2) 观察模拟加工过程是否正确，如果出现错误，点击"复位(RESET)"进行改正。

8) 程序运行与自动加工

模拟完毕，程序正确后，方可进行自动加工。

(1) 点击 YH 数控系统界面的"加工(WORK)"键，进行自动切割加工。

(2) 在加工过程中根据情况调节脉宽、脉间和管数，使加工效果达到最佳。

(3) 在加工过程中随时注意安全生产。

2. 异形对称凸板零件的数控线切割加工

DK7740 型数控线切割机床的操作加工由老师示范。

任务五：开口结合块的线切割工艺与加工实践(项目一零件)

图 6-23 所示开口结合块零件的线切割工艺与加工实践由学生自主练习。

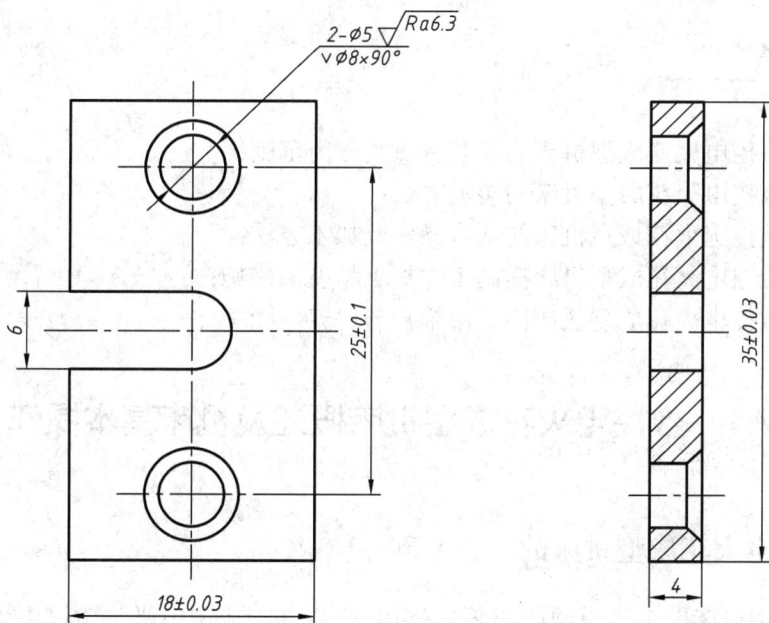

2-∅5 √Ra6.3
∨∅8×90°

6

25±0.1

18±0.03

35±0.03

4

技术要求
1. 未注倒角1.5×45°。

开口结合块	比例	数量	材料	4
	2:1	1	45	
制图			无锡科技职业学院	
审核				

图 6-23 开口结合块

模块七　数控电火花成型加工

任务目标 ✍

(1) 熟悉数控电火花成型机床的工艺特点及应用范围；

(2) 掌握数控电火花成型机床的装夹方法；

(3) 掌握数控电火花成型机床的基本操作及加工方法；

(4) 掌握数控电火花成型机床提高工件加工精度的措施；

(5) 掌握数控电火花成型机床的日常维护与保养。

7.1　数控电火花成型机床概述及机床基本操作

7.1.1　数控电火花成型机床的工作原理

电火花成型机床的工作原理如图 7-1 所示。工件 3 与成型电极头 2(以下简称电极)分别与脉冲电源 5 上两个不同极性的输出端相接，伺服进给系统 1 使工件和电极间保持确定的放电间隙，两电极之间加上高频脉冲电压后，在间隙最小处或绝缘能力最低处把工作液介质 4 击穿，形成火花放电。放电通道中的等离子体瞬时产生高温使工件和电极表面都被蚀除掉一小部分材料，各自形成一个微小的放电小坑。脉冲放电结束后，经过一段时间间隔，

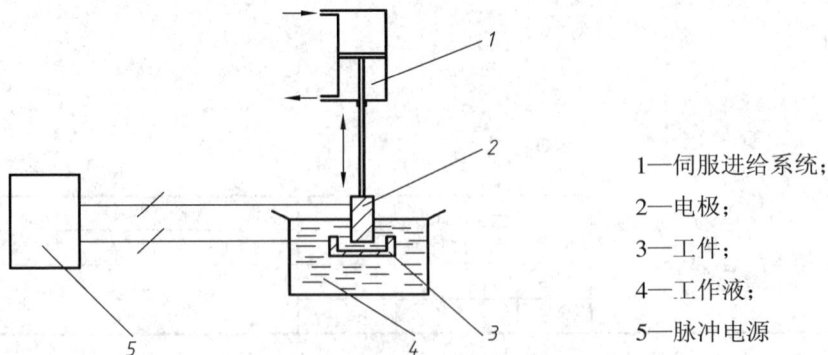

1—伺服进给系统；

2—电极；

3—工件；

4—工作液；

5—脉冲电源

图 7-1　数控电火花成型机床的工作原理

使工作液恢复绝缘，下一个脉冲电压又加到两极上，同样进行另一循环，形成另一个放电小坑。当这种循环过程以相当高频率反复进行时，机床会不断地自动调整电极与工件的相对位置，逐渐将工件加工完成。

7.1.2 数控电火花成型机床的基本操作

1. 通电后开机步骤

(1) 打开总电源开关(总闸)；

(2) 合上电气控制柜电源开关；

(3) 旋转松开急停开关按钮(红色)；

(4) 打开手控盒进油开关，显示 ON 状态(水龙头符号按钮)；

(5) 开启进油阀门(有大、小进油阀门两个，位于机床左侧)；

(6) 提拉黑色浮标杆，调整油液浮标；

(7) 待液面达到高度后关闭手控盒进油开关，显示 OFF 状态；

(8) 关闭一大、一小两进油阀门。

2. 断电后关机步骤

(1) 按下急停开关按钮(红色)；

(2) 断开电器控制柜电源开关；

(3) 关闭总电源开关(总闸)；

(4) 向上拔起后旋转松开泄油阀门(位于机床左侧上方)。

3. 电火花成型机床的电极安装、调整、校正操作步骤

(1) 安装、调整和校正电极时，应把电极牢固地装在主轴的电极夹头上；

(2) 安装时应保证电极轴线与主轴进给轴线一致；

(3) 安装时注意使电极与工件有正确的相对位置。

4. 电火花成型机床的加工操作步骤

(1) 装夹好电极；

(2) 装夹好工件，工件可用台虎钳进行装夹；

(3) 按照开机步骤，打开手控盒进油开关，开启大进油阀门和小进油阀门；

(4) 抬起浮标杆到相应液面，液面以浸没工件上方 2、3 厘米为宜；

(5) 关闭手控盒进油开关；

(6) 按住手控盒上+Z 按钮，使主轴铜极(电极)向下移动(注意：Z 向移动方向和铣床、加工中心 Z 向相反)，移动速度倍率通过旋钮来控制；

(7) 当铜极碰到工件后发出"嘀"的鸣叫声时，光标移动到 Z 坐标，按 F4 键位置归零；

(8) 按 F5 键输入 Z 深度加工值，如加工深度为 1 mm，则输入"1"后回车；

(9) 按 F1 键"单节放电"；

(10) 按住手控盒上 –Z 按钮，使主轴铜极向上抬起少许(确保电极浸没在油中)；

(11) 按住手控盒上放电按钮，显示放电 ON 状态，则开始自动加工；

(12) 加工过程中注意根据情况调节脉宽、脉间、电流峰值等参数，使加工效果达到最佳，注意安全生产。

7.1.3　提高工件加工精度的措施

在电火花成型加工中要不断提高工件的加工精度，则必须从机床的机械精度，工件定位装夹过程中的误差控制，对加工温度和加工过程的控制，以及预防加工中一些不正常现象的发生等多方面入手，分别采取不同的措施，才能达到最终提高加工精度的目的。下面着重介绍控制加工过程和预防不正常现象的措施。

1．控制加工过程的措施

1) 保持放电间隙的畅通

放电间隙的大小及其变化幅度将直接影响到工件的尺寸精度和加工面的平面度或与底平面的垂直度。例如在型孔加工中，为了控制侧面间隙尽量均匀，以防形成斜度，必须改善排屑条件(如增大冲液压力或增强工作液与电极的覆盖效应等)和调整间隙中电蚀物的浓度，以减少工件侧面上的二次放电机会。另外，改变冲排(冲、抽、喷)方式或加工方式(如垂直加工改为水平加工)，将利于解决电蚀屑的不均匀堆积，使放电间隙畅通、稳定。

2) 提高电极精度

电火花成型加工的仿形性质，决定其电极精度必须高于被加工工件的精度，特别是精加工的电极，尺寸精度一般取 $\pm5\ \mu m$，表面粗糙度 $Ra < 0.63\ \mu m$。另外，电极的刚度也是影响加工精度的因素之一，特别是加工深度与截面积之比很大的型孔时，则需从电极材料和加工工艺上作出适当的考虑，以免因电极过长而在加工过程中发生应力变形及产生振动。

3) 减少电极损耗

电极损耗使其精度降低，从而直接造成工件精度的降低，特别是在加工型腔时，其腔内尖角及棱边处容易产生放电集中现象，损耗也大，将影响到型腔的仿型精度。减少电极损耗的主要措施应合理地选择电极材料及电规准。电极材料应尽量选择熔点高，导热系数大，以及自身不易被电蚀的材料，如加工硬质合金工件时，宜选用铜钨合金材料做电极，选择电规准则主要考虑增大脉冲宽度和脉冲间隔，协调脉冲峰值电流，注意面积效应(脉冲峰值电流一定时，电极损耗与加工面积成反比)。另外，电极的极性选择也不可忽视，在通常情况下，选小脉冲时将电极接为负极，选大脉冲时将电极接为正极，即可获得较小的电极损耗和较高的加工速度。

2．加工中不正常现象及应对

1) 电极损耗过大

检查电极或工件的极性是否接反，如粗加工时电极应接正极，工件接负极；检查冲液压力和流速是否过大，以及脉冲宽度、脉冲峰值电流是否选择恰当等。

2) 加工电极不稳定、火花颜色异常或冒白烟

可能因某只大功率管被击穿而导通，即直接输出直流电，而不是脉冲电；脉冲电源中的电路元件损坏或脱焊等造成其主振级参数变化失调，使脉冲间隔过小或脉冲宽度过大，仍相似于直流电在加工。

3) 加工中反复出现开路、短路，甚至出现拉弧现象

检查电规准选择是否恰当，如脉冲峰值电流过大或脉冲间隔过小或加工面相应变小等，

若是，则应重新选择；检查是否因加工面积过大而造成电蚀物堆积，未能及时排出，若是，则应增加机床主轴头(电极)的定期抬、降次数和幅度，或加大冲液压力及改变冲液方式等。

7.2　数控电火花成型机床的维护与保养

7.2.1　电火花成型机床的维护保养

(1) 每次加工完毕后以及每天下班时，应将工作液槽内煤油放回储油箱，将工作台面擦拭干净。

(2) 定期对需润滑的摩擦表面加注润滑油，防止灰尘和煤油等进入丝杠、螺母和导轨等摩擦表面。

(3) 工作液过滤器在过滤阻力增大(压力增大)或过滤效果变差时，应及时更换。

(4) 避免脉冲电源中元器件受潮，在南方梅雨天气较长时间不用时，应定期人为开机加热。夏天高温季节要防止变压器、限流电阻、大功率晶体管过热，为此要加强通风散热，并防止通风口过滤网被灰尘堵塞，要定期检查和清扫过滤网。

(5) 有的油泵电动机或有些电机是立式安装工作的，电机端部冷却风扇的进风口朝上，很容易落入螺钉、螺帽或其他细小杂物，造成电机"卡壳"、"憋死"甚至损坏，因此要在此类立式安装电机的进风端盖上加装网孔更小的网罩予以保护。

7.2.2　电火花成型加工的安全技术规程

电火花成型加工直接利用电能，且工具电极等裸露部分有 $100\sim300\,V$ 的高电压。高频脉冲电源工作时向周围发射一定强度的高频电磁波，人体离得过近，或受辐射时间过长，会影响人体健康。此外电火花加工用的工作液煤油在常温下也会蒸发，挥发出煤油蒸气，其中含有烷烃、芳烃、环烃和少量烯烃等有机成分，它们虽不是有毒气体，但长期大量吸入人体，也不利于健康。在煤油中长时间脉冲火花放电，煤油在瞬时局部高温下会分解出氢气、乙炔、乙烯、甲烷，还有少量一氧化碳(约 0.1%)和大量油雾烟气，遇明火很容易燃烧，引起火灾，吸入人体对呼吸器官和中枢神经也有不同程度的损害，所以人身防触电等技术保安措施和安全防火非常重要。

电火花加工中的主要安全技术规程如下：

(1) 电火花机床应设置专用地线，使电源箱外壳、床身及其他设备可靠接地，防止因电气设备绝缘损坏而发生触电。

(2) 操作人员必须站在耐压 20 kV 以上的绝缘板上进行工作,加工过程中不可碰触电极工具，操作人员不得较长时间离开电火花机床，重要机床每班操作人员不得少于两人。

(3) 经常保持机床电气设备清洁，防止受潮，以免降低绝缘强度而影响机床的正常工作。若电机、电器、电线的绝缘损坏(击穿)或绝缘性能下降(漏电)时，其外壳便会带电，如果人体与带电外壳接触，而又站立在没有绝缘的地面时，轻则"麻电"，重则有生命危险。为了防止这类触电事故，一方面操作人员应站立在铺有绝缘垫的地面上；另外，电气设备外壳常采用保护接地措施，一旦发生绝缘击穿漏电，外壳与地短路，使保险丝熔断或空气开关跳闸，保护人体不再触电，最好采用触电保护器。

(4) 添加煤油时，不得混入类似汽油之类的易燃液体，防止电火花引起火灾。油箱要有足够的循环油量，使油温限制在安全范围内。

(5) 加工时，工作液面要高于工件一定距离(30～100 mm)，如果液面过低，加工电流较大，很容易引起火灾。为此，操作人员应经常检查工作液面是否合适。还应注意，在火花放电转成电弧放电时，电弧放电点局部会因温度过高，使工件表面上积炭结焦，且愈长愈高，主轴跟着向上回退，直至在空气中放电火花而引起火灾。这种情况，液面保护装置也无法预防。为此，除非电火花机床上装有烟火自动监测和自动灭火装置，否则，操作人员不能较长时间离开。

(6) 根据煤油的混浊程度，要及时更换滤介质，并保持油路畅通。

(7) 电火花加工间内，应有抽油雾、烟气的排风换气装置，保持室内空气良好不被污染。

(8) 机床周围严禁烟火，并配备适用于油类的灭火器，最好配置自动灭火器。好的自动灭火器具有烟雾、火光、温度感应报警装置，并自动灭火，比较安全可靠。若发生火灾，应立即切断电源，并用四氯化碳或二氧化碳灭火器吹灭火苗，防止事故扩大。

(9) 电火花机床的电气设备应设置专人负责，其他人员不得擅自乱动。

(10) 下班前应关断总电源，关好门窗。

7.3　5S 安全生产管理

数控电火花成型机的 5S 安全生产管理规程如下：

(1) 开机操作前，要穿好工作服，做好操作准备工作。

(2) 电火花机床必须在专人指导下进行操作，不允许未经许可自行操作。

(3) 在放电加工前，应仔细安装好工件，找正工具电极和工件的相对位置。

(4) 电火花成型机床工作液为易燃煤油，必须配备干粉灭火器，以防运行中发生火灾，操作者操作前必须掌握干粉灭火器的使用方法。

(5) 工作油箱中的工作液面高度必须高出被加工工件 50 mm 以上，以防止工作液着火燃烧。

(6) 在放电加工过程中，严禁手或身体各部位触摸卡头和电极线。

(7) 在操作过程中如发生意外，首先要按下操作面板上的红色急停按钮，再拔下插头，检查事故原因，待排除故障后再开机，启动时间间隔不得小于 50 秒。

(8) 操作过程中，进行移动操作时要特别小心，必须确认移动行程中没有阻挡物，以防撞坏电极和工件，或造成移动轴伺服过载甚至损坏机床。

(9) 电火花成型机床加工过程中，操作者不能随意离开机床，应仔细观察放电状态，以防意外事故的发生。

(10) 电火花机床操作完毕，要将工作液回放到储液槽中，拔下插头切断电源，清扫机床，收拾工具，打扫场地卫生。

7.4 数控电火花成型加工工艺与加工实践

任务：数控电火花成型机床的基本操作

在本节中，学生在老师的指导下，练习数控电火花成型机床的基本操作，主要内容包括：

(1) 规范的开机关机；

(2) 电极的安装调整；

(3) 工件的装夹与定位；

(4) 电火花成型机床的自动加工操作(加工深度要求 1.5 mm)。

学生在操作过程中要注意安全生产，服从指导老师的管理，并按要求完成实训报告。

附　录

项目一　小型压力机

项目一为小型压力机，其实物图如附图 1 所示，装配图如附图 2 所示。

附图 1　小型压力机实物图

序号	零件名称	材料	件数	备注
	圆柱销φ4h7×12		2	
	螺钉M3×12		1	GB70.1
	螺钉M4×12		4	GB70.1
	螺钉M5×12		2	GB70.1
	螺钉M4×12		2	GB/T68-2000
	螺钉M5×12		1	GB/T68-2000
13	手柄	45	1	
12	支撑脚	45	2	
11	底板	45	1	
10	料斗	Q235	1	
9	下压模	45	1	
8	立柱	45	2	
7	上压模	45	1	
6	移动横梁	45	1	
5	固定定位块	45	1	
4	开口结合块	45	1	
3	上支撑横梁	45	1	
2	螺杆	45	1	
1	转动手轮	45	1	

小型压力机装配图　　无锡科技职业学院

图号　产品号　　比例 1：1

标记　处数　更改文件号　签名(日期)
设计　制图　校对

技术要求
1. 立柱装配平行度 ≤0.03，并与底板保持垂直要求；
2. 转动手轮应灵活无轻重感觉；
3. 移动横梁上下移动全程内无阻滞现象。

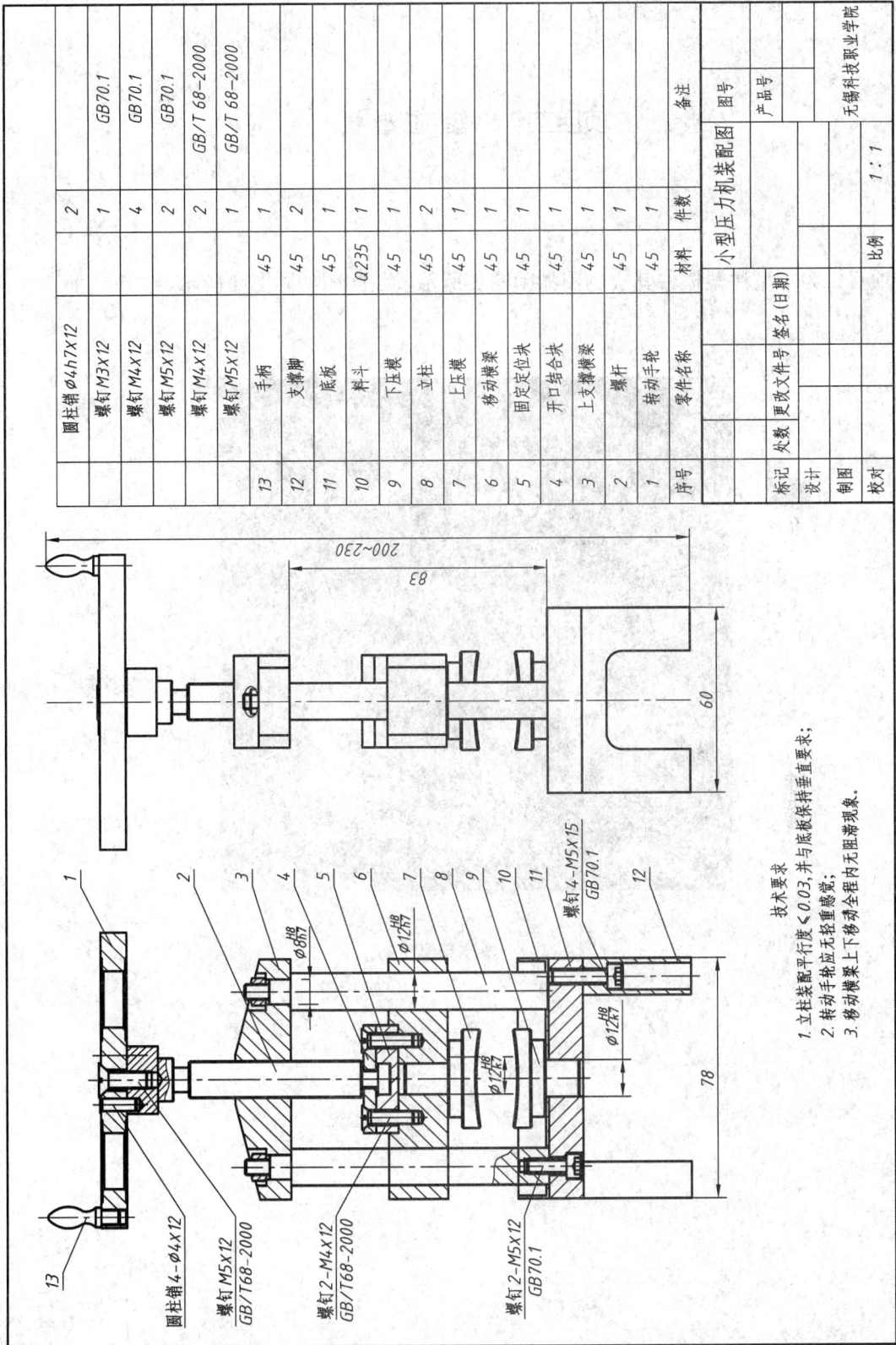

附图2　小型压力机装配图

项目二　小型注塑模

项目二为小型注塑模，其实物图如附图 3 所示，装配图如附图 4 所示。

附图 3　小型注塑模实物图

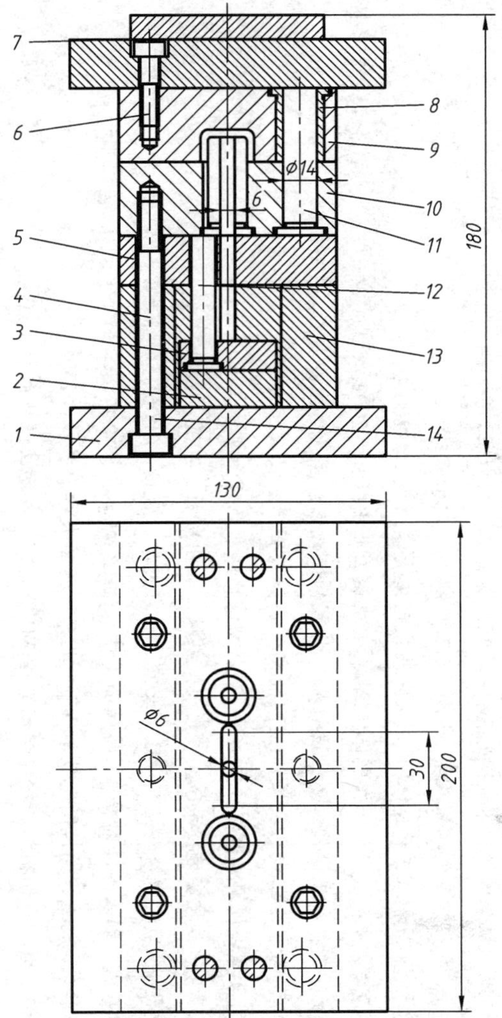

序号	零件名称	材料	件数	备注
14	螺钉			
13	垫块			
12	复位杆			
11	导柱	20		
10	动模套板			
9	定模套板			
8	导套	20		
7	定模座板			
6	螺钉			
5	垫板			
4	螺钉			
3	推杆固定板			
2	顶板			
1	动模座板			

标记	处数	更改文件号	签名（日期）		
设计				小型模注塑	图号
制图					产品号
校对			比例	1∶1	无锡科技职业学院

附图 4　小型注塑模装配图

参 考 文 献

[1]　陈宏钧. 实用机械加工工艺手册[M]. 北京：机械工业出版社，2005.

[2]　苏珉. 机械制造技术基础[M]. 北京：人民邮电出版社，2006.

[3]　陈海滨. 数控机床操作与维护技术基础[M]. 北京：机械工业出版社，2012.

[4]　袁哲俊. 金属切削刀具[M]. 上海：上海科学技术出版社，1996.

[5]　黄观尧，刘保河. 机械制造工艺基础[M]. 天津：天津大学出版社，1999.

[6]　陆根奎. 车工技师培训教材[M]. 北京：机械工业出版社，2002.

[7]　张学仁. 数控电火花线切割加工技术[M]. 哈尔滨：哈尔滨工业大学出版社，2004.

[8]　机械加工工艺装备设计手册编委会编. 机械加工工艺装备设计手册[M]. 北京：机械工业出版社，1998.

[9]　王选逵. 机械制造工艺学[M]. 北京：机械工业出版社，2007.

[10]　戴曙. 金属切削机床[M]. 北京：机械工业出版社，2004.

[11]　杨雪青. 普通机床零件加工[M]. 北京：北京大学出版社，2010.

[12]　刘守勇. 机械制造工艺与机床夹具[M]. 北京：机械工业出版社，2000.

[13]　肖智清. 机械制造基础[M]. 北京：机械工业出版社，2002.

[14]　睦润舟. 数控编程与加工技术[M]. 北京：机械工业出版社，1999.

[15]　杨伟群. 数控工艺培训教程[M]. 北京：清华大学出版社，2002.

[16]　陈洪涛. 数控加工编程与操作[M]. 北京：高等教育出版社，2003.

[17]　李郝琳. 机床数控技术. 2版. [M]. 北京：机械工业出版社，2007.

[18]　于华. 数控机床的编程及实例[M]. 北京：机械工业出版社，2004.

[19]　蔡厚道. 数控机床构造[M]. 北京：北京理工大学出版社，2007.

[20]　华茂发. 数控机床加工工艺[M]. 北京：机械工业出版社，2002.

[21]　周虹. 数控机床操作工职业技能鉴定指导[M]. 北京：人民邮电出版社，2004.

[22]　顾京. 数控加工编程及操作[M]. 北京：高等教育出版社，2003.

[23] 全国数控培训网络天津分中心编. 数控机床[M]. 北京：机械工业出版社，2000.

[24]　王贵明. 数控实用技术[M]. 北京：机械工业出版社，2000.

[25]　李思桥. 数控机床与应用[M]. 北京：北京大学出版社，2006.

[26]　白基成，郭永丰，刘晋春. 特种加工技术[M]. 哈尔滨：哈尔滨工业大学出版社，2006.

[27]　郁鼎文，陈恳. 现代制造技术[M]. 北京：清华大学出版社，2006.

[28]　徐峰. 数控线切割加工技能实训教程[M]. 北京：国防工业出版社，2006.

[29]　单岩，夏天. 数控线切割加工[M]. 北京：机械工业出版社，2006.

[30]　董丽华，王东胜，佟锐. 数控电火花加工实用技术[M]. 北京：电子工业出版社，2006.

[31]　刘晋春，赵家齐. 特种加工[M]. 北京：机械工业出版社，1996.

[32]　(美)彼得. 斯密德. 数控编程手册 [M]. 北京：化学工业出版社，2008.

[33]　(美) James V. Valentino, Joseph Goldenberg. 数控加工导论[M]. 北京：机械工业出版社，2008.